イエロー ストーン の オオカミ

放たれた14頭の奇跡の物語

Rick McIntyre
リック・マッキンタイア 著
ロバート・レッドフォード 序文
大沢章子 訳

The Rise of Wolf 8
Witnessing the Triumph of Yellowstone's Underdog

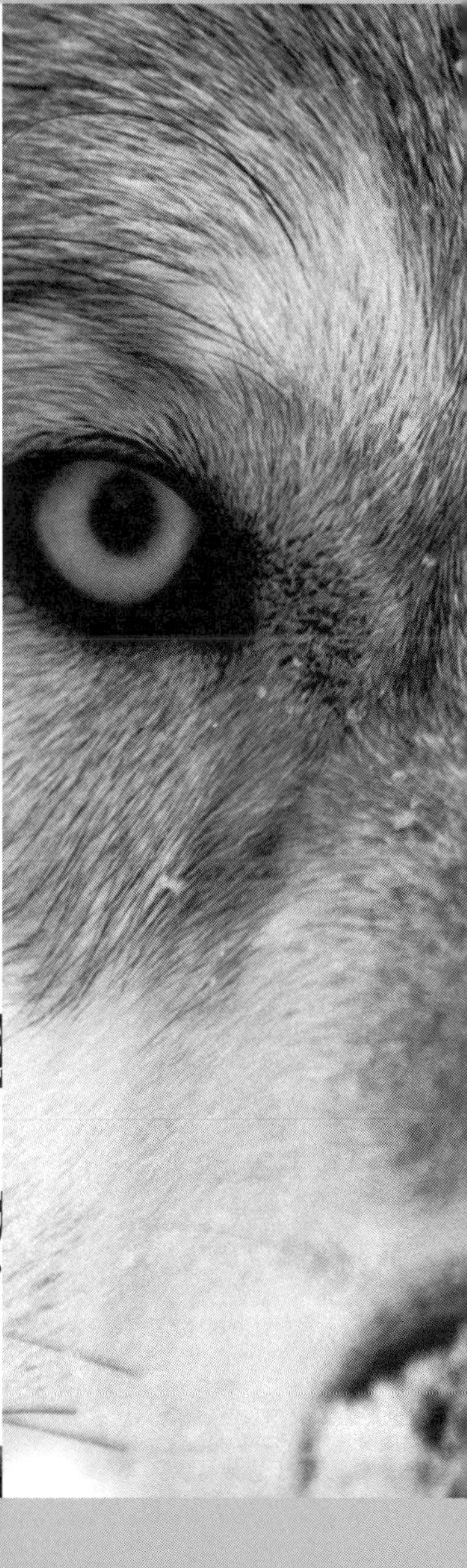

白揚社

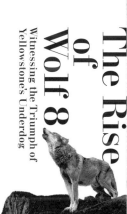

「人間と高等哺乳類との間には、心的能力において本質的な差はない……下等動物も、人間と同じように、喜び、苦痛、幸福、惨めさを感じるのは明らかである。幸福は、仔イヌ……などが一緒に遊んでいるときほどよく表現されることはないが、それは人間の子どもたちと同じである」

――チャールズ・ダーウィン『人間の由来』（長谷川眞理子訳、講談社学術文庫）（一八七一）

「あなたのチンパンジー（の研究）のおかげで、僕たちは彼らを個々の存在と認め、共感できるようになりました」

――スティーヴン・コルベアからジェーン・グドールへ（二〇一四）

イエローストーンのオオカミ　目次

●本文中の〔　〕は訳者による補足を示す。

本書に登場する主なオオカミ

以下の家系図には、本書で主に取り上げた三つの群れ、クリスタル・クリーク・パック、ローズ・クリーク・パック、ドルイド・ピーク・パックの、識別番号を与えられたオオカミが記載されている。番号が三角で囲まれているものはオス、丸で囲まれているものはメスを意味する。

クリスタル・クリーク・パック

群れのリーダーペアであるオスリーダーの4、メスリーダーの5は、一九九五年一月に、四頭のオスの子オオカミと共にイエローストーンにやって来た。一家はカナダのアルバータ州出身である。

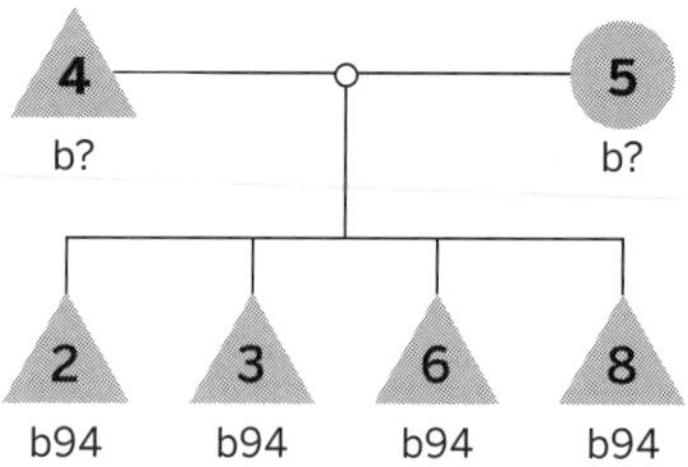

ローズ・クリーク・パック

母オオカミの9と娘の7は、一九九五年の一月にイエローストーンに連れてこられ、はぐれオスの10とともに同じ囲い地に入れられた。三頭とも、アルバータ州から来たオオカミだ。その後、9と10はつがいとなり、八頭からなるひと腹の子どもたちを産む。

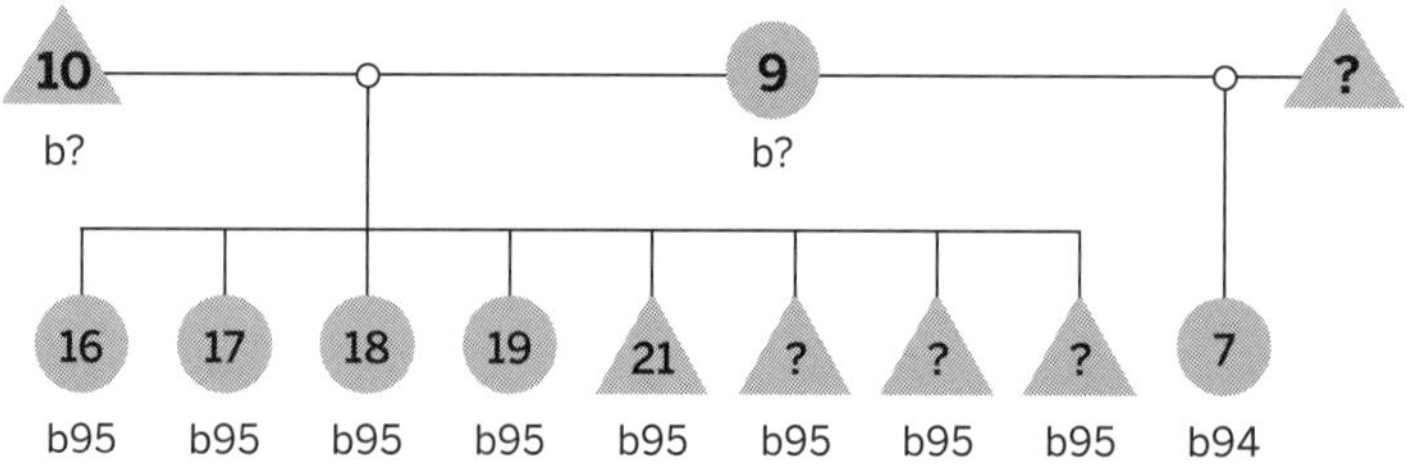

クリスタル・クリーク・パック

ナンバー4　黒い毛並みをもつオスリーダー。
ナンバー5　白い毛並みをもつメスリーダー。
ナンバー2　黒い毛並みをもつオスのオオカミ。のちにローズ・クリーク・パック出身のナンバー7とつがいになり、新たな群れをつくる。
ナンバー3　黒い毛並みをもつオスのオオカミ。囲い地にいるときは、他の二頭の黒毛の兄弟と一緒に8をいじめていた。
ナンバー6　黒い毛並みをもつオスのオオカミ。他の兄弟三頭が群れを離れたあとも、唯一この群れに残ったオオカミ。
ナンバー8　本書の主人公。イエローストーンに連れてこられたなかでも、ひと際小さい灰色のオスオオカミ。次第に、リーダーとしての資質を開花させていく。

ローズ・クリーク・パック

ナンバー9　黒毛のメスオオカミ。囲い地に入れられたあと、ナンバー10とつがいになり、八頭からなるひと腹の子どもたちを産む。
ナンバー10　大柄なオスオオカミ。カナダではぐれオオカミとして捕まえられ、オスのいない、ローズ・クリークの囲い地に入れられた。
ナンバー7　9の娘のメスオオカミ。放獣後、群れから離れ、クリスタル・クリーク出身のナンバー2とつがいとなる。
ナンバー17　灰色の毛並みをもつメスオオカミ。のちに群れを離れ、チーフ・ジョセフ・パックに加わり、子どもを産む。
ナンバー18　黒毛のメスオオカミ。成長後、新たに群れに加わった8の子どもを産む。
ナンバー21　黒毛のオスオオカミ。立派な体格をもつオオカミへと成長する。イエローストーンの歴史上、もっとも有名なオオカミとなる。

ドルイド・ピーク・パック

母オオカミの39とその娘の40、41、42は、一九九六年の一月にイエローストーンに連れてこられ、はぐれオスの38と同じ囲い地に入れられた。五頭のオオカミはすべて、カナダのブリティッシュコロンビア州から連れてこられた。のちに、この群れには若いオスオオカミの31が加わる。このオスと38はブリティッシュコロンビア州にいたときに同じ群れで暮らしていたのだと考えられている。

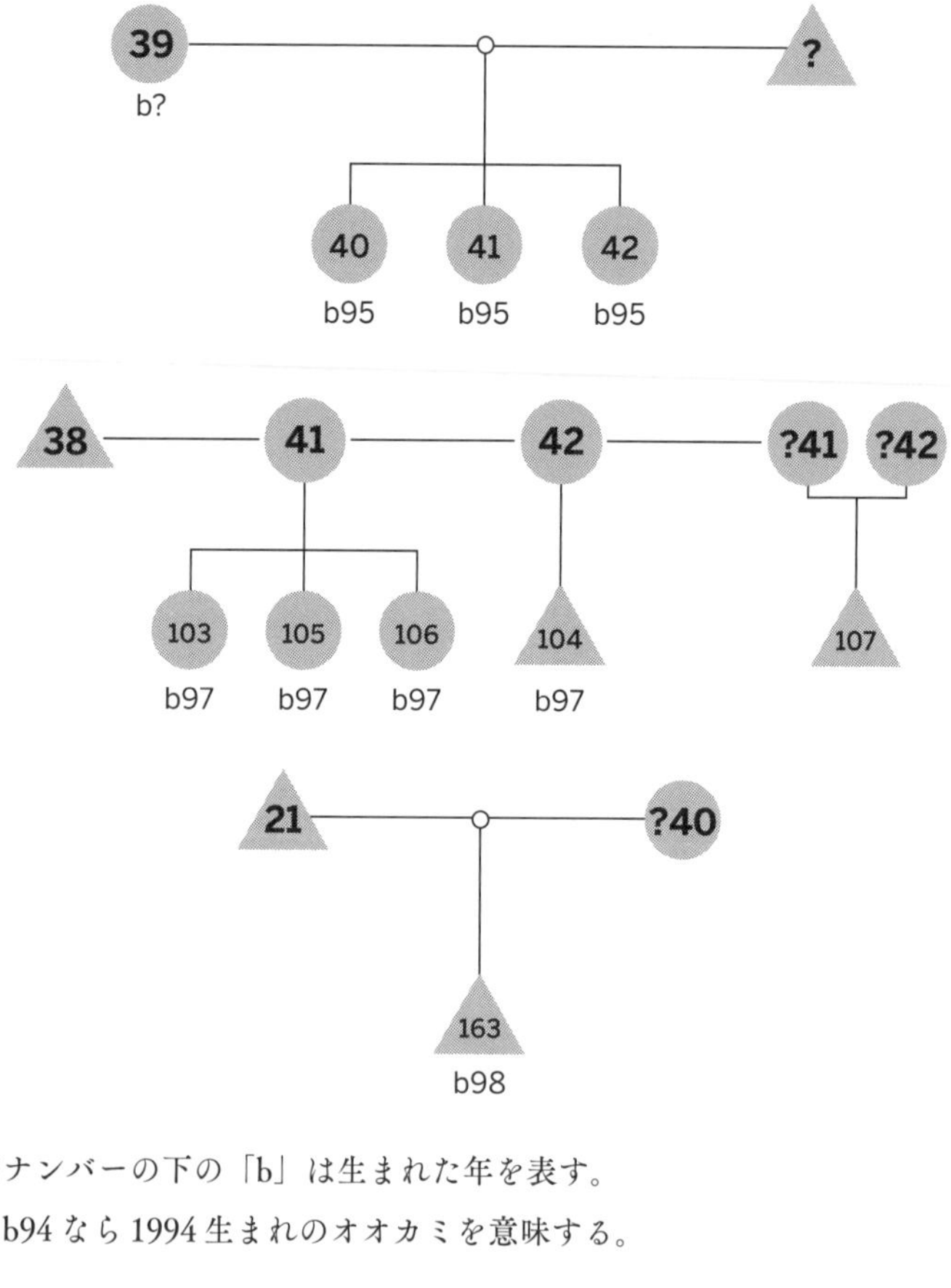

※ナンバーの下の「b」は生まれた年を表す。

b94なら1994生まれのオオカミを意味する。

ドルイド・ピーク・パック

ナンバー38　巨大な体をもつオスリーダー。8の父親を殺害する。

ナンバー39　白い毛並みをもつメスリーダー。のちに娘の40に追い出され、群れを離れる。

ナンバー40　灰色の毛並みをもつメスオオカミ。暴力的で、同じ群れのメスにいじめを繰り返す。

ナンバー41　黒毛のメスオオカミ。群れによるハイイログマを撃退する際の中枢を担う。のちに姉妹の40に追い出され、群れを離れる。

ナンバー42　黒毛のメスオオカミ。穏やかな性格の持ち主で、のちに群れに加わる21と親密な関係を築く。

ナンバー31　灰色の毛並みをもつオスオオカミ。放獣後、チーフ・ジョセフ・パックから離れ、38を追いかけて群れに加わる。

ナンバー103　黒毛のメスオオカミ。子オオカミのときに罠にかかり、その際に首輪をつけられる。群れのメスの中で一番小さいオオカミ。

ナンバー104　黒毛のオスオオカミ。ひとりでバイソンを仕留めるほど、有能なハンターへと成長する。

ナンバー105　黒毛のメスオオカミ。姉妹の103より大きく、97年生まれのメスのなかでも、もっとも高い序列。

ナンバー106　灰色の毛並みをもつメスオオカミ。群れのメスのなかで最も低い序列。群れのなかで初めて、外からやってきた21と交流した。

ナンバー107　灰色の毛並みをもつオスオオカミ。104より大きい体をもつが、狩りにおいては積極性に欠ける。

ナンバー163　灰色の毛並みをもつオスオオカミ。98年に群れに生まれた二頭のオオカミのうちの一頭。成長後は、父親の21や群れの子オオカミたちとの遊びに多くの時間を費やす。

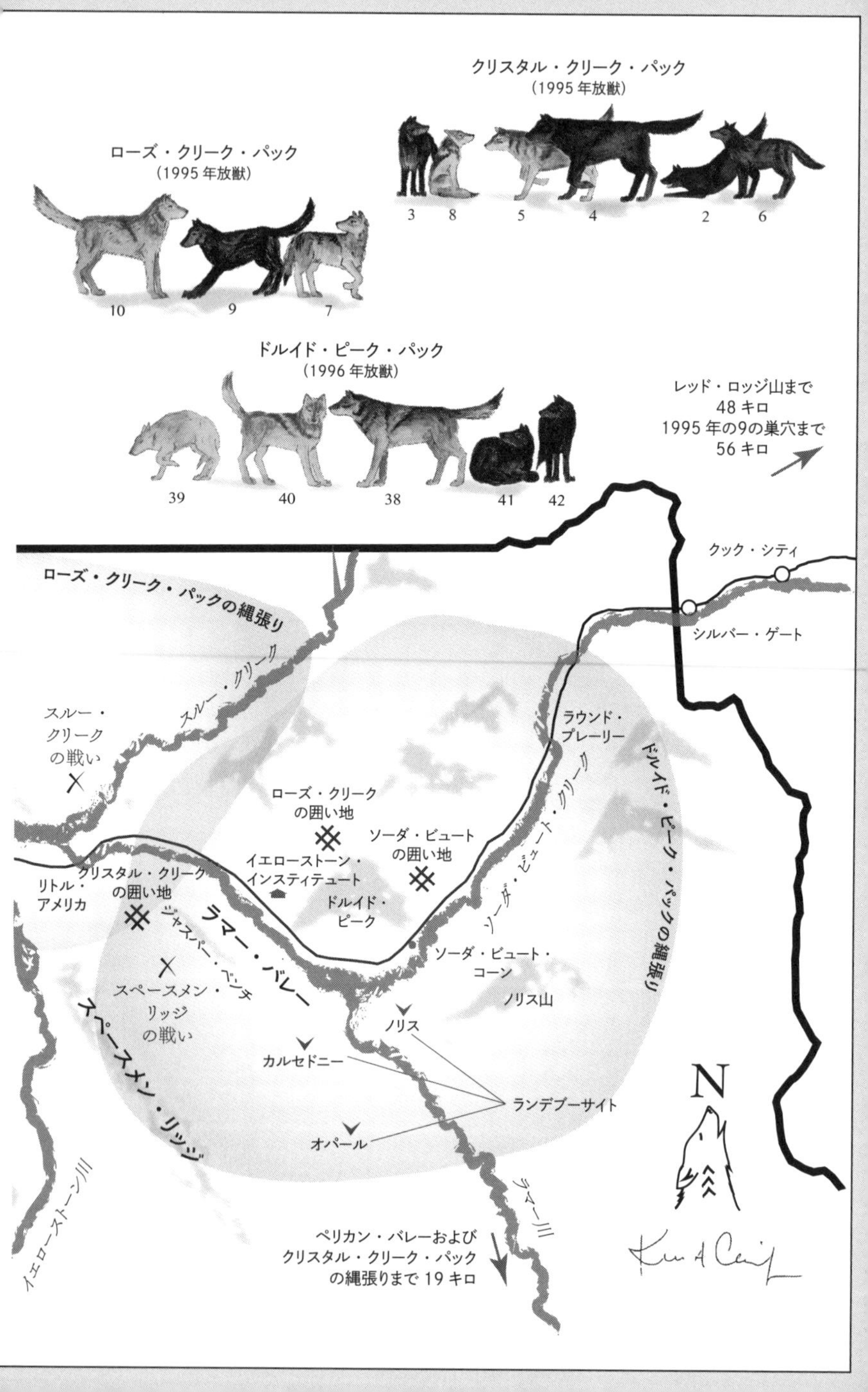

クリスタル・クリーク・パック
(1995 年放獣)
3 8 5 4 2 6
ローズ・クリーク・パック
(1995 年放獣)
10 9 7
ドルイド・ピーク・パック
(1996 年放獣)
39 40 38 41 42
レッド・ロッジ山まで
48 キロ
1995 年の9の巣穴まで
56 キロ
クック・シティ
シルバー・ゲート
ローズ・クリーク・パックの縄張り
スルー・クリーク
スルー・クリークの戦い
ラウンド・プレーリー
ドルイド・ピーク・パックの縄張り
ソーダ・ビュート・クリーク
ローズ・クリークの囲い地
ソーダ・ビュートの囲い地
イエローストーン・インスティテュート
ドルイド・ピーク
リトル・アメリカ
クリスタル・クリークの囲い地
ジャスパー・ベンチ
ラマー・バレー
ソーダ・ビュート・コーン
ノリス山
スペースメン・リッジの戦い
スペースメン・リッジ
ノリス
カルセドニー
ランデブーサイト
オパール
N
イエローストーン川
ラマー川
ペリカン・バレーおよび
クリスタル・クリーク・パック
の縄張りまで 19 キロ

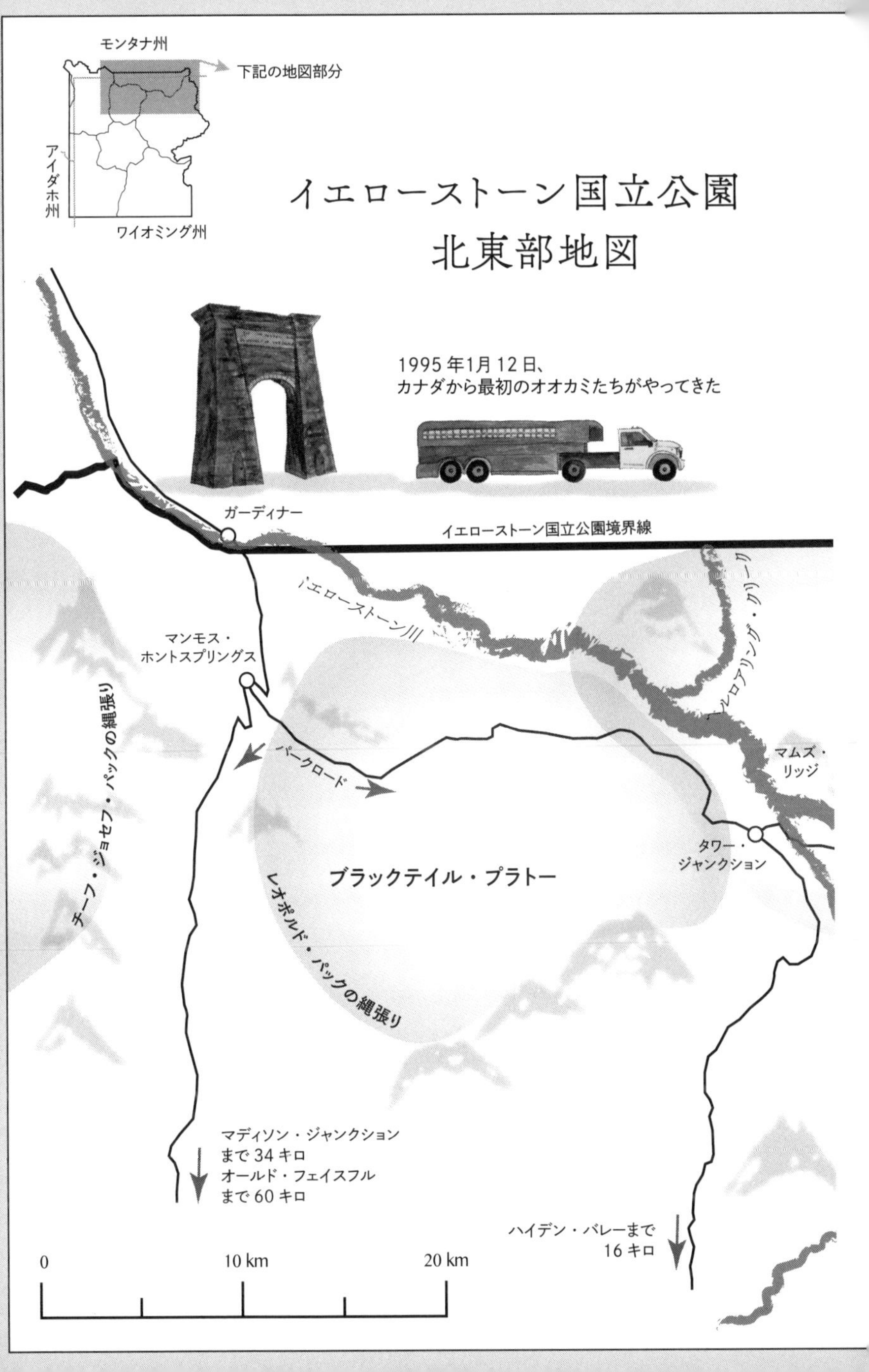

イエローストーン国立公園
北東部地図
モンタナ州
下記の地図部分
アイダホ州
ワイオミング州
1995年1月12日、
カナダから最初のオオカミたちがやってきた
ガーディナー
イエローストーン国立公園境界線
イエローストーン川
ルロアリング・クリーク
マンモス・
ホントスプリングス
チーフ・ジョセフ・パックの縄張り
パークロード
マムズ・
リッジ
タワー・
ジャンクション
ブラックテイル・プラトー
レオポルド・パックの縄張り
マディソン・ジャンクション
まで34キロ
オールド・フェイスフル
まで60キロ
ハイデン・バレーまで
16キロ
0
10 km
20 km

序文

アメリカの自然は、常に人々の心を豊かにし、夢を掻き立ててきた。そしてオオカミは、多くの人にとって、自然や自立、自由のまぎれもない象徴である。しかし一方で、オオカミを家畜や自分の家族、そして家族の将来を脅かす存在だと考える人々もいる。

生物学者でもある著者のリック・マッキンタイアが語る物語には、読む者を魅了する力がある。物語は、一九二六年に、イエローストーンの最上位捕食者であるオオカミの最後の一頭をパークレンジャーが射殺したところからはじまる。当時、オオカミがいなくなったことを悼む者はほとんどいなかった。

しかし、その後オオカミの個体数がアメリカ各地で急激に減少し続けると（ついには絶滅危惧種に指定されてしまう）オオカミ保護運動が起こり、一九九〇年代中頃に、イエローストーン国立公園に三一頭のオオカミが再導入されることになった。それから数十年が過ぎた今、イエローストーンでのこの果敢な試みは、これまででもっとも成功した野生生物保護活動だと考えられている。

著者マッキンタイアがこの再導入の逸話を語る本書からは、オオカミの群れが大自然に復帰する様子を観察し続けた彼自身の情熱と献身、不屈の意志と冒険がありありと伝わってくる。再導入からの数十年間、著者は徒歩で自然の奥深くに分け入り、何千ページにもわたる詳細な記録をつけ、さらには、オオカミをその目で見てもっとよく知りたいと考えて世界中からやってくる旅行者のために、道路脇にフィールド・スコープを設置する作業も続けてきた。

とくに著者が興味を惹かれ、心を奪われたのは、最初に放たれたオオカミのうちの一頭であるナンバー8で、8はやがて本書の主人公となっていく。

マッキンタイアの目を通して見るオオカミの姿からは、一頭一頭が、力強く生きている個性豊かな存在であることが伝わってくる――そして彼らの互いへの忠誠心や高い知性、生きる意志の強さに、畏敬の念を抱かずにはいられなくなる。

オオカミについてのこの詳細な記録を読み、オオカミをめぐる論議が依然として続いていることを考えたとき、オオカミが生態系で担っている重要な役割と、彼らが公園という保護区から足を踏み出したときに日常生活に被害を被る人々の利益を、どう両立させればいいのだろうと考えあぐねてしまう。

答えは簡単には出ないが、本気で解決策を探そうとすれば、人類の知力に不可能はないはずだ。情報やデータは重要だが、人々がオオカミに共感するための物語も同じように重要だ。その両方が、未来のための決断を生み出す力となりうる。このすばらしい本は、その両方を同時に提示して、わたしたち読者に自ら決断する機会を与えてくれる……それこそが侵されざるべきアメリカの自由なのだ。

ユタ州サンダンスにて
ロバート・レッドフォード

プロローグ

本書は、必死で生き抜き、家族を守ろうとした数々のヒーローやヒロインが登場する壮大な物語である。ここには、すぐれた物語に不可欠な要素がすべてそろっている。闘争、裏切り、殺し、勇気、思いやり、共感、忠誠――そして予想外のヒーローの出現。これは、シェイクスピアやホメロス、あるいはディケンズなどの天賦《てんぷ》の才をもつ作家によってこそ書かれるべき物語だが、それはすでに不可能だ。

もしもシェイクスピアが、本書に登場するオオカミたちについて戯曲を書いたなら、幕開けは森の奥深くにあるオオカミの巣穴のシーンかもしれない。たとえばこんなふうに。漆黒の毛並みをもつ三頭の子オオカミが巣から飛び出してきて草原でじゃれはじめる。黒毛の子オオカミたちはみな逞しく強そうに見える。とそのとき、四頭目の子オオカミが転がり出てくる。同じ母から生まれた兄弟のうちで一番小柄だ。くすんだ灰色の毛並みをもつこの子オオカミは、兄弟たちとはまるで似ていない。オオカミというよりはコヨーテに似ている。

そこへ登場するのは漆黒の毛並みをもつ大きなオオカミ。この群れ《パック》のオスリーダーで、四頭の子オオカミの父親にあたる。体格のいい三頭の黒い毛並みからは、彼らが父親そっくりに成長することがうかがわれ、頑丈そうな体つきは、いつの日か彼らが体格においても、強さにおいても父親と同等かそれを凌ぐほどになることを示している。

一方灰色の子オオカミが、父親そっくりになることも、父親のようにりっぱなオオカミに成長することもないことは明らかだ。

シェイクスピアなら、おそらくここで予言的な語りを入れることだろう。

子オオカミのうちの三頭は、やがて強健なオスリーダーとなり、広大な土地を支配し、数多くの子孫を残すことになる。

がっちりした三頭の黒いオオカミの姿を見れば、四頭のうちどの子オオカミがすぐれたオスリーダーに成長するかは一目瞭然だ。ところが語り手はこう続ける。

しかし子オオカミのうちの一頭は、若くして不名誉な死を迎えることになる。

そのとき、小柄な灰色の子オオカミがつんのめって顔から地面に突っ込んでしまう。最後に、語り手の謎めいた言葉が残される。

この兄弟たちのうちの一頭は、やがてこの世でもっとも偉大なオオカミと見なされることになる。

本書は二頭のオオカミ、かつてないほど偉大なオオカミと、そのオオカミよりもさらに偉大な一頭のオオカミについての物語である。

第1章　オオカミ解説者になる

プロローグで紹介した四頭のオスの子オオカミは、一九九四年の春に、カナダのアルバータ州にあるジャスパー国立公園の東側で生まれた。地元ではペティート・レイク・パックと呼ばれていた群れの子どもたちだ。彼らが生まれたのと同じ頃、わたしはアメリカの南の端にいた。アメリカ合衆国国立公園局に雇われた季節職のナチュラリストとして、テキサス州西部のビッグベンド国立公園で仕事をしていたが、そこは米国本土四八州のなかで、もっとも辺鄙《へんぴ》な場所にある国立公園だった。訪問客を案内してこの土地の歴史を伝えるガイドの仕事のために、リオグランデ川近くにある今は使われていない大恐慌時代の農場に向かって車を走らせながら、わたしは、自分の人生に立ちふさがるある重大な問題の解決策を、何とか探し出そうとしていた。

その前日、イエローストーン国立公園の次席ナチュラリストのトム・タンカーズリーから電話があった。わたしは春からオオカミ解説者としてイエローストーン国立公園に赴任することが決まっていて、特に、公園へのオオカミの再導入計画に関する説明を担当することになっていた。わたしは、世界初の政府公認オオカミ解説者となるはずだった。ところがトムからの電話で、公園に新たに解説者を配置するための予算が国から下りなかったため、この話はなかったことにしてほしいと告げられたのだ。申し訳ない、とトムは謝ったが、彼にもどうしようもないことだった。

荒涼とした景色の中を車でひた走りながら、わたしは、この仕事を失わずに済む方法はないものだろうかと考えていた。イエローストーン国立公園へのオオカミ再導入には心から賛同していたし、国立公園局の仕事でアラスカでオオカミに関わってきた過去の経験が、イエローストーンでの採用に役立つのではないかと感じていた。それよりも何よりも、直感がイエローストーンに行くべきだと告げていた。しかし扉は閉ざされ、別の突破口を見つける必要があった。

とそのとき、ある考えがひらめいた。わたしはガイドの仕事を終えると、急いで自宅に戻ってトムに電話をかけた。そしてこう提案した。解説者の給与を民間からの寄付で賄えたとしたらどうだろう？　しばらく沈黙したあと、トムは調べてみる、と答えた。翌日には返事の電話があり、民間から資金を募ることを禁じる規則はなさそうだから、うまくいくかもしれないと言った。トムは、四か月分の報酬として必要な金額と、集まった資金を公園への寄付金の管理団体であるイエローストーン・アソシエーションの口座に振り込む期限を教えてくれた。

トムに礼を述べて電話を切ってから、現実の厳しさがひしひしと身に迫ってきた。いったいどうやってそんな金額を集めるつもりなのか？　当時のわたしにとっては、それは大金だった。しかしさいわい、当時出版したばかりのわたしの著書『*A Society of Wolves*（オオカミの社会）』の宣伝のための講演旅行がはじまる予定で、カリフォルニアのいくつかの会場で、大勢の人々の前で話をすることになっていた。絶好のタイミングだった。

結果はというと、自分の説明の下手さを思い知らされただけだった。イエローストーン国立公園にオオカミ解説者を配置するための資金がなぜ必要なのか、明確に伝えることができなかったのだ。南カリフォルニアのある地域で行なった最初の講演では、イエローストーン国立公園へのオオカミ再導入計画を、どんな形で支援することができるかについてぼそぼそと説明し、支援を希望される方は、講演のあとでわたしに声をかけて下さい、とつけ加えた。しかしだれ一人来なかった。その後、わたしはカリフォルニア科学アカデミーでの講演のために、車を北に走らせてサンフランシスコへ向かった。トムに言われた入金期限は数日後だ。この会場には講演旅行で最大の聴衆が集まることになっており、もしもわたしの計画が成功するとしたら、ここ以外にはなく、それができなければイエローストーン行きは諦めなければならない、とわかっていた。

会場には四五〇名の人々が集まっていた。今回は、イエローストーン国立公園へのオオカミ再導入がなぜ必要なのか、そして一般の人がどんな方法でそれを支援できるかについて、少しはわかりやすく伝えることができた。講演のあと、わたしの周囲に人だかりができて、オオカミ解説者を公園に配置するための寄付についての質問もちらほら飛び出した。幾人かはじっさいに少額の寄付をしてくれた。とてもありがたかったが、頭の中でひそかに足し合わせてみても、目標額にはほど遠かった。

そのとき、わたしの話を黙って聞いている若い男女の姿が目に入った。どうやら急いでいる様子だった。男性のほうが近づいてきて名刺を差し出し、自分たちもぜひ支援がしたいと話しかけてきた。男性が名刺の裏を見てほしいと言い、見ると、一二ドル五〇セントを寄付すると書かれていた。わたしは彼に礼を述べ、目標額に到達したらご連絡しますと伝えた。そのとき、別の人からオオカミについての質問が投げかけられ、カップルは立ち去った。ふと名刺の裏側をもう一度見直して、わたしは間違いに気づいた。寄付金は一二ドル五〇セントではなかった。一二五〇ドル。すでに集まった寄付金と合わせれば、トムが言っていた目標額はもう目の前だ。

この瞬間、わたしはイエローストーンでの仕事は実現する、と悟った。集まっている人々に断りを入れて、大急ぎで先ほどの二人のあとを追った。彼らはまだ近くにいた。気まずさを抑えて、名刺の裏の一二五〇ドルという金額は間違いではありませんよね、と念を押した。ゲイリーという名のその男性は、ええ、そうです、とさらりと答えた。彼は「トゥリッシュです」と隣にいる女性を紹介してくれた。三人でイエローストーン国立公園やオオカミについてしばらく話をしてから、彼らの親切な申し出への感謝を伝えた。翌日、わたしはトムに電話して、必要な資金が集まったことを伝えた。わたしたちは勤務開始日を決め、新設されたこの任務の中身についてあれこれ話し合った。

わたしは荷物をまとめ、五月の第一週にビッグベンド国立公園を出発して車で北上し、イエローストーン国立公園をめざした。およそ二四〇〇キロの旅で、三日がかりになると見込んでいた。テキサス州西部の荒涼とした景色の中、ニューメキシコ州までの何百キロもの道のりを運転しながら、わたしはそのたっぷりある時間を使って、この新たな職にたどり着くまでのこれまでの人生を振り返っていた。

マサチューセッツ州のローウェルに生まれたわたしは、すぐそばのビレリカという小さな田舎町で一〇歳まで暮らした。住んでいたのは、コンコード通りにある小学校の校舎を改装した家屋だった。通りの向こうには農場が広がり、あたりには森や池、小川、野原がいくつもあった。豊かな自然に囲まれた町で、わたしのような子どもにはうってつけの環境だった。今思えば、とてものどかな子ども時代だった。

これは一九五〇年代の話で、今風に言えば、わたしたちは「のびのび育児」で育った子どもだった。小学校に上がると、夏休みや週末は、戸外のあちこちへ自由に遊びに出かけた。それは一人のときもあれば、近所の友だちと一緒のときもあった。ある日は近くの池で釣りをし、別の日は森の中をただ歩き回った。田舎道をどこまでも自転車で走り続けることもあった。共通していたのはどれも外遊びだということで、自然の中で過ごす時間が増えるにつれて、野生生物への興味がどんどん深まっていった。自宅の裏を流れる小川に棲む小さな魚に夢中になって、ときどき捕まえて帰って小さな水槽で飼っていた。それ以上に興味をそそられたのはカメで、うまく捕まえるにはどうすればいいか、あれこれ考えては試してみた。捕まえたカメは、よく調べてから必ず放してやった。

最近、天文物理学者のニール・ドグラース・タイソンの、「すべての子どもは科学者である」という言葉を耳にした。それをきっかけに、当時のある記憶がよみがえった。通りの向こう側の農場には二匹の犬がいた。レックスとシェピーだ。農場で飼われている犬はみなそうだが、その二匹もいつも放し飼いで、何をするのも自由だった。わたしは、シェピーが毎朝のように森へ出かけていき、夕方遅くに帰ってくることに気づいた。それはわたしもよくやることだった。シェピーは森で一体何をしているんだろう、と不思議に思ったわたしは、ある朝、森へ入っていくシェピーのあとをついて行き、彼が森や草原をぶらつき、さまざまな動物が残した匂いの痕跡を調べて回る様子を見守った。シェピーは周辺を探検していた。わたしと同じように。わたしたちは同類だった。あれは、それから数十年後に、わたしがアラスカやイエローストーンのオオカミを研究することを予兆する出来事だった。

その後、マサチューセッツ大学の林業学科を卒業すると、わたしはアラスカのマッキンリー山国立公園で働きはじめ、パークロードの、公園入り口から六六マイル（約一〇六キロ）地点に建つアイルソン・ビジターセンターに配属された。その後、マッキンリー山は先住民であるネイティブ・アメリカンの呼称、デナリに改称され、それに合わせて公園名も変わることになるが、わたしが配属された当時は山も公園もまだマッキンリーと呼ばれていた。極地ツンドラの上に建つアイルソン・ビジターセンターからは、北アメリカの最高地点とされる、標高六一九四メートルのマッキンリー山を一望することができた。ビジターセンターの内部には、登山や地質、野生生物、ツンドラの植生などについてのさまざまな展示があったが、一番の魅力はそこからの眺望の素晴らしさだった。わたしは、ツンドラでの自然散策の案内や半日ハイキングの引率、それにワンダー湖・キャンプ場で夜に行なわれるキャンプファイヤーの司会役などを担当した。キャンプ場からはマッキンリー山が間近に見えて、そこは公園内でも屈指の絶景ポイントの一つだった。

マッキンリー山国立公園を訪れる観光客はみな、園内に多数生息するハイイログマに夢中になったが、それはわたしも同じだった。一年目の夏は、ハイイログマを見かけたら、その姿が見えなくなるまでずっと見守り続けた。園内にはほかにも魅力的な動物たちがいた。カリブーやムース、ドールシープ〔北米北西部、山岳地帯に棲む白い大きなヒツジ〕、そしてツンドラに巣を作るおびただしい数の渡り鳥たち。けれども、アラスカに到着したその日から、わたしの目標は、一頭でいいからオオカミを自分の目で見ることだった。当時のマッキンリー山国立公園では、オオカミが目撃されることはめったになかったのだ。

そんなある日のこと、二頭の子を連れた母ムースに忍び寄る、二頭のオオカミを見かけたという話を、アイルソン・ビジターセンターで耳にした。勤務時間が終わるのを待って車で出かけ、母ムースとその二頭の子どもたちを見つけることができた。とそのとき、すぐそばの柳の木陰に二頭のハイイロオオカミがいることに気づいた。はじめて見た野生のオオカミだった。二頭のオオカミは茂みのなかを行ったり来たりしながら、子どもたちが母ムースと離れる瞬間を窺っていた。オオカミが子ムースを襲うのを諦めて姿を消すのを見届けてから、わたしはアイルソン・ビジターセンターに戻ったが、オオカミをこの目で見たという高揚感でいっぱいだった。

わたしは翌年の夏もアラスカに戻り、結局、通算一五年間にわたって夏のアラスカに通い続けた。一九七五年に、アラスカ州議会が公園名を正式にデナリに変更したいという要望を連邦政府に出すと、一九八〇年に正式に変更される前から、アラスカではデナリという名称が使われることのほうが多くなった。だから本書でも、ここから先は、公園も山もその名で呼ぶことにする。

その後、公園内でオオカミを見かけることが徐々に増えていき、わたしはオオカミの生態観察に多くの時間を費やすようになった。一九四四年に書かれたアドルフ・ミュリーによる草分け的なオオカミ研究書、『*The Wolves of Mount McKinley*（マッキンリー山のオオカミ）』を読み、ミュリーが一九三〇年代後半から一九四〇年代にかけて調査を行なったイースト・フォーク・パックの巣を、遠くから見下ろせる絶好の観察場所を見つけ出した。群れのメスリーダー（アルファメス）とその連れ合いであるオスリーダー（アルファオス）を確認したが、オスリーダーは足をひきずって歩いていた。リーダーペアが、群れの下位の大人たちと協力して、巣穴の周辺で子オオカミたちの世話をする様子も観察したし、彼らがカリブーを狩る様子や、巣穴に近づきすぎたハイイログマを追い払う様子も見た。またあるときは、子オオカミたちが眠っている父親に忍び寄り、まるで獲物に襲いかかるかのように、その体に跳びつくのを目撃した。父オオカミは優しく子どもたちを追い払い、別の場所へ移動してまた昼寝をはじめた。

この頃のわたしは、要するに季節労働者だった。一五年間、夏はデナリ国立公園で働き、冬は、カリフォルニア州の砂漠地帯にあるデスバレー国立公園やジョシュア・ツリー国立公園での仕事を請け負った。一九九一年に〔モンタナ州北部にある〕グレーシャー国立公園に移り、そこで三度の夏を過ごした。三年目の夏は、園内のポールブリッジ・エリアで仕事をしたが、そこはオオカミが見られる絶好の場所だった。モンタナ州をはじめとする多くの西部の州では、オオカミはずっと以前に駆除されていたが、一九七〇年代後半になって、数頭のオオカミがカナダのアルバータ州から国境を越えて入ってきて、グレーシャー北西部に棲みついた。これが〔絶滅後〕アメリカ西部で最初に確認されたオオカミだった。深い森にまぎれて暮らすオオカミを見つけるのは難しいが、その夏、わたしは何頭ものオオカミに遭遇し、草原で遊ぶオオカミ一家の姿を目撃したこともあった。

ちょうどこの頃、オオカミに関する本を書かないかという誘いを受けた。わたしはデナリやグレーシャーの国立公園で数多くのオオカミを観察してきたし、オオカミについて書かれたあらゆる本と、オオカミに関する科学論文のほとんどに目を通していた。目下の最大の課題は、可能性が検討されているイエローストーン国立公園へのオオカミの再導入計画だとわかっていた。イエローストーンが世界初の国立公園に指定された一八七二年当時、オオカミはその地にもともと生息していた生き物だったが、当時のパークレンジャーたちは、アメリカ中のほとんどすべての人がそうだったように、オオカミは悪者だと考えていた。そして一九二六年に、彼らが公園内に残っていた最後の数頭を殺してしまった。

執筆の取材のために、わたしは何度もイエローストーン国立公園に通い、オオカミ再導入を計画する国立公園局の責任者や局所属の生物学者らにインタビューした。イエローストーン・センター・フォー・リソーシーズ（YCR）の主任研究員であるジョン・ヴァーリーや、長年、公園近隣の住民たちにオオカミについての啓蒙活動を行なってきたイエローストーンのレンジャー、ノーム・ビショップなどである。他にも、オオカミ再導入に賛同する多くの人々、たとえば、ディフェンダーズ・オブ・ワイルドライフのハンク・フィッシャーや、ウルフ・ファンドのレニ・アスキンスにも話を聞きに行った。また、モンタナ州ヘレナに出向き、合衆国魚類野生生物局研究員で、ノーザン・ロッキーズ地域でのオオカミ再導入のコーディネーターを務めたエド・バングスにも取材した。ヘレナではオオカミ再導入の審議会に出席して再導入に賛成の証言をした。

一九九三年の秋に自著『*A Society of Wolves : National Park and the Battle over the Wolf*（オオカミの社会——国立公園とオオカミをめぐる争い）』が刊行される頃には、わたしはイエローストーン国立公園のオオカミ再導入計画にかなり詳しくなっていた。しかも一六年間にわたってアラスカやモンタナで野生のオオカミを間近で見てきた経験もあった。そうした何もかもの導きで、一九九四年の春、わたしはイエローストーン国立公園のオオカミ解説者として働きはじめることになったのだ。

五月のはじめに公園に着くと、まずトム・タンカーズリーと面談して、新設されたこの任務について彼が組んでくれたスケジュールを二人で確認した。パークレンジャーが駐在するタワー・ジャンクションに停めた国立公園局所有のトレーラーで寝起きしながら、来園者に向けてオオカミ説明会を行なう。対象範囲は二百万エーカー（八千平方キロメートル）あるこの公園全体だ。オオカミの生態とイエローストーン国立公園への再導入計画についてのスライドはすでに準備ができていた。説明会は、マディソンキャンプ場とブリッジ・ベイキャンプ場でそれぞれ週に一回実施するが、たまにマンモスキャンプ場やフィッシング・ブリッジキャンプ場でも行なう。説明会は観光シーズンが終わる九月の初めまで続ける。

園内に点在するビジターセンターでも、日中に説明会を行なうことになっていた。こちらの説明会では、デナリ国立公園で働いていたときに、わたしの友人で映像作家のボブ・ランディスが撮影したビデオ映像を見せることにした。ボブは、その後もナショナルジオグラフィックのテレビ番組やPBS（公共放送サービス）の番組「ネイチャー」のための野生動物のドキュメンタリー映像を多数撮影する予定で、そこにはイエローストーンのオオカミを扱ったものも多数含まれていた。その夏は、ボブが撮影したビデオ映像をスクリーンに映し出し、オオカミの生態について説明をしてから、イエローストーンへのオオカミ再導入計画について話すことになっていた。

しかし勤務時間の大半は、国立公園局が「移動説明会」と呼ぶものに費やされることになる。人が大勢集まっている場所を見つけて、できるだけ多くの人にざっくばらんにオオカミの話をするというものだ。公園を訪れる観光客のうち、予め計画されたレンジャー・プログラムに参加する人はほんの一握りで、だからこそプログラムに参加しない大勢の人々にこちらから声をかけていく必要がある。いわば、教会で説教する牧師ではなく、路上説教師になれ、ということだ。

わたしは、その夏のためにオオカミの毛皮を借り、オオカミ再導入の話を聞いてもらうために、どんなふうに人々の関心を集めようか、と考えた。初仕事のためにタワー滝の駐車場に降り立ったときのことは今も覚えている。パークレンジャーのつば広ハットをかぶり、ユニフォームを整えると、オオカミの毛皮を手に人が大勢いるほうへ向かった。するとたちまち大勢の観光客にとり囲まれ、人々は口々に毛皮について問いかけた。

わたしはオオカミの話をはじめ、ほんの数分で、オオカミはもともとイエローストーンに生息していたが、公園設立当初のレンジャーたちによって全滅させられてしまった、と伝えることができた。国立公園局は自分たちがしでかした間違いに気づき、カナダから連れてきたオオカミを公園に再導入したいと考えている、と。一つの集団で話し終えると、次の集団へと向かった。そんなふうにして、一時間でおよそ三〇〇人にメッセージを伝えることができた。そのほとんどは、公園の正式な説明会には決して参加しなかっただろう人々だ。ちょっと目先を変えて、ギフトショップに毛皮を持って入り、通路をぶらぶらしたりもした。駐車場のときと同じように、人々はわたしが抱えている物を見ようと押し寄せてきた。わたしは手短にオオカミ再導入の話をしてから、隣の通路へと移動した。

夏至の頃に、イエローストーン国立公園へのオオカミ再導入計画が、クリントン政権の内務長官であるブルース・バビットによって承認されたという知らせが届いた。その後は説明を修正し、この冬にオオカミをイエローストーンに再導入することが決まった、と伝えるようにした。その夏の観光シーズンの終わりには、公園を訪れた、おそらく二万五千人を超える観光客に、オオカミの生態とイエローストーン国立公園への再導入計画について話をすることができた。

その夏、わたしはオオカミについての二冊目の著書、『*War against the Wolf : America's Campaign to Exterminate the Wolf*（オオカミとの戦い――アメリカはいかにしてオオカミを絶滅させたか）』を書き終えた。植民地時代にまでさかのぼってさまざまな歴史的史料を検証し、アメリカ社会にはびこるオオカミ嫌悪の偏見がどのように生まれたのかを、またアメリカがなぜ、国立公園内でさえも、やっきになってオオカミを死滅させようとしたのかを明らかにする内容だ。またこの本では、アーネスト・トンプソン・シートンの『オオカミ王 ロボ（今泉吉晴訳、童心社）』など、オオカミがより肯定的に描かれた過去の作品のいくつかを引用して紹介した。締めくくりに、米国のロッキー山脈北部地域や南西部で実施されているオオカミ再導入計画も紹介した。オオカミを専門とする研究者やオオカミ再導入支持者にも、この本のために新たに原稿を書いてもらうよう依頼し、わたし自身もオオカミの野生復帰やイエローストーンでの再導入計画について、いくつかの小論を新たに書き足した。この本は一九九五年の春に刊行された。

オオカミ解説者としてのわたしの仕事は九月に終わった。昔から、九月になると公園を訪れる客はめっきり減るのだ。その秋は、アイルランドやイギリスへの講演旅行に招待されていたため、わたしはイエローストーン国立公園をあとにした。そして、オオカミやイエローストーンでの再導入計画について話をするために、ベルファスト〔北アイルランドの首都〕やロンドンなど、いくつかの都市を巡った。王立動物学会での講演も行なった。ＢＢＣラジオ局のインタビューも何度か受けた。オオカミ再導入計画は、世界的な注目を集めつつあった。

その秋、わたしはイエローストーンで過ごした夏のことを何度も思い返していた。わたしが少年時代を過ごしたマサチューセッツ州の町からほんの数マイルのところにある町で育ったヘンリー・デイヴィッド・ソローの言葉が、心に思い浮かんだ。ソローが生まれたのは一八一七年で、その頃にはニューイングランドの森を散策中にオオカミを見かけることなどとうの昔になくなっていた。一八五六年に書かれた作家の日記には、周辺の自然のなかに生息していたオオカミや動物たちが絶滅に瀕していることへの寂しさが綴られている。ソローは、自分は飼い慣らされ、無力化された国に住んでいるようだ、と感じていた。近くの森では、自然が奏でるさまざまな音や調べが聞こえなくなったと言い、不完全な世界で暮らさねばならないことを悲しんだ。ソローはさらに「多くの大切な演奏者が欠けているコンサートを私は聞いているのだ」と続ける。欠けている音の中でももっとも重要な音がオオカミの遠吠えだった。一九九四年のイエローストーンは、ソローの故郷であるマサチューセッツ州の町と同じ状態だった。公園内には不自然な静けさが、オオカミの鳴き声によって妨げられることのない静けさが広がっていた。しかし、その静けさもやがて破られようとしていた。オオカミが戻ってくるのだ。

第2章　オオカミがイエローストーンにやってきた

海外での講演旅行を終えたわたしは、ビッグベンド国立公園に戻り二度目の冬を迎えようとしていた。その年の秋、イエローストーン国立公園は、オオカミ再導入計画と、放獣後の行動観察と調査のために、オオカミを専門とする研究者を二人雇い入れていた。マイク・フィリップスとダグ・スミスだ。オオカミ再導入の経験をもつ国内唯一の生物学者であるマイクがプロジェクトリーダーに任命された。マイクは、魚類野生生物局が行なったアメリカアカオオカミ野生復帰プログラムのコーディネーターとして、ノースカロライナ州でのアメリカアカオオカミの再導入を統括した経験の持ち主だった。

ダグは、ミシガン工科大学のロルフ・ピーターソン教授が指揮する、スペリオル湖に浮かぶ島、アイル・ロイヤル国立公園でのオオカミ研究に長年携わってきた。のちには、魚類野生生物局の依頼を受けて、ミネソタ大学の教授デイヴィッド・ミッチがミネソタ州北部で行なったオオカミ研究にも参加している。このデイブ・ミッチ教授は、パデュー大学のダーワード・アレンが、一九五八年にアイル・ロイヤル国立公園でオオカミ研究を立ち上げた際にも支援しており、この研究は、それまででもっとも長期にわたるオオカミ研究となった。ロルフ・ピーターソン教授は、一九七四年にこの研究の統括者の地位を引き継いでいる。つまりダグは、デイブとロルフという、オオカミ研究の世界的権威の教えを受けてきたのだ。マイクとダグは、アイル・ロイヤルの研究チームで一緒に仕事をしたことがあり顔見知りだった。

一九九五年一月、わたしはまたもや講演旅行中で、このときはオハイオ州にいた。たまたま同じ頃に、オオカミがイエローストーンに到着した。三つの群れのオオカミと一頭のはぐれオスから成る一四頭の野生のオオカミが、イエローストーンから北に八八〇キロ離れたカナダのアルバータ州で捕獲された。一四頭は一月一二日に馬匹運搬車で公園に到着し、わたしはその様子をCNNテレビの報道番組で見ていた。

ビッグベンド国立公園に戻ると、イエローストーンの友人たちからより詳しい情報が入ってきた。三つの群れのオオカミたちは、わたしが滞在していたタワー・ジャンクションに近い公園北部エリアに設置された、別々の馴化《じゅんか》用囲い地に収容された。このエリアはエルク（アメリカアカシカ）の高繁殖地で、エルクはかつてイエローストーンに自生していたオオカミにとっても、アルバータ州から新たにやってきたオオカミにとっても、主な餌動物だった。囲い地の広さは、およそ四〇〇〇平方メートルほどだった。

一四頭のうち、カナダで最初に捕獲されたのは、マクラウド・パックの母オオカミとそのメスの子オオカミだった。この群れのもう一頭のメスの子オオカミは射殺され、父オオカミを含むこの群れの他のメンバーも、ハンターや毛皮目当ての罠猟師によって殺されてしまったようだった。母オオカミ（ナンバー9と名づけられた）と子オオカミ（ナンバー7）だけが、わかっている限りの生き残りだった。二頭は、ラマー・バレーのイエローストーン・インスティテュート裏に設営された囲い地に入れられた。この群れにはつがいとなるオスがいないため、はぐれオスとして捕獲されたオスオオカミが同じ囲いの中に放された。このオスはナンバー10と名づけられた。群れは彼らが放たれた場所のそばを流れる川の名にちなんでローズ・クリーク（川）・パックと命名された。

プロローグで紹介した群れは、タワー・ジャンクションから東へ一〇キロほどの場所に作られた囲い地に収容され、クリスタル・クリーク・パックと呼ばれるようになった。レンジャーや公園のスタッフらが、群れのリーダーペア（メスのナンバー5とオスのナンバー4）と四頭のオスの子オオカミを入れた鉄製の檻をトラックから降ろし、ラバに引かせたソリに乗せて馴化用の囲い地まで運んで行く様子が、テレビで放映されていた。子オオカミのうち、ナンバー8と名づけられたのが、プロローグに出てきた灰色の子オオカミだ。体重三二キロのナンバー8は、四頭の兄弟の中でも、またカナダから連れてこられた一四頭の中でも、もっとも小さかった。群れで最後に捕獲された個体で、危うく置いていかれるところだった。

カナダではバーランド・パックとして知られるソーダ・ビュート・パックの五頭は、ラマー・バレーのイエローストーン・インスティテュートの東側の囲い地に落ち着いた。

オオカミへの殺害予告があったため、法執行権をもつ武装したレンジャーが、囲いの中のオオカミを二四時間体制で警備した。気温が氷点下に達するワイオミング州の長い冬の夜、深い雪に足を取られながら見回りをしたレンジャーたちは、この物語の陰の功労者だ。彼らの献身的な仕事のおかげで、囲い地にいる期間に危害を加えられたオオカミは一頭もいなかった。

オオカミたちが囲いのなかに閉じ込められていた一〇週間の間、国立公園局の職員が週に二回、エルクやシカ、バイソンの死骸を囲いのなかに運び入れた。そのほとんどは、近くの幹線道路で自動車事故に遭って死んだ動物たちだった。野生のオオカミは、必要なエネルギーを補うために、冬場には一日平均四キロの肉を必要とする。六頭のメンバーがいるクリスタル・クリーク・パックなら、週に一六〇キロを超える計算になる。

三月二一日、午後四時一五分、魚類野生生物局のマイク・フィリップスとスティーヴ・フリッツが、クリスタル・クリークの囲い地のゲートを開いて、急ぎ足で車道へ引き返した。ゲートが開いているのに気づけばオオカミはすぐに飛び出して来るだろう、とだれもが予想していた。ところがオオカミたちは囲いの中に留まっていた。ゲートは一つきりで、人間が囲い地に入ってくるのは決まってそのゲートからだったから、オオカミはゲートに近づくのを恐れているようだった。

三月二三日、二人の研究者は、ゲートから遠く離れたフェンスに穴を開け、そのすぐ外側にシカの死骸を置いた。翌日モニタリング映像を確認すると、オオカミたちが穴から抜け出して死骸のところまで行き、しかし摂餌《せつじ》後はまた囲い地の中に戻ったことを示していた。彼らはまだ、自分たちが自由の身になったことがわかっていなかったのだ。三月三〇日に、六頭のうちの五頭が穴から外に出て、二度と戻らず、残された一頭も翌日には仲間と合流した。一〇日がかりの作業となったが、三月三一日には、クリスタル・クリーク・パックの全員が、イエローストーンを自由に歩き回っていた。

国立公園局の職員や観光客、それに地元の人々も、クリスタル・クリークのオオカミたちが囲い地の周辺をうろうろする様子をしょっちゅう目にするようになった。家族でじゃれ合う様子も目撃されて、それは彼らがこの新たな住処に馴染んできた証拠だった。イエローストーン公園内を自由に徘徊するオオカミの群れが見られるのは六九年ぶりだった。オオカミ一家はその後四週間は囲い地の周辺に留まり続け、冬の寒さで死んだエルクや、自分たちで狩ったエルクを食べていた。

ローズ・クリークの囲い地に収容された三頭のオオカミのほうは、まったく別の経過をたどった。体重五五キロの大柄なはぐれオス、ナンバー10はオスの成獣の平均以上の体格で、三月二二日に囲い地のゲートが開かれるとすぐに外へ出ていった。つまり、ナンバー10はカナダから来たオオカミのなかで最初に囲い地から出たオオカミだった。二頭のメスは、クリスタル・クリークのオオカミたちと同じように、なかなか囲い地を離れようとしなかった。母オオカミは開いたゲートに怯えているようで、近づくのを嫌がった。そのときはだれも気づいていなかったが、母オオカミは妊娠していたのだ。

母オオカミとはぐれオスは、囲いの中でつがいになっていた。

オスは囲い地のすぐ外に留まり続けた。彼にしてみればそれはとても危険なことだったはずだ。そのあたりはもっとも人が出現しやすい場所だと知っていたはずだから。それなのに、彼は新たなパートナーとその娘が出てくるのを律儀に待っていた。まるで、刑務所から逃げ出した囚人が、看守が巡回していて、見つかったらまた捕まる可能性が高いにもかかわらず、仲間が脱獄してくるのをすぐ近くで待っているかのようだった。

三月二三日、生物学者らはローズ・クリークの囲い地まで歩いて行き、クリスタル・クリークのときと同じように、ゲートの反対側のフェンスに穴を開けるつもりだった。ところが、近づいてみると、あたりは猛吹雪でほとんど何も見えなかった。間近で吠え声が聞こえたと思うと、ナンバー10がほんの五〇メートルほど先にいて、こちらをじっと睨んでいた。オオカミを動揺させたくなかった一行は顔をそむけ、急いで来た道を戻った。10は彼らを追って斜面を下り、人間たちが自分の新しい家族に近づかないように、その間ずっと吠え声を上げ続けた。人間たちがいなくなると、10は囲い地のそばまで戻った。それから一日か二日のうちに、母オオカミは娘と共に囲いを出て、ローズ・クリーク・パックの三頭はようやく周囲を探索しはじめた。

三つ目の囲い地のフェンスに穴が開けられたのは三月二七日で、ソーダ・ビュート・パックの五頭は、その日のうちに近くに置かれたシカの死骸に誘われて穴から抜け出した。クリスタル・クリーク・パックのときと同じように、彼らも最初は囲い地の中に戻ったが、二日後に出たときはそれきり戻らなかった。

カナダのアルバータ州から連れてこられた一四頭のオオカミのすべてが、彼らの住処となるこの初めての土地をうろうろと歩き回っていた。オオカミ再導入チームは、イエローストーンにオオカミを復帰させる計画を見事にやり遂げた。ここから先は、つまり、オオカミの吠え声を含めて、かつてのような公園を取り戻せるかどうかは、オオカミ自身にかかっていた。

第3章　はじめて見たオオカミ

一九九五年の五月のはじめにビッグベンド国立公園での仕事を終えて、イエローストーンのある北に向かって車を走らせていたとき、この夏は、放獣されたばかりのオオカミを一頭でもいいから見たいとわたしは考えていた。公園に放たれたのは、オオカミ目当ての罠猟や狩猟が盛んな場所で捕らえられたオオカミだと知っていた。カナダのその地域では、人間を原因とするオオカミの年間死亡率は四〇パーセントに及ぶことも多く、オオカミは当然、人間を恐れ、避けようとすると思われた。それでも、バックカントリー・ハイキングを続けていれば、運良くオオカミをひと目見ることができるかもしれない。今回も滞在するのはタワー・ジャンクションの予定で、クリスタル・クリーク・パックが放たれた場所とは数キロしか離れていない。群れのオオカミのいずれか一頭を目撃する見込みは大いにありそうだった。

五月一二日の夕方にイエローストーン国立公園の北東ゲートに到着し、ラマー・バレーがある西へ向かった。ラマー・バレーに着くと、デナリ勤務時代の知り合いで、野生動物のドキュメンタリー映画を手掛けるボブ・ランディスが路肩に停めた車の中にいるのを見つけた。「さっきまでクリスタル・クリークの六頭を撮影していたんだが、君が来る直前に森に姿を消してしまったよ」と彼は言った。わたしはあと一歩のところで見逃してしまったのだ。必死でオオカミを探したが、見つけることはできなかった。タワーまで車を進め、住まいとなるトレーラーに乗り込むと、オオカミを見られたかもしれないチャンスを一つふいにしてしまったことを悔やんだ。

翌朝は早起きして、車で東へ一六キロ離れたラマー・バレーへ向かった。午前六時頃に着くと、車道から南へ八〇〇メートルほど離れた見通しのよい場所に、クリスタル・クリーク・パックの全員がそろっていた。黒い毛並みのオスリーダーと少し白っぽい毛のメスリーダー、それにこのペアの子である四頭のオスの姿が見えた。子どもたちはすでに生後一年ほどになっていた。一番小柄な灰色の一歳児は、体格のいい三頭の兄弟たちのツヤのある黒毛と比べると随分見劣りがする、くすんだ灰色の毛色のせいで、かえって目立っていた。その夏の間にオオカミを一頭でも見られればいいと考えていたが、イエローストーンに戻ってきたあと、園内で丸一日過ごせるようになった最初の日に、わたしは六頭のオオカミがラマー・バレーを歩き回る姿を見守っていた。

群れの様子を観察していると、人々が車を停めて、何を見ているのか尋ねてきた。デナリでイースト・フォーク・パックを観察するのに使っていた標的観測用の小型望遠鏡を持っていたので、彼らにもそれを貸して遠くのオオカミの姿を見せてあげた。望遠鏡の向こうにオオカミの姿を見つけると、みな喜びと興奮に顔を輝かせた。車を停める人がさらに増えたが、その全員がオオカミを見られるように手助けした。彼らのほとんどが、メスリーダーの美しい姿と、体格のいいオスリーダーの堂々たる佇まい、そして三頭の黒毛の一歳児たちのつややかな毛並みを褒め称えた。小さな灰色の一歳児、ナンバー8を話題にする人は一人もいなかった。

メスリーダーのナンバー5が、エルクの死骸の跡が残る地面にしゃがんで排尿してから、付近の土を後ろ足でひっかいた。メスが立ち去ると、今度はオスリーダーのナンバー4がやってきて、メスが残した臭跡の上に片足を上げて排尿し、その地面を後ろ足二本でひっかいた。オオカミは足の肉球の間に臭腺《しゅうせん》をもっているため、後ろ足で地面を掻くことによって、縄張りを示す匂いをよりしっかりと残すことができる。あとからやってきたオオカミはみな、このあたりはあのリーダーペアの縄張りだと知ることになる。クリスタル・クリーク・パックは、ラマー・バレーは自分たちの縄張りだと主張していたのである。

メスがそのまま群れを先導し、他の五頭がそのあとに続いた。やがてわかったことだが、この群れでは、たとえば進む方向など、群れ全体に関する決定権の大半をメスリーダーが握っていて、オスリーダーを含む他のメンバーはそれに従っていた。あるとき、群れがバイソンの大群に近づいたことがある。数頭のバイソンが、近づいてくるオオカミ一家に気づいたが、気にもとめなかった。バイソンの成獣はオスでは体重九〇〇キロ、メスでも四五〇キロに及ぶものがいる。一方オオカミの成獣の平均体重は四五キロ前後なので、バイソンはオオカミの一〇倍から二〇倍の重さがあるということになる。そういうわけで、ほとんどのバイソンは、素知らぬ顔で草を食《は》み続けた。リーダーペアのほうも、バイソンには目もくれずに先へと進んだ。

あとになってわかったのだが、このオオカミたちが以前住んでいたカナダのアルバータ州にはバイソンはいなかった。そこでは、クリスタル・クリーク・パックは、エルクやシカを主な餌動物としていたのだろう。子オオカミは、やがて大人の狩りについていくようになり、群れの年長のメンバーの狩り行動を見てどの動物を狙えばいいかを学んでいく。この群れのリーダーペアの故郷では、夕飯にふさわしいのはエルクやシカだった。生物学の世界ではこれを「捕食動物の餌動物イメージ」と呼んでいる。オオカミは、自分が考える最適な餌動物の姿をした獲物を探しながら移動する。クリスタル・クリークのリーダーペアは、そのときはまだイエローストーンのバイソンを餌動物として認識していなかったのだ。

しかし両親とは違って、四頭の一歳児たちはこの目新しい動物に興味津々で、仲間のほうへ歩いていく一頭の大きなオスバイソンのあとを追いはじめた。するとすぐに、先頭の黒い子オオカミがバイソンまであと一四メートルほどのところまで追いついた。巨大なバイソンは立ち止まり、近づいてくるオオカミの子どもたちのほうを振り返った。四頭の子オオカミは一瞬動きを止めたが、一番小さい灰色の子オオカミを含めた三頭が、さらに前に進んだ。群れから離れていたオスバイソンは再び歩きはじめ、すぐに群れに合流した。小走りで近づいてくる三頭の子オオカミに気づいて、バイソンの群れの何頭かが顔を上げた。すると三頭は立ち止まりその場でぐるぐる回りはじめた。たくさんのバイソンに睨みつけられて、それ以上近づく気になれなかったのだ。リーダーペアは子どもたちとバイソンの群れの様子を余念なく見守っていた。とそのとき、追われていたバイソンが突進してきた。四頭の子オオカミは明らかに怖気づき、両親の元へ駆け戻った。

クリスタル・クリーク・パックは再びそろって旅を続けた。しばらくすると両親がおよそ一五〇頭からなるエルクの群れを見つけた。彼らの餌動物イメージにぴったりの獲物だった。メスのエルクの体重は最大およそ二二〇キロ、大型のオスなら三二〇キロほどもある。オオカミよりずっと大きいが、それでも獲物としては、バイソンよりずっと現実的だ。エルクが走って逃げたが、オオカミの家族はあとを追わなかった。その代わり、ゆっくりと近づいていった。エルクの群れは立ち止まり、振り返ると、そのままオオカミの親子のほうへ近づいてきた。オオカミが公園に戻ってきてからまだ六週間ほどしかたっていなかったので、エルクのほうも、オオカミがどのくらい危険な相手で、どう対処すべきなのかを見きわめようとしていたのかもしれない。

エルクの群れとオオカミ一家の距離は、もはや四五メートルもなかった。ここへ来て、オオカミは脅威だと判断したのだろう、エルクは再び走って逃げた。それにつられて二頭の黒毛の子オオカミが駆けだした。群れを追いかけたが、全速力のほんの三分の一程度のスピードだった。他の家族はその場で事態を見守った。エルクの群れは二手に分かれ、追っているのは二頭の子オオカミのうちの一頭だけになった。エルクの群れが走るのをやめると、子オオカミも立ち止まった。子オオカミは、追っていたエルクの群れを睨みつけ、するとエルクのほうも子オオカミを睨み返した。わたしは後方にいるオオカミの両親に目を向けた。両親はやはり様子を見ているだけだった。彼らはエルクの健康状態を観察し、追いついて獲物にできそうな、動きの遅い個体や弱っているように見える個体がいないことを確認済みなのだろう、と思われた。

オオカミとエルクが関わり合う場面を目撃することが増えるにつれて、ごくふつうの健康なエルクなら、追ってくるオオカミから簡単に逃げ切れることがわかってきた。エルクが全力疾走すれば、最高で時速七二キロくらいのスピードが出るが、オオカミの最高速度は時速五六キロほどだ。それがどのくらいの速さかというと、オリンピックの金メダル走者、ウサイン・ボルトは、一〇〇メートルを平均時速三七キロで走る。オオカミやエルクと短距離走を競えば、ボルトは最後にゴールすることになる。経験を積んだ大人のオオカミは、健康なエルクを追いかけてエネルギーを無駄にしたりしない。仕留められる確率がとても低いからだ。オオカミの両親は先を目指して歩きはじめ、子オオカミたちもあとに続いた。やがてオオカミの一家は森に入っていき、そのまま姿が見えなくなった。

この朝、わたしはある重要なことを学んだ。この時期の日の出は午前五時四五分頃だが、五時一五分には、オオカミの姿を見られるくらい空が明るくなっているのだ。この日わたしが駐車場に着いたのは午前六時だったから、オオカミが見られたかもしれない四五分間を無駄にしたことになる。それからは、わたしはもっと早く、つまり午前四時頃には起きて、ゆっくり朝食を食べ、身支度をしてから、タワーからラマー・バレーまで一五分かけて車で移動し、空が白むまでに到着するよう心がけた。

何一つとして寝過ごして見逃したくはなかった。

それから三日間は、早朝にオオカミを目撃することはできなかったが、五月一六日の夕方、オオカミを探しているときに一頭のハイイログマと一羽のハクトウワシを見つけた。そのとき、エルクの群れが草原のある一点を不安げに見つめているのに気づいた。わたしは望遠鏡をそちらの方角に向けて、目を凝らした。すると、それまでは見えていなかった黒毛の一歳児が立ち上がって姿を現した。この観察例から、餌動物が一斉に同じ方向を見つめているときには注意すること、という教訓を得た。

この日の夕方に、わたしは当時の絶滅危惧種リストに載っていた三種の動物を目にしたことになる。ハイイログマ、ハクトウワシ、そしてオオカミだ。ハイイログマもハクトウワシも、オオカミなど気にもしていない様子だったが、のちになって、どちらの種もオオカミがイエローストーンに戻ってきたことによって多大な利益を得ていることを知った。ハイイログマもハクトウワシもスカベンジャー(腐肉食動物)で、その後数年間の、イエローストーン公園内のハイイログマの個体数の増加の理由の一つが、オオカミが仕留めた獲物のおこぼれにあずかれるようになったことだとわかってきたのだ。

着任直後の数週間、わたしはマンモス・ホットスプリングスの公園本部にしょっちゅう立ち寄っていた。マイク・フィリップスとダグ・スミスのオフィスがあったからだ。そこで彼らと懇意になり、ラマー・バレーで行なっているオオカミ観察の情報を報告しに行っていた。当初は、オオカミ再導入計画は、正式名を「オオカミ再導入プロジェクト」といったが、そのうちに「オオカミ・プロジェクト」と短い呼称で呼ばれるようになり、今に至るまでそれが続いている。

着任間もないわたしがクリスタル・クリーク・パックの観察に勤しんでいた頃、ローズ・クリーク・パックにはある重大な出来事が起きていた。ローズ・クリークの三頭のオオカミは、囲い地から解き放たれてから一週間は、放獣地点周辺をうろうろしていたが、そこはクリスタル・クリーク・パックの囲い地から東へおよそ八キロ離れた場所だった。その後、ナンバー7と名づけられた一歳になるメスの子オオカミが、他の二頭の大人たちと別れて暮らしはじめた。ナンバー7は独力で狩りを覚え、だれの力も借りずにエルクを仕留めた。翌年には、7はクリスタル・クリークの黒毛の子オオカミのうちの一頭であるナンバー2とつがいになってレオポルド・パックと呼ばれる群れを作った。わたしは、新たに誕生したこのペアの観察に長い時間を費やすことになる。

若いメスが群れから離れていったあと、ローズ・クリークのリーダーペアは東へ、さらに北東へと移動し、ついには公園を出て、ローズ・クリークの囲い地から八八キロも離れたモンタナ州の町レッド・ロッジ付近に落ち着いた。出産を間近に控えるメスリーダーのナンバー9は、この地域から出ようとしなくなった。一九九五年四月二四日、追跡飛行を行なったマイク・フィリップスが、このペアがレッド・ロッジのすぐ西にあるカスター国有林内で一緒にいるところを目撃している。ペアのオスはその日の遅くに巣穴を離れて狩りに出かけた。

その二日後、ダグ・スミスが追跡飛行を実施し、同じエリアでメスの発信機からの信号を受信した。しかしオスの信号が受信できなかったため、ダグは周辺地域を旋回して探索を続けた。ようやく検知できた信号は死亡モードで、ナンバー10がおそらく生きていないことを示していた。オオカミに装着された発信機付きの首輪にはモーションセンサーがついている。四時間以上にわたって動きが検知されない場合は、一分あたりの信号音が二倍速になるしくみなのだ。その後ナンバー10の亡骸が発見され、レッド・ロッジの住人、チャド・マッキートリックが、絶滅危惧種保護法で保護されている動物を殺した罪で有罪判決を受けて投獄された。マッキートリックがナンバー10を銃で撃ったのは四月二四日だった。

つがいのオスが殺されたその日に、ナンバー9はオスが死んだ場所から八キロ離れた私有地で、ひと腹の子どもたちを産んだ。一〇日後、魚類野生生物局のジョー・フォンティンが巣穴を見つけ、子オオカミの存在を確認した。子どもは全部で七頭いた。巣穴は木陰の浅い窪地にあった。出産したばかりの母オオカミが生き延びられるように、巣穴の近くに動物の死骸が置かれた。生まれたてのオオカミは自力で体温調節ができず、母オオカミにすり寄ることによって体温を保っている。もし、母オオカミであるナンバー9が食糧確保の必要にかられて狩りに出てしまえば、彼女が巣穴に戻って来る前に子どもたちが低体温症で死んでしまうおそれがあった。

また、巣穴がレッド・ロッジの中心街から六キロしか離れていなかったため、マイクとダグは母オオカミと子どもたちを再捕獲してローズ・クリークの囲い地に戻す決断をした。五月一八日、魚類野生生物局のカーター・ニーマイヤが、ローズ・クリークの囲い地から拾ってきた殺されたつがいのオスの糞を、罠部分に緩衝材を巻いたトラバサミのそばに置く作戦でナンバー9を捕まえた。そのあと一行は、子オオカミの捕獲に向かった。

ダグは、追跡飛行のデータから、ナンバー9が子どもたちを別の場所へ移動させたことを知っていた。ジョーが、その新たな巣穴のある斜面を歩いて登り、オオカミの吠え声を真似た低い声を出した。子どもたちが母親が帰ってきたと勘違いすることを期待したのだ。すると、呼びかけに応じるクーンという声がした。ジョーが声のするほうに目を向けると、そこにはオオカミの子どもたちがいた。子オオカミたちは一斉に逃げ出したが、一頭は、その場で足を踏ん張り、ジョーの顔を睨みつけてから、兄弟たちのあとを追って、岩だらけの斜面の奥の巣穴へと逃げ込んだ。

痩せ型の腕が長いダグが、巣穴の中へ腕を伸ばし、生後三週間の子オオカミを次々と引っ張り出した。全部で七頭。もともと子オオカミは七頭と考えられていたが、もう一頭いそうだという直感に従って、ダグが落ちていた枝で巣穴の中を突き回すと、何か柔らかいものの感触が伝わってきた。枝を引き出してみると、先に動物の毛がついていて、どうやら巣穴の一番奥にもう一頭いそうだと思われた。穴が深く、手でつかんで出すのは無理なので、ダグはレザーマン社製のプライヤー〔ラジオペンチ〕を手に持ち、できる限り奥まで差し込んだ。プライヤーが何かを挟む感触があった。何であれ、その動物は抗いながらダグによって引き出された。八頭目の子オオカミ。黒毛のオスだった。

オオカミ・プロジェクトの獣医を務めるマーク・ジョンソンが、最初に引き出した七頭の子オオカミ（メス四頭、オス三頭）を調べてみな健康だと診断した。ダグに引き出されそうになって抵抗した八番目の子オオカミも、健康状態は良好だった。長年獣医として動物の診療にあたり、野生のオオカミに関わって来たマークは、大人になった犬やオオカミに子どもの頃の面影を見つけるすぐれた眼力をもっていた。その彼からのちに、あのときの八番目の子オオカミが成長し、イエローストーンの歴史上、もっとも名の知れたオスオオカミであるナンバー21になったに違いない、と聞いた。大人になった21は、体重がおよそ五九キロもあったが、生後二四日目のその日の体重は、たったの二キロだった。

母オオカミと八頭の子オオカミはヘリコプターに乗せられ、再びローズ・クリークの囲い地へ運ばれた。飛行中、子どもたちはヘリコプターの機内を自由に動き回ることを許されたが、母親のナンバー9は檻の中だった。その日、戸外にいたわたしは、ヘリコプターがローズ・クリークの方向へ飛んでいくのを目撃した。オオカミの母子は子どもたちが生後六か月になるまで、つまり一〇月の半ばまで囲い地で暮らすことになっていたが、それは、子どもたちがある程度成長し、放獣後に生き延びる可能性が高まるのを待つためだった。週に二回、囲いの中に動物の死骸が運び込まれた。

オオカミ再導入後間もないこの春に、九頭の子オオカミたちが誕生した（ローズ・クリーク・パックに八頭。ソーダ・ビュート・パックに一頭）のは予想外の出来事だった。囲い地にいる間にオオカミ同士がつがいになるとは、プロジェクト関係者のだれも予想していなかったのだ。しかし放獣後すぐに、ローズ・クリークのオスリーダーが殺されてしまったことで、子オオカミ誕生の喜びは帳消しになってしまった。とはいえ、ナンバー10は、命を絶たれる前にイエローストーンの遺伝子プールに多大な貢献をし、彼は、自分の子どもたちや、その子たちに連なる数多くのオオカミを通してずっと生き続けることになる。ナンバー10は、今も脈々と連なるイエローストーン王朝の創設者なのだ。

第4章　小さなオオカミと大きなハイイログマ

ローズ・クリーク・パックが、ヘリコプターで馴化用囲い地に戻された一九九五年の五月一八日、わたしは、クリスタル・クリークの三頭の黒毛の子オオカミの一頭が、仕留めたばかりのエルクを貪っているのを見た。それから、群れの残りの五頭が別のまだ新しい死骸に群がっているのも見た。一頭の黒毛の子オオカミが肉片を口にくわえて死骸から離れると、小さな灰色の子オオカミがその黒毛の子オオカミに近づいていき、二頭はふざけて取っ組み合いをはじめた。灰色のナンバー8は、黒毛の子から肉片をかっさらうと、口にくわえて逃げ去った。8は立ち止まり肉を地面に置くと、さっきの黒毛の子が見ている前で、それを使って遊びはじめた。その日、この群れのオオカミは満腹だったので、みんな、その肉片がだれの物になろうと構わなかったのだ。獲物の死骸にはまだ肉がたっぷり残っていて、このオオカミ一家だけでは食べきれないほどだった。

前の冬にクリスタル・クリークの囲い地を警備していた法執行権をもつ女性レンジャーから、囲い地にいる間じゅうずっと、三頭の黒毛の子オオカミたちが、体の小さい灰色の8を容赦なくいじめていたと聞いた。黒毛の子たちは8を追いかけ回し、飛びついて押さえつけ、噛みついてなかなか放そうとしなかった、と彼女は言った。フェンスの中に閉じ込められていた間、子オオカミたちにはほかにやることがあまりなかったから、灰色の小さな8をいじめることは、三頭の黒毛の子オオカミたちのお気に入りの気晴らしの一つだったのだ。いじめられた8はいつも黒毛の兄弟たちから離れて寝たが、彼らは眠っている8にこっそり近づいて跳びかかった。8はやり返さずに走って逃げるか、ちょっとだけ立ち向かってから逃げるかのどちらかだった。

8は囲い地で一番小さいオオカミだったから、付近をパトロールするレンジャーたちから「おちびさん」と呼ばれていた。その女性レンジャーは、囲いの中に肉が運び込まれたときも、灰色の8が肉にありつけるのはいつも最後だったと教えてくれたが、それもまた8の地位の低さを物語っていた。囲い地での虐げられた8の暮らしをレンジャーから聞きながら、わたしは哲学者フリードリヒ・ニーチェのある有名な言葉を思い出していた。「困難が人をいっそう強くする」。日々成長を続ける8は、過去にいじめられ、ひどい目に遭わされた経験を、この先遭遇する逆境や難題によりうまく対処するための糧にできるだろうか？　そう感じた。

クリスタル・クリーク・パックが囲いの中で暮らした一〇週間が8にとって辛いものだったことを知っているからこそ、わたしは、彼がその頃よりはずっとまともな暮らしを送っていることを嬉しく思った。自由に動き回れるようになった今、黒毛の子オオカミたちにはやることがたくさんあって、8をいじめる暇などなくなったのだ。

同じ日のこと、黒毛の子の一頭が、残っていたエルクの死骸の一つを食べていると、ハイイログマの母親とその一歳になる子グマ二頭が近づいてきた。片方の子グマが、子オオカミに向かって突進を四度繰り返した。しかし、黒毛の子はそれがただの脅しだとわかっていて、その度に死骸から少し離れるだけだった。しばらくすると、子オオカミは死骸のほうに戻っていき、ハイイログマの一家に取り囲まれてしまった。もう片方の子グマが、子オオカミをちょっと威嚇してから、死骸に近づいて食べはじめた。今回は、子オオカミは逃げようともしなかった。ワイオミング州から見学にきた生徒たちに望遠鏡を渡して、オオカミとハイイログマのこの攻防を見せてやると、一人の男子生徒が「こんなにワクワクしたのは、人生で初めてだよ！」と友だちに向かって歓声を上げた。彼らはオオカミ嫌いで知られる州からやってきた子どもたちだったが、ここでじっさいにオオカミを見たことによって、ものの見方が変わったのだ。それがわかって嬉しかった。

それから数週間、クリスタル・クリーク・パックは毎日のように、朝と夕方に姿を現した。以前は、オールド・フェイスフルなど、もっと遠い場所で移動説明会を行なっていたが、今回はタワー・ジャンクションから数キロのラマー・バレーまで車を走らせ、オオカミを見つけて観光客に見てもらい、そのあと再導入の説明をすることができた。ラマー・バレーでオオカミが見られるという情報が、口コミや新聞記事で広まり、ますます多くの人々が、ラマー・バレーにオオカミを見に来るようになった。やがて道路脇に二〇〇人ほどの人垣ができるのが当たり前になった。クリスタル・クリークのオオカミたちが姿を現すと、人々はまるで人気のロックバンドの追っかけファンのように興奮した。わたしが貸した望遠鏡の向こうにオオカミを見つけて泣き出す人々もいたし、ある女性は、オオカミが公園に復帰したことへの喜びのあまりに、一番近くにいた政府職員であるわたしに駆け寄り、抱きついてきた。

デナリ国立公園での一五回の夏と、イエローストーンでの最初の数年間を通して、わたしは野生動物の写真を熱心に撮り続けてきた。イエローストーンへのオオカミ再導入後も、望遠レンズでオオカミを撮影しようとしたが、そうした撮影が、オオカミの行動研究や、観光客にオオカミを見てもらう活動の妨げになることに気づいた。また、撮影のために野生動物に近づく慣習にも、ますます違和感を抱くようになった。結局、撮影器具一式は持ち込まず、オオカミの観察と、自前の望遠鏡で観光客にオオカミを見てもらうことに集中することにした。

そのうち、オオカミを見にラマー・バレーにやってくる常連客たちは、自分たちで作り上げたルールに従って行動するようになった。人々は道路脇に立ってオオカミを探し、近づいたりはしなかった。公園内で禁じられている、オオカミに遠吠えに似た声を浴びせる行為も見られなかった。彼らはただ、持参した双眼鏡やスポッティング・スコープで、静かにオオカミの姿を見ていた。人々の節度ある態度のおかげで、オオカミは普段どおりの行動を続けることができ、ときには何時間も人々から見える場所に留まっていた。オオカミ・ウォッチャーが、他の人に自分の望遠鏡を貸してオオカミを見せてあげることもあった。この敬意と分かち合いの精神のおかげで、その場のすべての人々が非常に有意義な体験をすることができた。国立公園での仕事をはじめてすでに二一年が過ぎていたが、このような光景は、それまでに働いたどの公園でも見たことがなかった。

またこうしたオオカミを見る体験は、労働者階級、中流階級、億万長者、そして映画スターといったさまざまな社会階層に属する人々を惹きつけた。ある朝、オオカミが姿を見せていたときに、一台のワゴン車がわたしの車の真横に停まった。わたしは車に近づき、望遠鏡があるから一緒にオオカミを見ませんか、と車内の人に声をかけた。すると、背の高いリーダータイプの男性が急いで車から降りてきて、わたしの望遠鏡を覗いてオオカミを確認すると、妻にも見せていいですか、と尋ねた。奥さんのほうも同様にオオカミを見終わると、男性は礼を述べ、自己紹介した。彼は〔CNN創業者の〕テッド・ターナーで、女性は俳優のジェーン・フォンダだった。彼女からは、その後とても丁寧な礼状が届いた。

クリスタル・クリーク・パックを観察する機会が増えるにつれて、わたしは一頭一頭の個性を知ることに力を注ぐようになった。とくに興味をもったのは四頭の子オオカミたちで、彼らが大の遊び好きであることはすぐにわかった。ある夕方、仕留めたばかりの死骸のそばにいる三頭の黒毛の子オオカミを観察していると、そのうちの一頭が別の一頭に近づいてプレイバウ〔犬などが前足を伸ばし、胸を地面につけたままお尻を高くあげて遊びに誘う仕草〕をするのを目撃した。どうやら、追いかけっこに誘っているようだった。この誘いは通じたようで、誘われた子オオカミが、誘った子を追いかけはじめた。しばらくすると、片方の子オオカミが古びたエルクの枝角を拾い上げた。そこへ三頭目の黒毛の子がやってきて、その角を奪い取ったが、すぐに戻ってきて二頭で角を使った綱引きをはじめた。両親がその場から立ち去ろうとしているのに気づくと、三頭はそのあとを追ったが、遊びはまだ続いていた。歩きながら、一頭が振り向いて後ろの子の前で跳ね回って見せる。するとまた追っかけっこがはじまる。その後二頭は、役割を交代しながら追いつ追われつの遊びに熱中した。

それから数日後、わたしは二頭の黒毛の子オオカミが別の死骸のそばにいるのを見つけた。一頭が死骸から肉を噛みちぎり、空中に放り投げたかと思うと、跳び上がって口でキャッチした。それから肉を地面に落とすと、まるで肉が生きていて逃げだそうとしているかのように、それに襲いかかった。そのあとまた肉をくわえて駆けだし、再び空中に放り上げて、走りながらキャッチした。のちにわたしは、オオカミの子どもの遊びのリストを作り、この遊びを「肉投げゲーム」と名づけた。

そこへもう一頭の黒毛の子オオカミが走ってきて、最初に肉で遊びはじめた黒毛の子を追いかけた。前を走る黒毛の子が肉を落とし、後ろの黒毛がそれを口にくわえる。そのまま肉をかっさらって逃げると、肉を奪われた子オオカミがそのあとを追いかけた。追いかけっこは途中で逆転し、追われていた黒毛が追っていた黒毛を追いかける。と思うと、先を走っていた黒毛の子オオカミがふいに動きを止めて、生い茂る丈の高い草の中で身を伏せた。追ってきたもう一頭の黒毛の子がすぐそばまで近づくと、草の茂みに隠れていた子オオカミがふいに跳び上がり、追っ手を地面に押し倒した。わたしはこれを「待ち伏せゲーム」と名づけた。

その後、並んで立っていた二頭の子オオカミのうちの一頭が突然走ってその場を離れた。まるで、ここまでおいで、ともう一頭を誘っているかのようだった。誘いに乗った黒毛の子が全速力であとを追いかけた。二頭はその後、役割を交代しながら、ときには一直線に、またときにはジグザグに走って追いつ追われつの追いかけっこを繰り広げた。二頭はお互いの前で駆け回り、跳ね回り、くるくる回って見せた。どちらがどちらを追いかけているかはどうでもいいことで、重要なのは、勝つことではなく楽しむことだった。この子オオカミたちの行動を一言で形容するなら、喜びに満ち溢れていた。彼らを観察しながら、「この子たちはオオカミであることが嬉しくてしかたがないんだな」とわたしは考えていた。

そして子オオカミたちの遊びはすべて、実生活に役立っていた。のちに、わたしはメスのエルクが、クリスタル・クリークの子オオカミの一頭を追いかけているのを目撃した。直線距離なら、エルクはオオカミより速く走れるが、子オオカミが敏捷な動きでジグザグに行ったり来たりするので、メスエルクはうんざりして追うのをやめてしまった。あの元気いっぱいの追いかけっこで鍛えられたおかげで、子オオカミはメスエルクを出し抜く術を身につけたのだ。ときには、子オオカミのほうからエルクを誘って追いかけさせることがあった。エルクの群れの前でプレイバウをして追いかけてくるように仕向けた子オオカミが、遊びで習得した技を駆使してやすやすと逃げ切るのを見たことがある。まるで自分の力を見せつけるかのようだった。

この年の春、じゃれ合う子オオカミの姿を観察しながら、わたしはイエローストーンがクリスタル・クリークのオオカミたちにとって天国のような土地となった理由について考えていた。彼らの新たな縄張りに、オオカミを銃で撃ったり、罠を仕掛けて捕らえたりしようとする人間はいなかった。彼らはただ、野生のオオカミとして暮らせばいいだけだったのだ。

ある朝、8がラマー・バレーをひとりで歩いているのを見かけた。それに気づいた五頭のメスエルクがあとを追ってきた。8は走って逃げ、不安そうに後ろを振り返ると、エルクたちが追ってきたのを見てさらにスピードを上げようとした。すると追っ手も同じように速度を速めた。しかしエルクの集団は、8まであと一メートルほどの距離に迫ったところで急に関心を失い、別の方向へ走り去った。そのまましばらく進んだ8は、大きなオスのバイソンが草原に寝そべっているのを見つけた。8は身を低くかがめ、バイソンの背後からこっそり近づいていった。すぐに、バイソンのお尻まであと一メートルもないところまできたが、どうやらそのあとどうすればいいのかわからない様子だった。体重九〇〇キロはありそうなバイソンは何気なく後ろを振り返り、すぐ後ろにいるちっぽけなオオカミをちらりと見た。しかし何事もなかったかのように前を向き、再び食物の反芻《はんすう》に取りかかった。灰色の8は、ますますどうしていいかわからなくなってしまった。とそのとき、バイソンが蚊か何かを追い払おうとして尾をすばやく動かした。8は大慌てで後ろを向いて逃げだした。このとき8が、バイソンは餌動物として適切かどうかを見極めようとしていたのだとしたら、この動物は大きすぎて手に負えない、という結論に達したのは明らかだった。

その朝の灰色の8に取り立てて印象に残る点はなかったが、同じ日の夕方、わたしは彼の新たな一面を知ることになった。灰色の8と彼の黒毛の兄弟たちのうちの二頭がじゃれ合ったり追いかけっこをしたりして遊んでいた。ところが、その三頭が一斉に動きを止めて西の方角を見つめたかと思うと、視線の先にある針葉樹の木立に飛び込んだ。しばらくは、林の中を行ったり来たりして駆け回る三頭の姿がちらちら見えていたが、一瞬姿を見失ってしまった。と、そのとき、黒毛の子の一頭がエルクの子どもの死骸をくわえて林から飛び出してきた。さらにもう一頭の黒毛の子、ややあって小柄な灰色の8も姿を現して最初の黒毛と同じ方向へ走っていく。そのすぐあとに現れたのはハイイログマで、クマは8のすぐ後ろに迫っていた。クマは8とは比べものにならないほど大きい。まるで、映画『ジュラシック・パーク』の、人間の子どもが恐竜に追いかけられるシーンを見ているかのようだった。

ハイイログマがコニファー〔針葉樹の総称〕の林の中でエルクの子どもを殺したのは明らかだった。最初に飛び出してきた黒毛の子が、他の兄弟たちがクマの気を引いている隙に獲物をかっさらって逃げたに違いなく、そのクマが今、小さな灰色の子オオカミに迫っていた。クマが前足の鉤爪を子オオカミに向かって振りかざし、殴り倒して殺す様子が目に浮かんだ。これから起ころうとしていることを思って緊張が高まった。8についてわたしが知っていること、そして体格のいい黒毛の兄弟たちにいじめられてきた彼の過去を考えると、次に起きたことは驚き以外のなにものでもなかった。

８は立ち止まり、振り返ってハイイログマに正面から向き合ったのだ。この行動に驚いて、クマも唐突に動きを止めた。二頭の動物は、ほんの一メートルほどの距離で対峙した。まるで、旧約聖書に登場する巨大なペリシテ人ゴリアトに立ち向かう少年ダビデを見ているようだった。子オオカミに反抗的に睨《ね》めつけられて、ハイイログマはどうすべきかわからなくなってしまったように見えた。

灰色の８が思いがけない英雄的勇敢さを示してクマに立ち向かっている間に、子エルクの死骸をくわえた黒毛の子オオカミは、すぐ後ろをついて来たもう一頭の黒毛の子と一緒にまんまと逃げおおせた。二頭は森の奥へ消えた。わたしは、小さな８とハイイログマのほうに目をやった。二頭は至近距離で睨み合ったままだ。そのとき、灰色の８がクマに背を向けて、何事もなかったかのようにその場から去っていった。クマはもう追いかけてこない、と強く確信しているかのようだった。

クマは鼻をヒクヒクさせて地面とその周辺の匂いを嗅いだ。しかし、オオカミたちが獲物と一緒にどちらへ消えたのかわからなかったようで、逆の方向へ行ってしまった。しばらくして三頭が森の中から出てくるのを見た。エルクの子どもの死骸をくわえた黒毛の子が寝そべって獲物を食べている間、もう一頭の黒毛の子と８は彼の所有権を尊重し、すぐそばで伏せていた。

わたしはこの出来事によって、８は思っていたよりずっと見どころのあるオオカミだと気づいた。兄弟の中で一番小柄で、体の大きな他の兄弟たちにいじめられていた彼だが、見上げるほど大きなハイイログマに立ち向かい、何とか切り抜けるだけの度胸の持ち主でもあったのだ。しかし考えてみれば、クリスタル・クリーク・パックのだれも、他の兄弟たちも、両親も、彼がクマのほうに向き直り、立ち向かう姿を見ていないのだ。わたしは、8の勇気ある行動の唯一の目撃者だった。それから数年後、ザ・ロックことドウェイン・ジョンソンがこの日の小さな子オオカミにぴったりの名言を述べた。「ヒーローとは、だれも見ていなくても正しい行ないをする者のことだ」と。この出来事から数日後、8が群れを率いてメスのムースを追う姿を見かけた。これもまた、8の著しい成長を感じさせる出来事だった。

七月五日の早朝にラマー・バレーに出かけたわたしは、8が二頭の黒毛の子オオカミたちと一緒にいるのを見つけた。三頭は相手を変えながら取っ組み合いを楽しんでいたが、灰色の8も決して負けてはいなかった。その後、黒毛の子の一頭が、小柄な8を追いかけながら何度もつまずいたり、倒れたり、転がったりを繰り返した。黒毛の子が地面に転がっているのを見ると、8は駆け戻り、じゃれ合うように跳びかかっていった。そのまま二頭は互いを噛み合って遊んでいたが、やがて黒毛の子が身を捩らせて灰色の8の下から這い出してきた。8はそのあとをしばらく追ってから、黒毛の子たちを先導して歩き出し、やがて森の中に消えてしまった。

この日を境に、クリスタル・クリーク・パックは数か月間姿を見せなくなった。エルクの群れが、食糧を求めてより高地に移動したため、彼らもそのあとを追ったのだ。オオカミの姿が見えなくなったこの数週間に追跡飛行を行なったマイクとダグは、クリスタル・クリーク・パックが広範囲にわたって移動していることを確認した。ラマー・バレーから南に三二キロ離れた、イエローストーン湖のすぐ北側に位置するペリカン・バレーで確認されることもたびたびあった。8はどうしているだろう、とわたしは考えた。8は家族のなかで最下位のオオカミだったが、よいパートナーと、だれの縄張りでもない土地を見つけさえすれば、群れのすぐれたリーダーとなれる資質を示していた。彼の三頭の黒毛の兄弟たちのことも気がかりだった。これからやってくる次の一年は、この四頭の一歳児たちにとって、命運を分ける重要な年になるだろうと思われた。

第5章　二つの囲い地

ローズ・クリーク・パックのメスリーダー、ナンバー9とその子どもたちを、一九九五年の秋いっぱいまで馴化用の囲い地で過ごさせる計画は、七月の末の暴風が囲い地のすぐそばの数本の大木をなぎ倒したせいで危うく頓挫《とんざ》しかけた。倒木のうちの二本の直撃を受けて、フェンスに二つの穴が開いてしまったのだ。しかも被害に気づいたのは、その数日後にダグが馬の背に餌用のエルクの肉を積んで、囲い地を訪れたときだった。着いたときには、八頭の子オオカミ全員がフェンスの穴から外に出てしまっていた。しかし幸いにも母オオカミはまだフェンスの中にいて、子どもたちも母親から離れたくないので囲い地付近に留まっていた。マイクとその他の職員がダグと合流して、オオカミの子どもたちを再捕獲することにした。

ところが、はじめは一頭も見つけられなかった。そこでマイクは、オオカミの遠吠えを真似て子どもたちを誘い出そうと考えた。彼の計画は功を奏し、遠吠えを母オオカミの声だと思った子オオカミたちが、すぐ近くの木々の間から駆けだしてきた。三頭の子オオカミがフェンスの穴から中へ戻った。そこで職員たちは二つの穴を塞ぎ、それから他の五頭の子どもたちを捕まえにかかった。二頭は捕まって囲いの中に戻された。残りの三頭は逃げおおせたが、その後も囲い地のそばに留まっていた。国立公園局の職員たちは、修理された囲いの中に餌の肉を運び入れに来るたびに、三頭のために囲いの外側にも肉を置いていった。

一〇月九日、マイクとダグが五頭の子オオカミに発信機付きの首輪を装着するために囲い地を訪れた。着いてみると、フェンスの中には六頭の子オオカミがいた。この六頭目の子オオカミは、囲い地の周囲に張り巡らされた高さ三メートルのフェンスをよじ登って中に入ったとしか考えられなかった。二人は大きめの漁網で六頭の子オオカミを捕獲し、発信機付きの首輪を取りつけた。生後五か月半になる子オオカミの体重は平均三〇キロだった。

オオカミ・プロジェクトの初期の頃は、若い子オオカミや発信機をつけられていない年長のオオカミにも、識別番号が与えられていた。なかには、あとから発信機を取りつけられたオオカミもいたが、多くは装着されないままだった。その後、発信機をつけていないオオカミの多くが、死んだり、群れを離れたりして追跡できなくなったことで、このやり方はうまくいかなくなった。最終的に、発信機をつけたオオカミだけに番号を与える、というやり方に変わった。オオカミが、イエローストーン国立公園に隣接するワイオミング州やモンタナ州の一部に定住するようになったため、オオカミ・プロジェクトのこのナンバリングシステムを、ワイオミング州漁業狩猟局、モンタナ州魚類野生生物公園局と共有している。彼らが新しいオオカミに発信機をつけることになったら、わたしたちオオカミ・プロジェクトの事務局に連絡して最後に割り振られた番号を確認し、捕獲した新たな個体にその次の番号を与えるという仕組みだ。オオカミが高い山の尾根にいる場合、一六キロ離れた場所からでも発信機からの信号を受信することができた。しかしオオカミが尾根の向こう側にいる場合は、尾根に遮断されておそらく八〇〇メートル先からの信号でさえ検知できなかっただろう。

九月に、わたしはプロジェクトメンバーの獣医師マーク・ジョンソンが囲い地でオオカミに餌を与えるのを、二度手伝った。マークと二人で動物の肉を囲い地まで運び、ゲートを開けて囲いの中の地面に置くと、オオカミが人間の存在に馴れてしまったり、突然出現した食糧と人間の関連に気づいたりしないように、できるだけ早くその場を離れた。わたしたちが囲い地の中に入ると、母オオカミと子どもたちは囲いの一番端まで逃げていき、わたしたちからできるだけ離れようと行ったり来たりしていた。しかしわたしたちが居なくなるとすぐに落ち着いた。囲い地の中を歩き回っていたオオカミたちはやがて肉に気づき、まるで自然界で動物の死骸を見つけたときのように食べはじめた。

囲い地に入っていたわずかな時間は、オオカミの母子をちらりと見ただけで、とにかくそこから早く出ることだけを考えていた。はじめて囲い地に入ったときは、大きな黒毛のオオカミを見て母オオカミだろうと思い込んでいた。しかしそのすぐあとに、いかにも母親らしいさらに大きな黒毛のオオカミを見て、わたしは自分が思い違いをしていることに気づいた。最初に見た大きな黒毛は、じつは体格のいい子オオカミだったのだ。囲い地を出たあと、マークと二人で依然逃走中の二頭の子オオカミを探したが見つからなかった。その一週間後に、マークと一緒に再び餌を与えに行ったとき、フェンスの外側にずいぶん以前のものらしい大きめのオオカミの糞がいくつか転がっているのを見つけた。おそらく今は亡きオスリーダーのナンバー10のものだ。パートナーとその娘が囲い地から出てきたら合流しようと、辛抱強く待っていたときのものだろう。

マークは、わたしよりずっと頻繁に囲い地にいるローズ・クリークの母子たちに餌を与えに行っていた。数年後に、わたしは彼からとても感動的な話を聞いた。その日、マークは囲い地の中に入り、群れのオオカミのために肉を置いて帰ろうとしていた。肉を地面に置いたマークは、一頭の黒毛の子オオカミが、囲い地の一番遠い端を走り回る仲間たちとは異なる行動をしていることに気づいた。その子オオカミは、残りの家族とマークのちょうど中間あたりにいて、マークの周囲をぐるぐる回る動作を繰り返した。マークは、子オオカミがまるで群れのオスリーダーのように、母親や兄弟たちを脅威から守ろうとしている、と感じた。子オオカミは決してマークに近づこうとせず、マークも危険を感じなかったが、その子オオカミが伝えようとしているメッセージは明らかだった。それ以上近づくな、ということだ。

マークはそれ以前にもそんな行動を見たことがあると気づいた。前年の冬に、ローズ・クリーク・パックの最初のメンバーである三頭のオオカミがこの囲い地で暮らしていたとき、体格のいいオスオオカミが二頭のメスオオカミとマークの間に立ちはだかり、自信と落ち着きに満ちた態度で彼の周囲を歩いて回ったのだ。黒毛の子オオカミは父親を知らずに育ったが、群れのリーダーである父親が家族を守るためにしたのと同じ行動を取った。子オオカミは文字通り父親の足跡をたどり、父が生きていたらしたはずのことを行なった。前にも述べたが、マークは大人になった犬やオオカミの顔に子どもの頃の面影を見つける名人だった。そして話の最後に、責任をもって群れを守ろうとしたあの勇敢な子オオカミは、のちにイエローストーン公園のヘビー級チャンピオンに成長したナンバー21だったに違いないとつけ加えた。ということは、わたしがはじめて囲い地に入ったときに見たあの体格のいい黒毛の子オオカミもまた、ナンバー21だったのだ。

ローズ・クリーク・パックを見舞った出来事、つまりオスリーダーのナンバー10が殺され、母オオカミと八頭の子オオカミが囲い地に戻されたことは、さまざまなメディアに取り上げられてだれもが知る話となった。その年の八月の末に、クリントン大統領一家がイエローストーン公園近くにあるワイオミング州のジャクソンという町に休暇で訪れることになっていた。イエローストーン国立公園へのオオカミ再導入案を認めたのはクリントン政権で、ホワイトハウスの職員は事前に公園管理者に連絡を取り、大統領一家がラマー・バレーを訪れ、ローズ・クリーク・パックを見ることはできるか尋ねていた。八月二五日、わたしが車でイエローストーン・インスティテュートを通りかかると、すぐそばに複数の大統領専用ヘリが停まっているのが見えた。マイクとダグが大統領一家を囲い地まで案内し、クリントン夫妻はもう一方の著名な一家、つまりナンバー9とその八頭の子オオカミたちのための肉を、囲い地に運び込むのを手伝った。

多くのメディアに取り上げられたおかげで、オオカミの馴化用囲い地への人々の関心がとてつもなく高まった。ラマー・バレーで訪問客のオオカミ観察を手伝い、同じ場所でオオカミについての移動説明会を実施し、夜には公園内のキャンプ場でスライドショーを行なっていたわたしは、それに加えて、週に二回、今はだれもいないクリスタル・クリークの馴化用囲い地へのハイキングツアーの引率も担当するようになった。通常は、パークレンジャーが引率するハイキングツアーに参加するのは一〇人から三〇人程度だ。ところが囲い地へのツアーには、多いときには一六五人もの参加者が集まった。それまでに長年国立公園局に雇われ、数多くの自然散策ツアーを引率した経験を積んでいたので、わたしは参加者が大勢いてもうまく対処する自信があった。囲い地までの道すがら、わたしはときおり立ち止まり、オオカミ再導入の経緯について順を追って説明した。アスペンの木立を見つけたら必ず足を止め、根っこのあたりから芽吹くたくさんの若芽を客たちに見てもらった。アスペンなどのヤナギ属の植物は、種子からではなく、すでにある木の根元からの萌芽によって芽を出すのがふつうで、しかしそれらの新芽が、冬の間に腹を減らしたエルクにことごとく食い尽くされていることを伝えた。

今では、エルクの個体数が急増したのは、個体数を制御していた要因の一つである捕食者のオオカミが一九二六年に死滅させられ、いなくなったせいだったことがわかっている（クーガーもエルクの捕食者で、彼らもまた同じ頃にレンジャーによって公園内から絶滅させられた）。一九六〇年代初頭、国立公園局は放牧地管理の専門家をノーザン・レンジと呼ばれる公園の北部エリアに派遣し、植生調査を実施した。一九六三年の報告書には、越冬するエルクに対するこの地域の環境収容力〔ある環境下において、特定の種が継続的に維持できる最大量〕はおよそ五〇〇〇頭だと推定されると記載されており、それは、当時のその地域のエルクの生息数をはるかに下回る数字だった。

一九二〇年代までさかのぼると、国立公園局は公園内のエルクを生きたまま捕獲し、国内のよその州やカナダ、あるいは動物園など、エルクを必要とするあらゆるところへ送り届けていた。増えすぎたエルクを減らすため、レンジャーがエルクを銃で撃つ活動も行なわれていた。エルクを銃で殺すことに対する議論が巻き起こり、この活動は一九六八年に中止となった。生け捕り作戦もまた取りやめとなった。その時点で公園から排除されたエルクは、殺されたものと生け捕りにされたものを合わせて二万六四〇〇頭に達していた。その後、エルクの個体数はうなぎのぼりに増加した。一九九五年にカナダのオオカミが連れて来られる直前には、ノーザン・レンジで冬を越すエルクは一万九〇〇〇頭を数え、この地の環境収容力と推定された数の四倍近くにのぼっていた。増えすぎたエルクはアスペンの木の新芽や、川の岸辺に生えるヤナギの木を食べつくし、甚大な被害をもたらした。

ツアー客を引率して囲い地付近まで来る頃には、オオカミの群れがどのように馴化用囲い地に運び込まれ、その後どんなふうに自然界に放たれたかについて話し終えていた。すぐそこの、岩だらけの小山の向こうに囲い地がよく見える場所があります、とわたしは言った。そして、そこに着いたらわたしはもうお話はしません、と付け加えた。一人ひとりに、囲い地を眺め、その重要性を考える静かな時間をすごして欲しかったからだ。わたしたちは黙って小山の向こう側まで歩き、ツアー客はついに囲い地を目の当たりにした。囲い地についてたっぷり説明を聞いたあとだったので、その実物を目にした客たちはとても感動し、オオカミを放つために穴を開けられたフェンスに気づいたときはその感激はひとしおだった。最初に連れてこられたオオカミの群れが、イエローストーンに定住するために囲い地から出てきたときに通ったのが、まさにその穴だったのだから。それは、オオカミにとってのプリマスロック〔マサチューセッツ州プリマスにある、ピルグリムたちピューリタンが新天地アメリカで最初に踏んだとされる岩〕だった。

こうした公園へのオオカミの帰還に加え、クーガーやクマの個体数の増加や、公園境界のすぐ北側地域における狩猟行動の増大、より個体数が多いバイソンとの競合、さらには気候変動などのさまざまな要因が相まって、ノーザン・レンジで越冬するエルクは再導入後の数年間減少し続けた。最終的にその数は六〇〇〇頭から七〇〇〇頭の範囲に安定し、それは生態系にとって以前より持続可能なレベルの数字だった。

オオカミの群れの公園への定住が順調に進むなか、わたしは囲い地へのハイキングツアーの引率を続ける傍ら、ときおり一人で囲い地を訪れた。導入後数年のうちに、囲い地周辺に自生するアスペンの木々は春にはエルクによる被害を受けない無数の新芽をつけるようになり、やがて竹やぶのように密集した林を作り上げた。クリスタル・クリークの岸辺にもヤナギの木々が繁茂《はんも》しはじめた。するとそこに、食糧や巣作りの材料としてアスペンやヤナギの木を必要とするビーバーが移動してきてダムをつくって住むようになった。ドキュメンタリー映画の撮影隊がオオカミ再導入について取材するためにイエローストーンにやって来ると、ダグ・スミスは一行をこの川べりに案内し、生態系の驚くべき回復の証としてあたりの様子を見せた。

国立公園局でのわたしの仕事は九月の初めに終了したが、その後もオオカミ観察のために公園に残った。その秋に、わたしはボランティアグループと協力し、ダグがタワーから西に一六キロほど離れたブラックテイル・プラトー地区に新たに作る馴化用囲い地に使うフェンスを運ぶ作業を手伝った。マイクとダグはカナダからさらに四つの群れを連れてくる計画を進めており、新たに二つの囲い地を作る必要があった。残りの二つの群れについては、ローズ・クリークとクリスタル・クリークの囲い地を再利用することになっていた。

第6章　ローズ・クリーク・パックの新たなオスリーダー

その年、最後にクリスタル・クリーク・パックを見たのは、冬の訪れを前に、イエローストーンを立ち去る日を目前に控えた頃だった。一九九五年一〇月五日、ラマー・バレーを移動中のクリスタル・クリーク六頭のうちの五頭を見つけた。その年、クリスタル・クリーク・パックの姿を見るのは、それで四五回目だった。群れのメンバーで欠けていたのは灰色の一歳児、ナンバー8だ。直近の追跡飛行で、家族と離れて見知らぬ土地を探検する8の姿がしばしば確認されていた。次の二月には、8もつがいとなって子どもをつくれる年齢となる。8はパートナーを探しているのだろうか、とわたしは考えた。

群れを最後に見たこの日から数日後、わたしは日本で行なうオオカミについての講演旅行の準備に取りかかった。かつて日本にはハイイロオオカミの亜種であるエゾオオカミが生息していたが、一八〇〇年代末までにすべて駆除されてしまった。そこで、野生動物の研究者で、日本でオオカミ再導入へ向けた運動をはじめた丸山直樹博士から、イエローストーンで成功を収めたオオカミ再導入プロジェクトについて話をしてくれないか、と依頼があったのだ。

出発前に一度オオカミ・プロジェクトの事務所を訪ねたとき、ダグが8についての驚くべき話を教えてくれた。ドキュメンタリー映画の撮影隊のメンバーで、園内に滞在していたレイ・パウノヴィッチが一〇月一一日の朝、ローズ・クリークの囲い地の近くまで行ったときのことだ。レイは、囲い地の外に出ていったままの二頭の子オオカミが、8に食べものをねだったり、じゃれついて遊んだりしているのを目撃した。二頭の子オオカミにとって、8ははじめて見た大人のオスオオカミで、どうやら8のことがとても気に入っているようだった。本書を書くにあたってレイに話を聞いてみると、レイは「8は子オオカミたちにとても優しく接していたよ。すでに子どもたちの心を摑んでいるという印象を受けた。三頭は一緒に行動し、打ち解けた雰囲気だった」と教えてくれた。

この偶然の出会いの直後に、ダグとマイクを含む数名のスタッフが囲い地に向かい、母オオカミと六頭の子オオカミが自由に出ていけるようにフェンスのゲートを開いた。すると昼前には母オオカミのナンバー9と八頭の子どもたち全員が合流し、群れにはさらに一〇番目のオオカミ、つまりナンバー8が加わっていた。それ以降、8は常にローズ・クリークのメスリーダー9と彼女の子どもたちと行動を共にするようになった。今や彼は群れのオスリーダーの役割を果たしていた。そしてそれは、彼があの二頭の子オオカミに思いやりある態度で接していなければ、生涯手に入れられなかったかもしれない地位だった。

　あれからずっと、あのとき8に何があったのかを考え続けてきた。8が自分の家族と離れたあと、聞こえてきたオオカミの遠吠えの主を探そうとして、その声がしたローズ・クリークの方向に進んでいく様子を思い浮かべた。たどり着いた8は、囲い地からさまよい出た二頭の子オオカミと出会ったのだろう。いつもまわりのだれよりも小さなオオカミだった8が、そのときはじめて、自分より小さなオオカミを目にしたのだ。その小さな姿がおそらく8の父性本能を呼び覚まし、子どもたちと仲良くなった。そのとき囲い地の中にいた母オオカミは、8が二頭の子どもたちと交流する様子を見ていたことだろう。それがあったから、六頭の子どもたちと共に囲い地から解き放たれたとき、母オオカミは8を群れに受け入れたのだろう。小柄な体格や年の若さを考えると、彼女にとって8は、理想的な群れの新しいオスリーダー候補ではなかったが、彼は子どもたちに優しく接し、楽しく遊んでくれた。だからこそ、母オオカミは彼を家族の一員と認めたのだ。母オオカミは思いやりのあるパートナーを求めていて、8にはその思いやりがあったのだ。

　この日からナンバー9とナンバー8は、長期にわたる一雌一雄（ペアボンド）の関係を結ぶことになる。一雌一雄関係は、この世界のおよそ五千種の哺乳類の三〜五パーセントにしか認められないもので、人間とオオカミの共通点だ。ローズ・クリーク・パックに加わったとき、8はまだ一歳児で、人間で言うと一六歳ぐらいだった。わたしは、長年にわたって巣穴でのオオカミの一歳児の観察を続け、彼らと生後間もない子オオカミとの、延々と繰り返される遊びの様子を記録してきた。オオカミの一歳児が、好んで子オオカミと触れ合いたがることは間違いない。過去の観察結果から考えると、8は9の子どもたちと同じように振る舞ったはずで、より成長したオスオオカミと比べて、子どもたちにとってずっと楽しい遊び相手だったはずだ。まさにそのことが、母オオカミの心を動かしたのだろう。

のちに読んだ本で、人間の場合も動物の場合も、母親が赤ん坊に授乳することによって、両者の体内でオキシトシンというホルモンが分泌されることを知った。オキシトシンは、母親が赤ん坊を抱きしめたり、なでたりする際にも分泌される。ときに愛情ホルモンとも呼ばれるこのホルモンは、母子の絆を深める役割を果たしている。オキシトシンが、赤ん坊と関わりたいという抑えがたい欲求を母親の心に生じさせる仕組みを説明する研究もある。オキシトシンは父親が息子や娘と遊んでいるときにもそれぞれの体内で分泌され、とくに顕著なのは、父親と息子が荒っぽい遊びに興じているときだ。男女を問わず、オキシトシンの量が多いほど、共感や愛着、利他的な気分が高まる。8がローズ・クリークの義理の息子たちと遊ぶたびに――特に乱暴な遊びに興じるときに――オキシトシンによって彼らの心の絆は深まったのだろう。

ナンバー9が新たなオスリーダーとして8を群れに迎え入れたとき、8の主な責務の一つは9専属の守護者となることで、いわば中世の宮廷女性が騎士に、常に自分を守ってほしいと期待するようなものだった。ローズ・クリークのオスリーダーとなった8は、新たな家族の身に降りかかろうとするあらゆる脅威の前に立ちはだかり、それを打ち砕かなければならなかった。当時の8を知る人のほとんどは、ローズ・クリークのメスリーダーの選択に疑問の声を上げたことだろう。8より体格のいい黒毛の兄弟のうちのだれかのほうが、オスリーダー候補としてずっと適任だったかもしれない。しかし、8がハイイログマに立ち向かうところを見ていたわたしは、そうは思わなかった。

8のことを考えていたらJ・R・R・トールキンの『指輪物語』の中で、森の奥方ガラドリエルがホビットのフロドにかけた「だれより小さくても、未来を変えられるのよ」という言葉を思い出した。8の小さな体は、彼の本質を示す特徴ではなかった。重要なのはハートの大きさだった。能力は人並みでも、彼は決して諦めないアスリートのような大きなハートの持ち主だった。

群れのオスリーダーの死後、血縁のないオスが群れに加わり、先代のオスリーダーの子どもを引き受け、まるで自分の子どものように養育する様子を記録するのは今回がはじめてだった。大部分の捕食動物の場合、新しく群れにやってきたオスは、前のオスの子どもを皆殺しにし、メスと交尾して自分の子どもをもうけ、その子育てを手伝うのがふつうだ。たとえばアフリカのライオンの群れではそうした習性が見られるが、オオカミのオスは違う。その後わたしが観察したすべての事例で、群れに新たにやってきたオスリーダーは、前のオスリーダーの子どもを育てることにも協力的だった。

オオカミがもつこの習性が、人類が早くにオオカミの家畜化に成功した主な理由の一つだったのかもしれない。大型のオス犬が、飼い主の家族であるよちよち歩きの幼児や小さな子どもに、耳や尻尾を引っ張られてもおとなしくしているのを見たことがある人は多いだろう。犬に見られるこうした忍耐強さと、子どもたちを保護し、遊んでやりたいという欲求は、彼らの祖先であるオオカミから受け継がれたものなのだ。

この箇所を書きながら、8がローズ・クリーク・パックとはじめて出会ったときの、ことの順序の重要性に改めて気づかされた。8はまず囲い地の外にいた二頭の子オオカミと出会って仲良くなり、そのあとで後にパートナーとなる彼らの母親と出会った。つまり8の新たな家族との絆は最初に二頭の子どもたちとの間で結ばれたのであり、大人のメスとではなかった。この違いは重要だ。メスリーダーの9と残りの六頭の子オオカミが囲い地から出てきたとき、8は最初の二頭のときと同じように六頭の子どもたちとの絆を深めた。子オオカミにとって、8は彼らが知っている唯一の父親的なオオカミとなった。その後このオオカミ一家がじゃれ合う姿を観察したときには、この子オオカミたちが8に対して感じている愛着や思慕の情は、実の父であるナンバー10が生きていたら、父子の間で育まれたはずの思いと何ら変わりはないだろう、とわたしは思うようになった。

8がローズ・クリーク・パックのオスリーダーとして群れに加わってから一週間が過ぎた頃、マイク・フィリップスとボブ・ランディスが、8がある重要な決断を迫られる場面を目撃した。マイクは、8が抜けたあとのクリスタル・クリークの五頭（リーダーペアと8の兄弟である黒毛の一歳児三頭）がラマー・バレーの東の端にいるのを見つけた。五頭はメスリーダーを先頭にして西に向かって速足で進んでいた。マイクは、ローズ・クリーク・パックが西側のジャスパー・ベンチあたりにいることを示す信号を受信していた。前日に追跡飛行を実施したダグ・スミスも、付近でローズ・クリーク・

パックがバイソンの死骸を食べているのを見ていた。クリスタル・クリーク・パックはあいかわらず西へと進んでいた。とそのとき、黒毛の一歳児三頭が突然駆けだした。おそらくバイソンの死骸が放つ匂いに気づいたのだろう。しかしクリスタル・クリークのリーダーペアは、即座に回れ右をして東へ向かって逃げ出した。前方に、自分たちより大所帯のローズ・クリーク・パックがいることに気づいたのだろう。

一方、三頭の黒毛の一歳児たちは灰色の8に気づくとそちらに駆け寄り、四兄弟は嬉しい再会を果たした。ローズ・クリークの八頭の子どもたちも加わり、総勢一二頭の若いオオカミたちが、しっぽを振り、顔を舐め合って、熱烈に歓迎の挨拶を交わした。その後、この若いオオカミの一群はクリスタル・クリークのリーダーペアが立ち去った方向へ向かった。マイクは、ナンバー9が坂の下にいて、自分の家族が彼女にとっては赤の他人である三頭の黒毛のオオカミと一緒にいるのをじっと見ているのを確認した。見知らぬオオカミたちが我が子とじゃれ合っているのを見た9は、警戒を示す吠え声を上げた。その声を聞いた若いオオカミたちは動きを止め、黒毛の一歳児のうちの一頭が9のほうに近づいていき、8もそのあとを追った。9の子どもたちはその場に留まった。おそらく母オオカミの警告に従ったのだろう。

次の瞬間、ナンバー9が、近づいてくる黒毛の一歳児に走り寄って攻撃をしかけた。8は一時も躊躇しなかった。攻撃に加わり、新しいパートナーに加勢しようと自分の兄弟に立ち向かったのだ。ローズ・クリークのリーダーペアは、今や黒毛の一歳児を挟み込む形で、どちらも黒毛に噛みついていた。9の子どもたちは少し離れたところにいて、攻撃には加わらなかった。黒毛が逃げ去ると、8と9が後を追った。三頭とも全速力で走った。およそ四〇〇メートル追ったところで、メスリーダーの9は追跡を諦めたが、8はさらに自分の兄弟である黒毛のあとを追い続けた。しかし、追いつきそうになったところで追うのをやめ、新たなパートナーの元に戻っていった。ローズ・クリークのリーダーペアは、子オオカミたちに駆け寄り、大家族は幸せな再会を果たした。

このやり取りをボブが映像に収めた。そこには、子どもたちが8の顔を舐める様子や、9が8の正面に座り、両方の前足を愛おしそうに8の頭に回す様子が映っていた。まるで9も子どもたちのうちの一頭で、群れのオスリーダーが敵を追い払ってくれたのを喜んでいるように見えた。自身の黒毛の兄弟との愛情あふれる再会のほんの数分後、その彼に9が突然襲いかかったのを見たとき、8はなぜあのような行動をとったのか？　8は今や9のパートナーであり、彼女の味方でなくてはならなかった。だから自分の兄弟に向かって突進し、子どもたちの前から彼らを追い払おうとする9に手を貸したのだ。疑いもなく、8は今やローズ・クリーク・パックの一員だった。

そのままイエローストーンに滞在して8と彼の新しい家族のその後の観察を続けたかったが、冬場はイエローストーンにわたしの仕事はなかったし、日本への講演旅行の約束もあった。一〇月一五日に公園をあとにした。飛行機で東京に向かい、一週間滞在してオオカミやイエローストーンへのオオカミ再導入についての講演を行なった。その後さらに一週間かけて、北海道など各地をめぐり、講演を続けた。

日本滞在中に、主催者の一人がオオカミを祀っている神社に案内してくれた。江戸時代、小作農民は一揆に使われるおそれのあるあらゆる種類の武器の所有を禁じられていた。当時、日本に生息していたシカが田畑に侵入し、作物を食い荒らすことがよくあった。しかし武器をもたない農民たちは、シカを追い払うのに四苦八苦していた。問題の賢明な解決策として、オオカミを祀る神社が地方のあちこちに建てられた。農民たちは最寄りの神社まで歩いて行き、オオカミの好物とされる食物を供えて、どうか山から農場に降りて来て、シカを退治してくださいと祈った。

アメリカへの帰国の途上、ハワイ島のハワイ火山国立公園とマウイ島のハレアカラ国立公園でオオカミについて講演をした。ビッグベンド国立公園に戻ってその夏のイエローストーン国立公園でのフィールドノートを見返してみると、オオカミを見た回数は一三八回だった。一頭見たら一回と数えているので、クリスタル・クリーク・パックの六頭すべてを見た場合は、オオカミ観察回数は六回ということになる。イエローストーンで過ごす長い夏の一日、わたしはいつも朝の五時にはオオカミ観察に出かけていた。日中、オオカミの姿が見えなかったり、目立った動きがないときには、仕事をしたり、休憩を取ったり、別のことをしたりして、また夕方に観察に戻る。そのとき、その日すでに見たクリスタル・クリークの群れ全員を再び見つけたなら、さらに六回観察した計算になる。

オオカミ観察一回あたりにどれぐらいの時間観察できたかについての記録も取っていて、その夏の合計は三九時間三〇分だった。ダグ・スミスは、スペリオール湖内のアイル・ロイヤル国立公園で、オオカミの調査を夏は九年、冬は二年にわたって続けていた。夏は、公園内の森や湿地帯をおよそ八

○○キロほど歩いて回るのがふつうだった。ダグは、ひと夏でオオカミを一頭見られれば大成功で、観察時間は平均一分以下だったと言っていた。アイル・ロイヤルでの観察期間中、ダグが地上からオオカミを見たのはたったの三回だった。

その年の夏、わたしは、国立公園局のさまざまなプログラムと移動説明会の両方を通して、イエローストーンを訪れた四万人の観光客にオオカミの説明をし、そのうちの多くの人々のオオカミ観察を手伝った。オオカミ再導入関連のプログラムにメディアが大きな関心を寄せるようになり、合計三○以上のテレビ番組や新聞のインタビュー記事に取り上げられたおかげで、より幅ひろい聴衆や読者層にオオカミの話を伝えることができた。またラマー・バレーでは、ハイイログマを二五五回観察した。一九九五年はわたしにとってとてもよい年だった。

第7章　ドルイド・ピーク・パックがやってきた

わたしは、冬場のイエローストーンを再び訪れて、その時期の公園の様子を知り、運がよければオオカミを見たいと考えた。そこで、ラマー・バレーのイエローストーン・インスティテュートで一月末に開講される「動物たちはいかにして冬を越すか」と題する講座への参加を申し込んだ。講師は、地元在住の食肉目動物生態学者で野生動物の専門家であるジム・ハーフペニー博士だった。この講座の日程が、偶然、カナダからの二度目のオオカミ移送の日と重なっていた。遺伝的多様性を維持するために、今回は、イエローストーンから一二〇〇キロ離れた、カナダのブリティッシュコロンビア州のウィリストン湖周辺地域のオオカミを連れてくることになっていた。生物学者のジョン・ウィーバーが、この地域のオオカミの巣穴で採取した糞に、バイソンの遺物が混じっているのを発見していた。つまり今回運ばれてきたオオカミたちは、バイソンを狩る経験をもっていた。

それとは別の、ある重大な出来事が、わたしが戻る前の冬のラマー・バレーで起ころうとしていた。一二月に、8の三頭の黒毛の兄弟の一頭であるナンバー3が、クリスタル・クリーク・パックを離れ、公園から北に四〇キロほど離れたパラダイス・バレーまで移動した。数日後、3はその地域で捕獲された発情期の複数のメスを含むオオカミの群れのそばにいるところを発見された。一月一一日には、地元のある牧場主から家畜のヒツジが一頭いなくなったという届けが出された。翌日、「アニマル・ダメージ・コントロール」という獣害対策を行なう組織の職員が、一部を食べられた子ヒツジの遺骸を発見した。そのあたりは群れを離れた3が確認された場所で、子ヒツジを殺したのはおそらく彼だと思われた。ナンバー3は二日後に捕獲され、その後公園中心部で、そのまま公園内に留まることを期待して放された。

ところが罪を犯したオオカミは、二月一日に再びあのヒツジのいた牧場に戻ってきた。その夜、一頭のヒツジが襲われ、黒毛のオオカミがヒツジの飼育場から半径二〇〇メートル以内にいることが追跡調査でわかった。オオカミはその後数日間、牧場周辺に留まり続けた。イエローストーンの「オオカミ保護管理計画」に予め定められた規定は、オオカミが家畜を殺した場合、問題を起こしたオオカミにやり直しの機会を与えることを求めている。しかし、もしも問題のオオカミが再びやってきて、さらなる危害を及ぼした場合は、殺処分されることになる。与えられたセカンドチャンスを活かせなかった8の兄弟のナンバー3は、二月五日に「アニマル・ダメージ・コントロール」の職員によって銃殺された。かくしてプロローグの予言の後半部分が現実となった。強健なオスリーダーの四頭の息子のうちの一頭が、じっさいに若くして不名誉な死を遂げたのだ。

この冬は、他にもう一頭のオオカミが失われた。一二月九日、ローズ・クリーク・パックのオスの子オオカミの一頭が、ラマー・バレーで、配達中のワゴン車に轢かれて死んでしまった。残りの七頭の兄弟たちは、その年を生き延びた。

一九九六年一月、わたしは飛行機でテキサス州からモンタナ州ボーズマンに飛び、車でイエローストーン国立公園に向かった。公園では、インスティテュートの南側でクリスタル・クリークのリーダーペアと、黒毛の一歳児のうちの一頭をちらりと見かけた。彼らは、東に位置するラマー・バレーにいるエルクの集団を見つけて一瞬立ち止まったが、やがて踵《きびす》を返して森に消えた。

わたしは野生動物がイエローストーンの過酷な冬にどんなふうに対処しているかをより詳しく学ぶため、ジムの講座に参加した。教室で講義を受けていた一月二八日、外が何やら騒がしくなったので、みんなで教室を出て、何が起きているのか見に行った。ちょうど、オオカミを乗せた馬匹運搬車を牽引する大型トラックが駐車場に入ってきたところだった。運搬車には、新たに移送されてきたドルイド・ピーク・パックの五頭が乗せられていた。群れの名称は、インスティテュートの北東部にそびえる標高二九〇〇メートルの山の名にちなんだものだ。オオカミは一頭ずつ、奥行き一二〇センチ、幅六〇センチ、高さ九〇センチの頑丈な金属製の檻に入れられていた。

トラックで運ばれてきたオオカミのうちの一頭、ナンバー38の武勇伝はすでにみなに伝わっていた。ナンバー38は体格のいいオスで、体重は五二キロあった。どういうわけか、移送がはじまって間もなく、38は檻を壊して出てしまった。オオカミの様子を調べにきた一人の乗組員が、運搬車の中を自由に歩き回る38に気づいた。38に鎮静剤を打ち、別の檻の中に閉じ込めたまま残りの行程を進むほかなかった。今回のドルイド・ピークのオオカミたちの運搬に関わったすべての人が、この巨大なオオカミに圧倒され、少しばかり怯えていた。わたしはこの話を聞いて、キングコングが鎖を引きちぎり、ニューヨーク市へ逃げ込む映画の場面を思い出した。みんなこいつとはあまり関わり合いにならないほうがいい、とわたしは思った。檻を引きちぎるほどの力があるなら、他のオスオオカミと戦いになったら何をしでかすかわからないからだ。

運搬車に乗せられたその他の四頭はカナダのベサ・パック出身で、毛色の白いメスリーダー（ナンバー39）と三頭のメスの子オオカミがいた。子オオカミのうち一頭は毛色が灰色（40）、二頭は黒色（41と42）である。この群れのオスリーダーは捕獲されておらず、おそらくすでに罠猟師に殺されていたようだった。群れに新たに加わったあの恐るべきオスは、別の群れから連れてこられた。彼は四頭のメスと共に、ローズ・クリークの囲い地に収容されることになる。一年前にローズ・クリークの群れと同じ囲い地で暮らしたはぐれオオカミのオスと、メスリーダーの9のときのように、彼もまたメスリーダーとつがいになることが期待されていた。わたしたちは、新しい群れの到着を見届けられた幸福感に浸りながら、教室へ戻った。

同じ頃、ブリティッシュコロンビア州からは他に三つの群れが公園に移送されてきていた。チーフ・ジョセフ・パックはクリスタル・クリークの囲い地に入れられた。この群れには大人のオスが一頭、大人のメスが一頭、それに二頭の子オオカミの、合わせて四頭がいた。前年の秋にブラックテイル・プラトー地区に設置するのを手伝った囲い地には、オスとメス、二頭の大人のオオカミが収容された。この群れはローンスター・パックと名づけられた。ネズ・パース・パックと呼ばれる四番目の群れは、オールド・フェイスフルからおよそ一九キロ離れた、マディソン・ジャンクション近くの新しい囲い地に入った。この群れには六頭のオオカミがいた。大人が二頭、子どもが四頭だ。

ブリティッシュコロンビア州からやってきたこの一七頭のオオカミと、一九九五年にアルバータ州から来た一四頭を合わせて、イエローストーンに連れてこられたオカミは全部で三一頭になった。公園は、さらに多くのオオカミを再導入する権限を認められていたが、この三一頭のオオカミの復帰が問題なく進みそうだったので、これ以上カナダからオオカミを連れてくる必要はなかった。わたしは、二回に分けて導入された三一頭のうち、オスの子オオカミ七頭の体重を調べてみたが、8は依然として一番痩せたオオカミだった。同じく三一頭のうちのメスの子オオカミ八頭と比べても、体重が8より軽いオオカミは一頭だけだった。なかには8より一三キロも重いメスの子オオカミもいた。

二月末に、8と彼の新しいパートナーの交配が確認され、9は四月に三頭の子オオカミを出産した。子どもが生まれたとき、8はまだ二歳で、人間に換算すると二〇歳くらいだった。今や8には、パートナーと彼女の七頭の一歳児たち、そして自分の血を引く生まれたばかりの三頭の子オオカミを守り、彼らのために食糧を調達してくる責任があった。全部で一一頭。小柄なオオカミには大任すぎる仕事だった。

ビッグベンド国立公園での三度目の冬の任期を終えたわたしは、イエローストーンを目指して北上する長距離ドライブの旅に出た。公園に着いたのは、一九九六年五月一二日。仕事がはじまるまでに数日の猶予があった。いの一番に車でラマー・バレーへ向かい、イエローストーン・インスティテュートから東へ三～四キロ離れたところにある、クリスタル・クリーク・パックが巣づくりしているという噂の場所を探しに行った。群れのリーダーペアのことはよく知っていて、一家がどうしているか気がかりだった。しかし彼らの姿も、新たに放獣されたドルイド・パックの姿も見つけることはできなかった。

翌朝早く、再びラマー・バレーへ向かい、ラマー川とソーダ・ビュート川の合流点の上にそびえる急峻な丘に登った。そこからは谷間一帯を見渡すことができた。するとすぐに、8の母親であるナンバー5がおよそ八〇〇メートル先にいるのを見つけた。5は天を仰ぎ、何度か遠吠えを繰り返した。その後ゆっくりと歩きはじめたが、左の前足を引きずっていた。ふと見ると、8の黒毛の兄弟の一頭ナンバー6が5のずっと先を歩いていた。今では二歳になる6は、四兄弟のなかで、今も群れに残っている唯一の存在だった。

母オオカミは度々立ち止まって遠吠えをし、あたりを見回した。おそらく群れのオスリーダーを探しているのだろうと思われた。若いオスオオカミの6はいつも通りの速さで進んでいたので、足を引きずっている母オオカミは追いつくのも一苦労の様子だった。彼女が立ち止まって横になったのを見て、ただ足を痛めているだけではなさそうだとわたしは感じた。6が振り返り、戻ってきて母の匂いを嗅いだ。メスは立ち上がり、速足で進む6のあとを追った。

ラマー川の岸辺まで来た若いオスオオカミは、川面に浮かぶ二羽のカナダガンを見つけると、水に飛び込み、犬かきで近づいていった。しかしカナダガンは軽々と泳ぎ去った。オオカミの親子は川から離れて、メスエルクの小さな群れのほうに向かった。オスオオカミが目をつけた一頭のあとを追うと、本気を出さなくても簡単に追いつくことができた。狙われたエルクは何らかの不調を抱えていて、6はそのことを見抜いたのだ。6はしばらくそのエルクと並走していたが、次の瞬間、跳び上がってエルクの首の横に嚙みついた。足を止め、その場に棒立ちとなるエルク。6は後ろ足でバランスをとりながら、その喉元を締めつける力を緩めようとしなかった。オオカミは四本の鋭い犬歯をもっており、咬合力《こうごうりょく》（顎を嚙みしめる力）は六八〇キロもある。オオカミに喉をひと嚙みされれば、エルクは数分で息絶えてしまうのだ。

ゆるやかな動きで、ナンバー6は上半身と顎をひねってエルクを地面に横たわらせた。エルクは抵抗しなかった。オオカミに嚙みつかれたままのエルクは、望遠鏡越しにまだ息をしているように見えたが、喉を締めつけるオオカミの強い力によってじわじわと死に近づいていた。オオカミがエルクを口から放したのは、狩りを開始してから四分後で、エルクはすでに死んでいた。

若いナンバー6はエルクの腹にかぶりついたが、すぐに死骸から離れてメスリーダーの様子を見に行った。メスリーダーは生まれたての子どもをつれたメスバイソンに狙いを定めていた。しかしバイソンが近づいてくると、後ずさりするほかなかった。6はエルクの死骸のほうに戻り、メスリーダーの5もあとに続いた。二頭は死骸にかぶりついたが、5はすぐにその場を離れてしまい、やはり彼女は、怪我をしているか体の具合が悪いかのどちらかだと思われた。

6がエルクの死骸の極上部位を選んで母親であるメスリーダーのところまで運んでいった。母オオカミは嬉しそうに6に近づいた。二頭が雨裂《うれつ》〔地表を流れる雨水の侵食により、地表面にできる溝状の地形〕に入ってしまったのでわたしはその姿を見失ったが、その後メスが貴重な部位を食べているのを見た。6は少し離れたところからメスリーダーが食べている様子を見ていた。どうやら6は、怪我をしているメスリーダーを気遣って彼女に食べ物を運んだようだった。6は死骸のところに戻り自分の腹を満たした。その後、二頭は南へ向かった。メスリーダーが一本の木の横にしゃがんで排尿し、つぎに6が、片足を上げた姿勢でその上に排尿した。こうした二重のマーキングは、ふつうは群れのリーダーペアが行なうものだ。

クリスタル・クリークのオスリーダー、ナンバー4の姿はどこにも見つからず、ここにきてようやく彼の身に何か起きたのではないかとわたしは思うようになった。メスリーダーについても、もう一つ気づいたことがあった。乳頭が膨らんでおり、それは彼女が子育て中であることを示していた。ひょっとすると、パートナーに巣での留守番を頼み、子育てを一休みして、若い息子と狩りに出てきたのかもしれない。しかしそれならなぜ、片足を引きずっているのか？

その日のうちに、わたしはオオカミ・プロジェクトの事務所を訪れ、スタッフに自分が見たことを伝えた。ダグは、数日前に会った観光客から、クリスタル・クリーク・パックの巣穴の近くで、一頭の黒毛のオオカミが他のオオカミの群れに追われているのを見たと聞いた、と教えてくれた。クリスタル・クリークのオスリーダーの毛色も黒だった。その後ダグは、ナンバー4の発信機付きの首輪の信号が死亡モードになっているのに気づいた。ダグとスタッフは信号の発信元と思われるあたりに徒歩で向かい、オスリーダーの亡骸を発見した。彼らは、4は他の群れのオオカミによって、おそらく一九九六年の五月七日頃に殺されたと結論づけ、容疑者の最有力候補はドルイド・パックだった。ラマー・バレーは一年前にクリスタル・クリーク・パックが縄張りを宣言した場所だったのだが、どうやら、ドルイドはそこを自分たちの縄張りにしたいようだった。ドルイドのオオカミは、クリスタル・クリーク・パックの巣穴を見つけ、攻撃をしかけてオスリーダーを殺したに違いなかった。メスリーダーの怪我も、そのときに彼らによって負わされたものなのだろう。

しかし、生まれたばかりの子どもたちはどうなったのだろうか？　ダグをはじめとするオオカミ・プロジェクトのスタッフが、クリスタル・クリーク・パックの巣がありそうな場所を探したが巣穴も子オオカミの遺骸も見つからず、生き残った二頭の大人のオオカミと子オオカミが一緒にいるところを目撃した人もいなかった。しかしメスリーダーの膨らんだ乳首と、彼女がずっとこの場所を拠点にしていたという事実が、そこに彼女の巣穴があり子どもたちがいたことを示していた。長年オオカミ研究に携わってきたダイアン・ボイドは、グレーシャー国立公園でのフィールドワーク中に、死んだ子オオカミを埋める母オオカミの姿を二度目撃している。子どもたちがドルイドに殺されたのだとしたら、ナンバー5も同じようにしたのではないだろうか？

オオカミはふつう、近親でつがいになることはなく、ナンバー6とナンバー5は実の親子であることがわかっている。ならば、この群れは次の繁殖期にはどうなるのだろう？　この母子は離れ離れになり、血の繋がりのないパートナーを探すことになるのかもしれなかった。

それまでの一年間、クリスタル・クリーク・パックを見守ってきたわたしたちにとって、一連の出来事は精神的に辛いものだった。彼らは、いわばイエローストーンにおけるわたしたちのホームチームだった。それが今、群れは存続の危機にあった。生き残った二頭が母と息子だったからだ。そしてそれはすべて、新参者のドルイド・パックのせいだった。ドルイドは、ラマー・バレーの悪党呼ばわりされるようになった。まるで、無法者の一味が乗り込んできて、町を占拠されたような気分だった。

その後、ドルイドの五頭をあちこちで見かけるようになると、わたしはなかでも体の大きなオスの観察に力を注ぐようになった。金属製の檻を破ったあのナンバー38だ。おそらくこのオスが、クリスタル・クリークのオスリーダーを殺した張本人なのだろう。パークレンジャーであるわたしは、ふつふつと湧いてくる38への嫌悪感を抑えようと努力したが、事実を客観視するのは難しかった。クリスタル・クリーク・パックは、餌動物が豊富な質の良い縄張りをもっていた。頭数で優位に立つドルイドが、クリスタル・クリークを打ち負かし、オスリーダーを殺して縄張りを奪った。生物学的に見て、その行為に異議を唱えるべき点は何もなかった。国同士が、領土をめぐる戦争を行なうのと同じように、この二つのオオカミの群れも、何千年も昔からオオカミの世界で行なわれてきたことをしたまでだ。オオカミ・プロジェクトがのちに記録したように、縄張りをめぐる攻撃的な行動が見られる場所では、オオカミの頭数がその地域の環境収容力内に収まりやすい傾向があるのだ。

クリスタル・クリークの二頭は、まもなく三三キロ南のペリカン・バレーまで移動し、そこを新たな縄張りとすることにした。彼らは前年の夏にこの草木が青々と生い茂る谷を見つけ、その年の秋や冬にもたびたびそこへ通っていた。ついには、群れの二頭の生き残りはそこを通年の住処とするようになった。その後の数年間をかけて、わたしはクリスタル・クリーク・パックが体験したドラマチックな物語を記録した。群れの最初の本拠地であるラマー・バレーへの帰還の旅のこと。そして宿敵、ドルイド・パックとの邂逅《かいこう》によって何が起きたかを。

第8章　新たな群れの誕生

新年度の登録手続きのために公園本部を訪れたわたしは、前年度からの変更点がいくつかあることを知った。一九九六年の夏は、マンモス・ホットスプリングなどがあるマンモスから南へ六〇キロの地点にあるマディソン・ジャンクションに滞在することになり、ラマー・バレーまではかなり遠くなる。国立公園局のナチュラリスト部門がわたしに対して、より多くの観光客を集めるためにオオカミ説明会をオールド・フェイスフルで行ない、またそこから北に二六キロ離れたマディソンキャンプ場でも毎週金曜の夕方にスライドショーを実施することを望んだ。さらに、マディソン地区のハーレクイン湖で、オオカミをテーマとするハイキングツアーを週に二回実施することも決まっていた。それ以外の時間は、間欠泉が集まるエリアで、オオカミの毛皮片手に移動説明会を行なうことになる。

今まで通りタワー・ジャンクションに滞在したほうがいいのではないか、そうすればラマー・バレーで観光客がオオカミを観察するのを手伝うことができる、とわたしは談判したが、わたしが担当するプログラムの予定はすでに公園が発行する新聞に掲載されており、いまさら変更することはできなかった。それが五月一三日のことだった。わたしは、五月二九日にはオールド・フェイスフルにある古びたトレーラーに一時的に入居し、その後、マディソンのトレーラーの修繕が終わったらそちらに移動しなくてはならなかった。ラマー・バレーでオオカミを観察できるのは残りあと一五日だった。

五月一六日、マイク・フィリップスが、わたしを含む数名をタワーから西に一六キロ、ブラック・プラトーの南側に位置するサウス・ビュートに連れていってくれた。ローズ・クリークの馴化用囲い地を出たあと、群れを離れて新たな生活をしていたメスオオカミのナンバー7が、一九九五年の春にその地に住みついた。同年の秋から冬の初めにかけて、追跡飛行の飛行機が、彼女が時折ラマー・バレーに戻っているのを確認していた。7がラマー・バレーに現れるときは、たいてい、クリスタル・クリークの一歳児で、8の体格のいい黒毛の兄弟のうちの一頭であるナンバー2がそばにいた。一月に、2はこのメスのあとを追ってブラック・プラトーまで行き、二頭はそこでつがいとなって、再導入されたオオカミ同士による最初の新たな群れを形成した。一九四四年にイエローストーンへのオオカミ復帰を最初に提案した野生動物を専門とする生物学者、アルド・レオポルドに敬意を表して、このつがいはレオポルド・パックと名づけられた。このペアは今、サウス・ビュート近くの森林地帯で三頭の子オオカミを育てていた。

マイクが、わたしたちがいるサウス・ビュートの南に新設した馴化用囲い地の話をもちだした。前年の秋にフェンス用パネルをみんなで運んだあの囲い地だ。一月に、血縁関係のないオス、メスの二頭がその囲い地に収容された。その後、レオポルド・パックが、そこからほんの一・六キロの場所に巣穴を作った。当初の予定では、囲い地にいる二頭をこの地域に放獣することになっていた。しかしレオポルド・パックがこの地に巣を作ったからには、囲い地の二頭を放す別の場所を探す必要があった。急場しのぎの囲い地が、オールド・フェイスフルの南側の、ローンスター・ガイザー付近に設置された。あの囲い地の二頭はそちらに移され、間もなく放獣されて、ローンスター・パックと命名された。しかし囲い地を出てから幾日もたたないうちに、メスは温泉に落ちて、そのときの負傷がもとで死んでしまった。オスはそこを離れ、公園じゅうをさまよい歩いたが、二年後、イエローストーン湖から東へかなり離れた場所で命を落とした。

わたしはオオカミ・プロジェクトのボランティアに登録していたので、ナチュラリストとしての通常の業務がないときには、テレメトリ〔遠隔測定装置〕を使ってレオポルド・パックにつけられている首輪からの信号を受信し、観察することができた。ボランティアとして、観察したオオカミについて様式に沿った詳しい記録を残し、観察した行動のすべてをその時刻とともに記録しなくてはならなかった。わたしはその夏を通して、サウス・ビュートで多くの日々を過ごした。そこでの長い時間は、オオカミの子育て行動や子オオカミの習性、そしてオオカミの狩りの仕方を学ぶ貴重な機会となった。さらに、つがいとなってまだ数か月のオオカミペアを観察し、つがいとなったばかりの二頭がどんなふうに触れ合い、どんなふうに絆を深めるかを目の当たりにすることができた。

マイクとサウス・ビュートを訪れてから二日後、わたしは再びサウス・ビュートに戻り、レオポルド・パックのメスリーダーの7が、巣がある小さな森のすぐ北側で寝そべっているのを見つけた。このメスを見たのははじめてだった。前年の一九九五年にも、彼女の姿は一度も見ていなかったのだ。その後7は立ち上がり、すぐそばのエルクの死骸のほうに向かった。そのとき、あたりに霧が立ち込めて7は見えなくなった。霧が晴れると、すでに彼女の姿はなく、おそらく森の巣穴で三頭の子オオカミの世話をしているのだろうと思われた。

わたしはその日はずっとその場に留まり、夕方には黒毛のオスリーダーの2を目撃した。2は巣穴のある森の西側からやってきて、森の中へと消えた。そのすぐあとに、7もまた西からやってきた。彼女は森へ向かって歩いていくと、森の手前にある雨裂を覗き込み、その中へ駆け込んだ。パートナーを見つけてはしゃいでいるように見えた。

しばらくして、リーダーペアが雨裂から出てきた。7が地面に伏せた。2が近づいてくると、7は仰向けに寝返った。2が7を見下ろすようにして立つと、7は両方の前足を伸ばしてやさしくその顔に触れた。7が2を愛撫しているかのようだった。2は7の腹の匂いを嗅いだ。おそらくさっき子どもに与えたばかりの乳の匂いがしたのだろう。7は尾を振り、なおもやさしく2に触れつづける。ふいに7が勢いよく起き上がって2の顔を舐めた。二頭は肩を並べて歩いて行ったが、7はその間ずっと、愛おしそうに自分の顔を2の顔に押しあてていた。やがて7は地面に寝転がり2を誘ったが、今回は2は立ち去り、横になってしまった。日中にあちこちで狩りをしてきたせいで、くたびれていたのかもしれない。

メスリーダーの7は諦めていなかった。勢いよく立ち上がると、一〇メートルほど走って2のところへ行き、彼の隣で横になった。7は2の口元に自分の顎をこすりつけた。2もそれに応えて、7の顔を舐め返した。7は仰向けに転がると、まるで恋人の顔を両手で支えるかのように、両方の前足を2の頭に回した。その後7は、背中を2の脇腹にこすりつけ、2の顔を舐めた。この愛情あふれるやり取りを、わたしは驚きと感謝の気持ちで見つめていた。オオカミのつがいの、このように仲睦《なかむつ》まじい姿を見たのははじめてだった。こうした愛情表現が、このペアの絆を深め、またオスが、家族のために単独で狩りに出かけ、獲物を仕留め、パートナーや子どもたちに食糧を持ち帰る大きな励みとなっていることを強く実感した。

夜になる頃、リーダーペアはエルクの死骸があった場所まで行って腹を満たした。その日は観察できなかったが、通常、オオカミの両親が獲物を食べたあと巣に戻ると、子オオカミたちが巣から駆けだし、跳びはね、親たちの口元を舐めて歓迎の挨拶をする。それを合図に、親たちは胃の中の肉を吐き戻す。顔を地面に近づけ、飲み込んだばかりの肉の塊を口から吐き出すのだ。子どもたちはそれぞれ肉をひとかけら口にくわえ、走り去ってから貪り食べる。子どもの世話のために母オオカミが巣に残り、父親だけが狩りに出かけた場合は、父オオカミは母オオカミにも同じ方法で肉を与える。オオカミの子どもたちが親オオカミの顔を舐めるこの行動は、飼い犬が、彼らの友である人間が帰宅するとその顔を舐める理由を説明している。犬にとって、この行動は歓迎を表すものだが、その起源は彼らの祖先であるオオカミにまで遡《さかのぼ》り、かつては別の意味をもっていた。食物をねだる、という意味だ。

その翌日、レオポルドのリーダーペアが、巣穴がある森の近くにあった獲物の肉を森に運び込むのを見た。親オオカミにしてみれば、獲物の肉をできるだけたくさん食べ、胃の中に入れて子どもたちのところまで運ぶほうが、大きな肉の塊を口にくわえて運ぶよりも効率的で、獲物が巣穴から遠く離れた場所にある場合は特にそうだ。体が大きいオスオオカミは、胃が空っぽであれば、九キロもの肉を急いで飲み込み、まっすぐ母オオカミや子どもたちのところに戻って分け与えることができる。しかし今回は、死骸と巣穴の距離がとても近かったので、オオカミの両親は大量の肉を飲み込んだ上で、さらにいくらかの肉塊を口にくわえて持ち帰ることができたのだ。

五月二一日、レオポルド・パックのリーダーペアがそろって狩りに出かけた。その日はたくさんのエルクに出会い、そのうちの何頭かを追いかけたが一頭も捕まえることができなかった。しかし獲物が捕れなかったことを二頭はそれほど気にしていないようだった。なぜなら、その後メスリーダーの7がパートナーのほうを振り向き、彼の目の前で、まるでダンスでもするように前足を上下に揺らしていたからだ。その後7は、跳ね回りながら近くの雪溜まりのほうへ向かったが、その仕草は遊んでほしがっている子犬のようだった。オスリーダーの2が誘いに乗り、二頭は雪が残る地面の上を転げ回った。標高二千メートルを超えるこの高原には、五月になってもあちらこちらに解け残った雪があるのだ。

二頭は雪溜まりから立ち去り、遅れをとった2が7を追いかけた。2が近づいてきたのに気づいた

7は、尻尾を振りながら再び2の前で跳ね回った。と、次の瞬間、7が2に向かっていき、後ろ足で立って2の胸にぶつかって跳ね飛ばされた。そのあと7は2に向かって「つかまえてごらん！」という意味をこめてプレイバウをした。7が駆けだし、肩越しに振り返って2が追ってきているかどうかを確かめる。2が追いかけてこないとわかると、2のほうへ駆け戻り、またもや2の胸にぶつかっていく。2は、前足を7の首に回してそれに応えた。その後二頭は並んで駆けだし、ふざけてじゃれあった。その後、何頭かのエルクを追いかけたあと、二頭は子どもたちの様子を見に巣に戻った。

それから数日たって、再びサウス・ビュートの頂上まで行ってみると、リーダーペアが巣穴のある森から出ていくところだった。二頭はまずプロングホーン（エダツノレイヨウ）の成獣の群れを追いかけた。プロングホーンは最高時速一〇〇キロで走る。これはオオカミの最高時速の二倍近いスピードで、だからオオカミがプロングホーンに追いつけるチャンスはほとんどないのだ。その後、オスリーダーの2は七〇頭から成るエルクの群れを見つけて、今度はそちらに狙いを定めた。2はエルクの群れをメスリーダーの7がいる方向へと追いたてた。わたしは、これは意図的な作戦なのだろうか、と考えた。エルクの群れは峡谷に入ってしばらく見えなくなり、その後再び姿を現した。このときには、リーダーペアは結束して一緒にエルクを追っていた。やがてエルクの群れは二手に分かれ、リーダーペアが追い続けた群れも、さらに二つに分かれた。

二頭は、八頭のメスのエルクの群れを追っていた。やがて7が、そのうちの数頭を追いかけ、2は残りの数頭を追いかけた。しかし、二頭のオオカミはどちらも簡単に引き離されてしまい、あきらめるほかなかった。あそこで二手に別れたのが失敗だったのではないか、協力して同じエルクを追いかけたほうがよかったのではないか、とわたしは考えた。だが、もしかすると、彼らの追跡行動はすべて、試しに様々なエルクを追いかけ、獲物にできる足の遅いエルクを探し出すためのものだったのかもしれない。そうであれば、二頭がそれぞれ別の群れを同時に追いかけたのは、効率的なやり方だったと言える。

ある日のこと、一頭のハイイログマが、レオポルド・パックの巣穴がある森の入り口付近を嗅ぎ回っているのを目撃した。それより前に、そのあたりを一頭のアメリカクロクマが通りかかっていたから、ハイイログマはそのあとを追ってきたのかもしれなかった。ハイイログマは巣穴のある森へと姿を消してしまい、わたしはレオポルド・パックの子オオカミたちのことが気がかりだった。しかし、あとになって、心配などいらなかったことがわかった。オオカミ一家が巣穴から出て行ってから数か月後のある秋の日、マイクとわたしは、オオカミ再導入のドキュメンタリー映画の撮影隊と共に巣穴のあった場所へ徒歩で向かった。母オオカミの7が巣穴に選んだのは、無数の巨大な倒木が重なり合い、迷路のような密生林となっている場所だった。母オオカミは倒れた大木の下に巣穴を掘っており、ハイイログマが子オオカミを手に入れるのは至難の業だった。わたしは、新米の母親で、巣穴を作る場所を決めた経験もなかった7のことを思いやった。彼女はハイイログマのことはよく知っていたから、ハイイログマが巣穴から子どもたちをつまみ出し、殺してしまうところをありありと思い浮かべたのかもしれない。そんな想像をしたからこそ、子どもたちをクマの魔手から守るために、重なり合う大木の下に巣穴を掘ることを思いついたのだろう。これらのことすべてが、オオカミには将来的な視野を持ち、敵となりうる相手をどう欺くかを考えて計画を立てる能力があることを示していた。

その日、ハイイログマの姿を見失ったあと、巣穴がある森へと引き返してきた母オオカミの7を見た。しかし、その行く手に一頭のメスのエルクが立ちふさがり、7が近づいてきても一歩も引かなかった。二頭は面と向かって睨み合い、わたしには7に比べてエルクがいかに大きいかがよくわかった。少なくとも四倍の大きさはあっただろう。メスエルクは7に向かったものの立ち止まり、前足の蹄《ひづめ》で地面を踏み鳴らした。母オオカミの7は一旦逃げたがすぐに引き返し、再びメスエルクと向き合った。今度はエルクのほうが逃げ出した。7はあとを追うことなくまっすぐ巣穴のある森へ向かった。おそらく子どもたちの無事を確かめ、世話をするためだった。

同じ日の夕方、オスリーダーの2が巣穴のある森の近くで横になっているのを見た。やがて2は起き上がり、狩りに出かけた。地面に鼻を近づけ、臭跡を追っていく。そばにいた五頭のメスエルクが2の様子をうかがっていたが、自分たちを狙っているのではないことはわかっているようだった。と、そのとき、わたしは生まれたばかりの子どもを連れた別のメスエルクを見つけた。オオカミの姿に気づいた母エルクは走って逃げだし、本能的に危険を察知した子エルクもそのあとを追って駆けだした。二頭に狙いを定めた2は、すぐさま母子を追いかけ、すれ違う他のエルクたちには目もくれなかった。

子エルクと母エルクの距離が開きはじめていた。見たところ、子エルクは母エルクと2のちょうど中間あたりにいた。振り向いて子どもに危険が迫っているのを知った母エルクは、踵を返して2に突進してきた。2は、タッチの差でエルクの母より先に子エルクに追いつき、子エルクの首の後ろに噛みついた。そして無理やり連れ去ろうとした。2があと数秒間子エルクを放さなければ、致命傷となっていただろう。しかし、母エルクがすぐに追いついて、前足の蹄を2めがけて振り下ろした。2は身を翻してその一撃を逃れると、その場に子エルクを置いて逃げ去った。

メスエルクは2を追いかけ、前足の蹄を何度も前に蹴り出した。2は死にものぐるいで右へ左へとジグザグに動きながら、母エルクの致命的な一撃をかろうじて逃れた。と思うと、2は母エルクの背後に回り込み、またもや子エルクを狙いに行った。母エルクは振り向いて2を追いかけ、子エルクが倒れている場所のさらに先まで追い立てた。その後も二頭は、子エルクの周囲を何度も行ったり来たりした。そこへ二頭のメスエルクが駆けつけてきて、母エルクと協力して2を追い払った。三対一。数の力にはかなわなかった。それにどのエルクも、2より少なくとも一三〇キロは重かった。

数分後、2が戻ってきて再び母エルクと対峙した。さきほどの二頭のメスエルクは、今はぐったりとして横たわる子エルクのそばに立っていた。2は母エルクに背を向けると、子エルクを守る二頭のエルクめがけて突進し、そのわきをすり抜けて子エルクにすばやく噛みついたが、すぐに二頭がそれを追い払った。2が子エルクに接触したのはこれが二度目だった。

その後、2はもう一度母エルクと睨み合ったあと、その防御をかわし、走りながら子エルクの体に三度目となる牙を突き立てた。今や三頭のメスエルクが揃って2を追っていて、彼にできるのは子エルクにすばやく噛みつくことぐらいだった。そこへさらに四頭のメスエルクが参入してきて、２と子エルクの間に立ちはだかった。七頭のメスエルクが一致団結して子エルクを守っている今、２がそれを手に入れるチャンスはほとんどなかった。

と、そのとき、子エルクが立ち上がって走り出した。チャンスと見た２は、立ちはだかるエルクの間を巧みに突破して子エルクを追った。わたしは、前年の夏、追いかけっこをして遊んでいた２と兄弟たちの姿を思い出した。２にとってあの遊びは、こうした危険な状況を生き延びるための完璧なトレーニングだったのだ。２は子エルクに追いついてその背中に噛みついたが、エルクたちが迫ってきたので獲物をその場に放すほかなかった。これが２にとって子エルクとの四度目の接触だった。

ぐったりとした子エルクは再び地面に崩れ落ち、すると２がすかさず跳びついて口でくわえ、そのまま引きずっていこうとした。しかし子エルクの重みでスピードが落ちたので、メスエルクたちに簡単に追いつかれてしまった。２は獲物を放し、先頭を走ってきたエルクに踏みつけられるのをすんでのところで逃れた。２はこの五度目の接触にも失敗したが、子エルクは深い傷を負っているようだった。２は、ＮＦＬ（ナショナル・フットボール・リーグ）のランニングバックが、エンドゾーンめざして敵の守りを突破していくように、メスエルクの壁を突き抜け、子エルクのところまで走ると六度目の牙を立てた。

子エルクを三メートルほど引きずって行ったところで、エルクたちが突進してきて、２は獲物を降ろさねばならなかった。その後、状況はさらに悪化した。他にもメスエルクが多数加勢しにやってきたのだ。今や三〇頭のエルクが、一頭の子エルクを守る決意の下に結集していた。その三〇頭全員が、たった一頭のオオカミを追いかけていた。

そのとき、子エルクが、立ち上がってメスたちのあとを追う、という間違いを犯した。2は即座に子エルクの背後に回り込んだ。一頭のメスエルクが間に割って入って、2が近づけないように防御した。しかし傷を負い、ぐったりとした子エルクは地面に倒れ、2がそこへ突進した。メスエルクたちがそれを追い払う。子エルクは頭を高く持ち上げて、周囲の動きをじっと見ていた。

ここで2は狩りを中断し、小川に身を浸して涼を取り、水を飲んだ。三〇頭のエルクには、オオカミが諦めたように見えた。そこで彼らは、2に背を向けて子エルクのほうへ歩き出した。2はしばらくの間、敗者然として流れの中に立っていたが、次の瞬間、エルクの群れ目がけて突進した。驚いたエルクは慌てて逃げ出し、あとにはうつ伏せに倒れた子エルクが残された。2にとっては絶好のチャンスだった。全速力で子エルクのところまで行くと、その首の後ろに致命的なひと噛みを見舞った。

わたしは時計を見た。2が、何度も攻撃を仕掛けて子エルクを手に入れるまでに、どのくらい時間がかかったのか確かめるためで、おそらく三〇分ぐらいだろうと思っていた。ところが、たったの五分しかたっていなかった。しかしそれは、非常に緊迫した五分間だった。2は、七度目の攻撃で子エルクを仕留めたのだった。

新たに群れのオスリーダーとなった2は、この日、一頭または複数のメスエルクに蹴られたり踏みつけられたりして、いつ命を失ってもおかしくなかった。彼は、家族に食べさせるためにとてつもない危険を冒さねばならず、今回は見事にやりとげた。しかしそれは、今日はうまくやれたというだけのことだ。ぐんぐん大きくなる子オオカミたちは日々大量の食べものを必要とし、それはこの先何か月間も続くことになる。この春も、夏も、彼はこの先何度も命をかけて食糧を調達しなければならないのだ。その後夕方になって、わたしは家族思いのこの父オオカミが獲物から食いちぎった大きな肉の塊を巣穴のある森へ運んでいるのを見た。巣では、パートナーと三頭の子どもたちが、彼の帰りを心待ちにしていたことだろう。

第9章　8の新しい家族

一九九六年五月一七日、わたしは8の新しい家族をはじめて見た。オオカミ・プロジェクトの二人のスタッフ、リンダ・サーストン、キャリー・シェーファーと一緒に、ローズ・クリーク・パックの巣穴観察に歩いて向かったときのことだ。ローズ・クリークのメスリーダーである9は、タワー・ジャンクションから北東に五キロほど離れた場所に巣を作っていた。わたしたちは、ラマー川沿いを歩いて上流へと向かい、イエローストーン川との合流点近くで、今にも壊れそうなトロッコに乗り込んでラマー川を横断し、見晴らしのよい高台に登った。そこからはローズ・クリーク・パックの巣穴がよく見えたため、いつしかマムズ・リッジ（母の尾根）と呼ばれるようになっていた。リンダはテキサスA&M大学の大学院生で、オオカミ行動学を専門とする著名な野生生物学者であるジェーン・パッカード教授の指導の下、オオカミの巣穴に関する修士論文に取り組んでいた。リンダをはじめとするオオカミ・プロジェクトのスタッフたちは、交代で巣穴でのオオカミの行動観察を行なっていた。いつもは、テントに泊まり込んで観察を行なっていた。しかしその日、わたしたちがそこに滞在するのはほんの数時間の予定だった。

到着直後は、オオカミは一頭も見当たらなかった。しかしその後、黒毛の一歳児が一頭、巣穴付近を歩いているのを見つけた。やがてそこに、もう一頭の黒毛の一歳児と、灰色の毛色のメスの一歳児が加わった。彼らは、前年にローズ・クリークの元オスリーダーであるナンバー10が銃で撃ち殺されたその日に生まれた子どもたちだった。八頭のうち生き残ったのは七頭で、彼らはそのうちの三頭だった。亡くなった一頭は、冬の間に配達中のワゴン車に轢かれて命を落とした。生き残った子どもたちはオスが三頭、メスが四頭で、メスの一頭は兄弟姉妹のなかで唯一、毛色が灰色だった。ナンバー17である。8とメスリーダーの9の間に生まれた三頭については一頭も見なかったし、両親の姿も観察できなかった。おそらく、9は巣穴のなかで子どもたちの世話し、8は狩りに出かけていたのだろう。わたしたちは、午後の早い時間に撤退した。

一〇日後、ローズ・クリーク・パックの一歳児のうちの一頭が、巣穴とスルー・クリークと呼ばれる川の中間あたりにいるのを見かけた。もしかすると、母オオカミの9が生まれたばかりの三頭を連れてそのあたりに移動したのかもしれない、とわたしたちは考えたが、9も生まれたばかりの三頭も見つけられなかった。翌日、再び同じ場所を訪れてみると、あの灰色のメスを含む四頭の一歳児たちが、スルー・クリークの向こう岸の草地で跳ね回っているのを見つけた。灰色のナンバー17が、彼女の兄弟であるオスの一歳児のうちの一頭の前でプレイバウをしてみせ、追いかけっこに誘うと、そのオスも誘いに応じた。17はそのオスよりも速く、彼の周りをぐるぐる回ってみせた。自分のすぐ横を駆け抜けていくメスの脇腹を、オスは何度も噛んだ。オスとの距離があまりにも離れ過ぎたときには、17は戻ってきてオスの周りを駆け回り、ほら、追いかけてごらん、と煽り立てた。オスを振り切り、からかうのに大満足しているように見えた。そのとき、別のメスの一歳児がその黒毛のオスの背中にじゃれついてきた。二頭は楽しげにお互いを噛み合って遊んだ。そこへ灰色のメスも加わって、三頭一緒にじゃれ合った。

ひとしきり遊んだあと、黒毛の一歳児のうちの一頭が、近くの巣で子育て中らしいカナダヅルのつがいを見つけて走っていった。ツルはオオカミから走って逃げ、その後少し離れたところへ飛んでいった。地面に着地し、オオカミがさらに追ってくると、二羽は川を渡って飛んでいった。その後、さっきの黒毛の一歳児が、今度は低空飛行中の数羽のカナダガンを追いはじめた。とても楽しそうだった。黒毛の一歳児は次には一頭のメスエルクを全速力で追跡し、追いついて、数秒間並走していたが、やがてよそへ行ってしまった。どうやらこの若いオオカミは、犬がただスリルを求めて車を追いかけるのと同じ気持ちで追跡を楽しんでいるようだった。

灰色の17がコヨーテを追いかけていたかと思うと、今度は一二羽のガンに狙いをつけた。ガンは飛び立ったが、それでも17は空中のガンを地上から追いかけた。その後、五頭のメスエルクが17に近づいてきた。17はしゃがんで獲物を狙う姿勢を取り、群れの最後尾を走るエルクに向かって突進していった。17に追いつかれると、メスエルクは立ち止まって17のほうを振り返った。17とメスエルクは、一メートルにも満たない距離で睨み合った。そのとき他のメスエルクたちが集まってきて、17を追い払った。それからしばらくして、灰色の17は草地の真ん中で立ち止まり、地面に穴を掘っていたが、顔を上げると口に小さな齧歯《げっし》動物をくわえていた。おそらくハタネズミの一種だろう。見ていると、17はそれを咀嚼《そしゃく》し、飲み込んだ。こうした小動物の体重は五〇グラムほどだ。栄養価の点からすると、人が数粒のブドウかポップコーンを食べるようなもので、空腹感を紛らわすことはできても食事とは言えないものだった。これらの小型の小動物は見た目がマウス（ハツカネズミ）に似ているため、オオカミがこうした小動物を遊びで捕まえることを、マウシング（ネズミ狩り）と呼んでいる。わたしが今現在に至るまで観察してきたオオカミたちは、逃げ足が速い小さな生き物を捕まえる、という難題に挑戦するのを楽しんでいるように見えた。

その周辺一帯を探してみたところ、西の方角に別の四頭の黒毛の一歳児がいるのを見つけた。湿地にいる灰色のメスと今は川べりにいる二頭の黒毛を合わせると、わたしはローズ・クリークの一歳児の七頭すべてを見たことになる。

その日の夕方、17と黒毛の一歳児がスルー・クリークの西側にいるのを見つけた。母オオカミが三頭の子オオカミを移動させたのではないか、とわたしたちが考えていた場所だ。数分後、生後四週から五週目と見られる黒毛の子オオカミが姿を現し、岩の上によじ登った。８と彼のパートナーである９の間に生まれた子オオカミの姿を見たのはこれが初めてだった。近くにいた一歳児のうちの一頭が、子オオカミに気づいて尻尾を振った。次に、毛色が灰色の子オオカミが現れ、一頭目が登ったのと同じ岩に這い上がった。もう一頭の黒毛の子オオカミの姿も見えた。しばらくして、ようやく8がその場に現れた。黒毛の一歳児と、黒毛の子オオカミの一頭が、駆け寄って8を歓迎した。巣穴への入り口と見られる場所も確認でき、その脇に8が寝そべっていた。

のちほど、二頭の黒毛の一歳児が、子オオカミ三頭と遊んでいるのを見た。一歳児の片方が、落ちていた古い骨を拾って、まるでおもちゃでもあげるように子オオカミに差し出した。もう片方の一歳児は、寝ている子オオカミのそばで横になっていたが、その後立ち上がると、枝を口にくわえて歩き回っている三番目の子オオカミの後ろをついて歩いた。一歳児は別の枝を見つけ、自分でちょっと遊んでから子オオカミに差し出した。子オオカミはくわえていた枝を落として新しい枝をくわえようとしたが、すぐに落としてしまった。遊びを続けたくて、一歳児は落ちた枝をもう一度子オオカミに差し出し、その間ずっと尾を振り続けていた。子オオカミは枝を受け取ると、寝そべって嚙みはじめた。すると一歳児も子オオカミと向き合うように寝そべって、二頭はじゃれて嚙みあった。そのあと、一歳児が立ち上がり、小さな骨を見つけてくると、子オオカミの前に落とした。一歳児が尻尾を振り、その前足で子オオカミをやさしくつついたとき、最高の瞬間が訪れた。一歳児は持ち帰った骨を拾い上げて子オオカミのそばを離れると、骨を空中に放り投げ、落ちてきた骨をしなやかな動きでキャッチしたのだ。

そのとき、黒毛に灰色の縞がある一頭のオオカミが子オオカミに近づいてきた。子オオカミは、立ったままのそのオオカミの腹の下に仰向きに潜り込むと、尻尾を振り、四本の足をもがくように動かした。そして起き上がると、乳を飲みはじめた。つまり、この大人のオオカミは彼らの母親のナンバー9なのだ。他の二頭の子オオカミも駆け寄ってきて、三頭はそろって、そこに立ったままの母オオカミの乳を飲んだ。子オオカミたちは、乳を飲むために、後ろ足で立ってできる限り伸び上がる必要があった。ある一頭は、片方の前足を母オオカミの後ろ足にかけてバランスを取っていた。授乳の時間は五分で終わった。9が子オオカミの一頭に鼻をこすりつける仕草をするのが見えた。その後、三頭の子オオカミは周囲を駆け回った。一歳児の一頭がその遊びに加わり、しばらくすると子オオカミたちを母親の元に連れ帰った。母オオカミ、一歳児、子オオカミ、みんなでしばらく遊んでいた。

これで、ローズ・クリーク・パックのリーダーペア、七頭の一歳児、そして8の血を引く三頭の子オオカミのすべてを見ることができた。この日は、とてもよいオオカミ観察ができた。その年にそれまで行なったイエローストーンのオオカミ観察のなかでも最高の一日だった。

翌五月二九日の朝早く、わたしは渋々イエローストーンの北部エリアを離れて、一時的な宿泊所として与えられた、オールド・フェイスフルの古びたトレーラーに荷物を運び入れた。その後レンジャーのユニフォームに着替え、屋内の円形劇場でオオカミ説明会を行なった。しかしこの建物が問題だった。この劇場は元々、オールド・フェイスフルと名づけられた間欠泉についての短編映画を見せるために建てられたもので、なぜ短編なのかというと、観客が次の間欠泉の噴出を見るためにいつでも出ていけるようにするためだった。

わたしは、シーズン当初は、過去の国内外でのオオカミ説明会で用いた四五分間のスライドを見せていた。しかしそれでは長すぎた。なぜなら、ここへやってきた本当の目的である、間欠泉の噴出を見逃してしまうのではないかと、みんな気が気でなくなるからだ。人々は落ち着きなく時計に目をやり、プログラムの途中で席を立って出ていった。間欠泉の噴出が説明の前半と重なったときは、噴出を見終わった客たちが、スライドショーの途中で入ってくることもあった。新しいやり方を考える必要があった。そこで、スライドショーは諦めて、五分間でオオカミ再導入計画の大まかな説明をし、そのあと質問を受けつけることにした。イエローストーンを訪れる観光客の多くは、オオカミについて聞きたいことがたくさんあるのだ。間欠泉の噴出が終わってから会場に入ってきた人々のうちのだれかが、わたしがすでに答えた質問をしたとしても問題はなかった。同じ質問をした人がその場に残っていることはまずなかったからだ。

そんなある日のこと、ちょっと変わった体験をした。その日、わたしはオオカミの毛皮を膝から垂らし、背もたれのない椅子に腰掛けてオオカミの話をしていた。そこへ、大きなジャーマン・シェパードを連れた一人の男性がやってきて、前の方の席に座った。説明を続けていると、犬が毛皮とオオカミの匂いにおびえているのがわかった。犬は飼い主の陰で縮こまっていた。やがて犬は落ち着きを取り戻し、わたしもそのことは忘れていた。それからしばらくして、わたしはふいに、聴衆の視線が自分に集まっていることに気づいた。こちらを指差して笑っている人たちもいた。そのとき、右足のズボンの部分に濡れたような感覚が走った。足元に目をやると、さっきの犬がオオカミの毛皮に放尿しているところだった。犬は、わたしの膝の上のオオカミに対する彼の評価を態度で示し、わたしはそのとばっちりを受けたというわけだ。

仕事は毎週月曜と火曜が休みで、水曜は午前中いっぱいまで、金曜は午後の早い時間まで空き時間があった。そこで、月曜の早朝に車でラマー・バレーに向かい、水曜の朝まで滞在して、その後オールド・フェイスフルに戻る計画を立てた。また、金曜の午前中も車でラマー・バレーに行くことにした。夜が明ける午前五時までにラマー・バレーに着くには、午前三時に起きなければならなかったが、オオカミを見るためならどうってことなかった。その後、オールド・フェイスフルより北に位置するマディソン・ジャンクションに停車中のトレーラーの修理が終わると、わたしはそちらへ移動した。おかげでラマー・バレーまで片道二六キロを短縮できたが、それでも午前四時よりかなり前に出発しなければならなかった。新たな拠点となったマディソン・ジャンクションからは、レオポルド・パックの行動観察に通うサウス・ビュートまでは七〇キロ、ローズ・クリーク・パックの縄張りまではさらに二四キロの道のりを行かねばならなかった。

六月六日の夕方、スルー・クリークの近くでローズ・クリーク・パックを探していたときに、一頭のメスエルクが、二頭の若いハイイログマを追っているのを見た。二頭のクマは、母親から離れて独り立ちしたばかりの兄弟ではないかと思われた。よく見ると、片方のクマが、仕留めたばかりの子エルクを口にくわえていた。メスエルクが子エルクの母親であることは間違いなかったが、ふいに追うのをやめてしまった。二頭のハイイログマが子エルクの死骸を食べていると、ローズ・クリークのリーダーペアと灰色の一歳児が現れて、クマの兄弟に突進していった。三頭はクマたちのすぐ手前で立ち止まり、クマの兄弟に嚙みつこうとしたが届かなかった。そこへ、二頭の黒毛の一歳児が加勢にやってきた。オオカミはチームとなって動き出した。二頭がクマに突撃して子エルクのそばから追い払い、その隙に残りの三頭が獲物目がけて走り込んだ。ハイイログマが振り向いて、追ってきた二頭のオオカミに襲いかかった。片方のクマが前足でオオカミを叩こうとしたが、空振りに終わった。オオカミの襲撃に耐えかねた若いハイイログマの兄弟はその場から立ち去り、五頭のオオカミが獲物を横取りした。

六月一〇日まで、ローズ・クリーク・パックはほぼ毎朝のようにスルー・クリークの岸辺に現れるようになっていた。そこにはエルクが、とくに生まれたばかりの子どもを連れたメスエルクが多数集まっていたからだ。その日、わたしは五頭の一歳児と8を見た。一歳児の一頭は、口に枝をくわえていた。一歳児は枝を空中に放り投げ、それを口で受け止めた。もう一度放り投げると、今度は枝が弧を描いて背中のほうに飛んでいった。受け止めようとして反り返った拍子に、一歳児はつまずいて倒れたが、しかしすぐに跳び上がって、枝が地面に落ちる前にキャッチした。バスケットボール選手のマイケル・ジョーダン並みの優雅さと敏捷さを兼ね備えた身体能力を見せつけられた。

その後8がやってきて、さっきの枝を拾い上げると別の一歳児に渡した。するとその一歳児も枝を空中に投げ上げ、先程の一歳児と同じくらい見事に枝を受け止めた。わたしはこの遊びを「枝投げゲーム」と名づけ、オオカミたちが何千年も昔にどんなふうにこの遊びを編み出したのかに思いを馳せ、またオオカミの血を引く家畜化された生き物である犬、とくにゴールデンレトリバーのような犬種が今、同じようなゲームを飼い主と楽しんでいることを思って、感慨に耽った。

それから数日が過ぎた頃、8と四頭の一歳児が、生まれたばかりの子エルクを連れた五〇頭のメスエルクの群れを協力して狩る場面に遭遇した。8はたちまち子エルクの背後に迫った。四頭の一歳児も、周囲を取り巻くメスエルクの群れをものともせずに8のあとを追い、子エルクを追い続けた。子エルクは、真後ろにオオカミたちを引き連れたまま木立の中に飛び込んだ。オオカミたちと子エルクが森の中を駆け回る姿が木々の間からちらちら見えた。と、ふいに四頭の一歳児が数頭のメスエルクに追われて森から飛び出してきた。ややあって、子エルクを口にくわえた8が姿を現した。

8が子エルクの死骸を地面に降ろしてその脇で腹ばいになると、一頭の一歳児が近づいてきた。二頭が並んで獲物を貪っていると、もう一頭の一歳児もやってきて、三頭はそろって獲物を食べた。最後にやってきた灰色の一歳児にも、8は同じように分け与えた。8は獲物を独り占めすることもできたし、巣穴まで運んで血を分けた自分の子どもたちに与えることもできた。それなのに彼は、前年の秋に養子として受け入れた一歳児たちにも、躊躇なく食糧を分け与えたのだ。後になって、すべてのオオカミが、8のような寛大さや分かち合いの精神をもっているわけではないことをわたしは知った。人と同様、オオカミの性格も十人十色なのだ。自己中心的で、家族や敵対する群れに対して、必要以上に暴力を振るう者もいれば、そうでない者もいる。

人間行動学には、「その人の性格を決定するのは遺伝か、環境か？」という長年の大きな問題がある。人は赤ん坊のときの生まれ持った性格を一生変わらず持ち続けるのか？　それとも、親の養育やしつけが子どもの性格特性を決定づけるのか？　当時は知るよしもなかったが、わたしはこのあと数年間にわたり、この問題に関してある一頭のオオカミの事例を研究することになる。8が養父として育てた息子たちのうちの一頭、ナンバー21の生涯を見届け、記録に残すことになったのだ。わたしは21が長寿を全うするまでの間、彼の行動をつぶさに見守り、それが継父の振る舞いを見て学んだものなのかどうかを見極めようとした。21は8と同じような性格や個性を身につけたのだろうか？　それとも全く別の個性や性格の持ち主となったのだろうか？

翌日、七頭の一歳児たちが両親と離れてスルー・クリークのほとりにいるのを見つけた。親の目が届かないときに、彼らがどんなふうに行動するかを見届ける絶好のチャンスだった。まもなく、七頭は一頭のメスエルクを見つけて追いかけはじめた。メスが蹴り上げた足の蹄が、一頭の一歳児の頭に当たった。川にたどり着いたメスエルクが水の中に走り込むと、一歳児たちは狩りを諦めた。その後、七頭は子エルクを連れたメスエルクの群れを追いかけた。さっきのエルク同様、今回のエルクの群れもみな走って川に逃げ込んだが、川の水位は今にも溢れそうなほど高かった。三頭の一歳児は水ぎわで立ち止まったが、灰色のメスの一歳児が川に飛び込み、泳いで二頭の子エルクのあとを追った。まもなく灰色の一歳児は遅れて泳いでいた子エルクに追いつき、その首の後ろに噛みついた。しかし、次にどうすればいいかわからない様子だった。水位は一歳児の頭をはるかに超えていて、暴れる子エルクに対処する術がなかった。メスの一歳児は子エルクを放した。子エルクは川を泳ぎ渡って母エルクのところにたどりついた。大した傷は負っていない様子だった。一歳児たちは健闘はしていたが、狩りに関しては、まだまだ学ばねばならないことがあった。

第10章　スルー・クリークの戦い

一九九六年の夏のもっとも大きな出来事があった一日は、六月一八日だった。わたしは午前四時にマディソン・ジャンクションを出発して午前五時二〇分にスルー・クリークに着いた。スルー・クリークのすぐ東側にある、デイブズ・ヒルと呼ばれるゆるい傾斜を上ると、ローズ・クリーク・パックの姿を探しはじめた。少人数からなるオオカミ・ウォッチャーのグループもやってきた。スルー・クリークの西側でローズ・クリーク・パックを確認した。8と七頭の一歳児全員がいた。

ローズ・クリークのオオカミたちが、一頭の子エルクを連れたメスエルクの群れを見つけた。8はすぐに襲撃を開始した。八頭のオオカミがそろってエルクの群れを追いかける。子エルクはメスエルクの集団の前にいて、つまりエルクの群れは子エルクをオオカミから守るようにして走っていた。8が子エルクにぐんぐん近づいていくのが見えた。やがて子エルクは疲れたのか徐々に遅れはじめ、先頭を走るメスエルクのずっと後ろのほうまで下がってしまった。そのときメスエルクの群れが方向転換して、来た道を逆走しはじめた。子エルクも同じように向きを変えた。先頭に立って追いかけていた8と他のオオカミたちも向きを変えざるをえなくなり、エルクに追われる形になった。メスエルクの群れと子エルクが、最後尾をゆっくり走っていた一歳児に突っ込んだ。すると四頭の一歳児が子エルクに群がって仕留めた。しばらくすると、群れの残りのオオカミたちも走ってきた。

獲物を貪り終えたローズ・クリークの八頭は、子エルクの死骸のそばで寝そべってくつろいでいた。そのとき、8が跳ね起きて、西側の丘をじっと見た。子ども連れのエルクの群れがまたやってきたのだろうと思いながらスポッティング・スコープをそちらに向けると、エルクではなく、ドルイドの四頭が、8とその家族のほうへまっすぐ走ってくるのが見えた。ドルイド・パックを見るのはそれが初めてだった。8の元の群れであるクリスタル・クリーク・パックは、彼らに襲われたのだ。移送中に金属の檻を噛み破ったことで知られ、おそらく8の父親殺しの張本人だと思われる、この群れの巨大なオスリーダー、ナンバー38が先陣を切って駆け下りてくる。38の後ろには、群れの大人のメス三頭が続いていた。

再びローズ・クリーク・パックに視線を戻すと、8が猛スピードで丘を駆け上がり、自分よりずっと体が大きいオオカミにまっすぐ向かっていくのが見えた。8は今、敵対するオオカミの群れと、自分の群れの一歳児たちの間に立っていた。以前聞いた、小柄な8が、馴化用囲い地でいつも兄弟たちにいじめられていたという話をわたしは思い出した。体が小さかった彼は、自分より大きな兄弟たちとの戦いに勝てた試しがなかったことだろう。しかし今、養父となった8は、心の絆を育んできた一歳児たちを守るために、とうてい勝ち目がなさそうな敵に臆せず立ち向かおうとしているのだ。

ドルイドの恐るべきオスリーダーと戦うために、8は丘を駆け上らなくてはならなかった。つまり、敵に向き合うときにはすでに疲れて息が切れているかも知れなかった。一方の敵は丘を駆け下りてくるのだ。どう考えても38のほうに分がありそうだった。38のほうが体が大きく力も強かったし、年も上で戦いの経験も豊富だった。しかも彼は、8の父親を打ち負かし、殺すことによって、その戦闘能力の高さをすでに証明していた。その38が今、急峻な丘をまっすぐ8目がけて走り下りてくる。父オオカミが遺した息子のなかでもっとも体が小さい8が、そんな相手に打ち勝つチャンスが、いったいどこにあるというのか？

さまざまな考えがわたしの脳裏をよぎった。8が、家族を守るという基本的な責任も果たせない、オスリーダー失格のオオカミであることが露呈《ろてい》してしまうのだろうか？　9にとって、8をパートナーに選んだことは致命的な失敗だったのか？　8が敵と対決するために勇猛果敢に丘を駆け上っていく姿を見守りながら、わたしは、ネイティブ・アメリカンの戦士たちが、勝ち目のない敵と戦う際に、「今日は死ぬには最高の日だ！」と叫びながら突進していくという話を思い出した。この日が、8が死ぬ日となるのかもしれなかった。二頭のオスリーダーは激しくぶつかり合ったかと思うと、そのまま地面に転がって格闘しはじめた。二頭とも毛色が灰色なので、どちらが優勢なのか判断がつかなかった。やがて戦いは終わった。

あなたは信じるだろうか？　この世に奇跡があることを。

灰色のオオカミが、腹を見せて横たわるもう一頭のオスオオカミを踏みつけて、勝ち誇ったように見下ろしているのが見えた。下のオオカミは、上のオオカミに噛みつかれるがままになっている。しばらくして、わたしはようやくこの戦いの勝者が8であることを知った。

ローズ・クリークの一歳児たちが丘を駆け上がり、8と一緒になってドルイドのオスリーダーを攻撃した。しかし二〇秒後には、8は38から離れて、この宿敵を逃してやった。一歳児たちも父親に従った。38は跳ね起き、両足の間に尻尾を巻き込むようにして、来た道を駆け上がっていった。それを追って、ローズ・クリークのオオカミたちも丘を上っていった。一歳児たちはすぐに興味を失って追うのをやめたが、8は38を全速力で追いかけて、ついに頂上まで追い詰めた。二頭はそのまま丘の向こう側へ姿を消した。体の大きさは自分よりずっと小さいが、家族を守るために獰猛《どうもう》な戦士に変身した8を、肩越しに振り返りながら逃げていく38は、ひどく怯えているように見えた。大きな38を丘の向こうへ追いやる8の姿は、ペリシテの巨人ゴリアトを打ちのめした少年ダビデのようだった。

のちにわたしは、自分よりずっと体が大きいオスリーダーを倒した養父の姿を見た一歳児たち、とくに三頭のオスの一歳児たちがきっと感じたであろうことに思いを馳せた。一流選手だった父親と同じスポーツを選んだあるアスリートの言葉が思い出された。「男の子は父親のようになりたいと思うものです。それは自然なことで、そういうものなのです」。この日の8の行動を目の前で見たオスの一歳児たちも、きっと同じように感じたに違いない。つまり、8は彼らにとって英雄であり、オスオオカミのあるべき姿を示すお手本で、彼らの憧れの対象でもあったのだ。

丘の上でオオカミを観察していたわたしたちは、オオカミが一頭残らず姿を消してしまうと、呆然として顔を見合わせ、たった今目にしたばかりの信じがたい出来事について話し合った。並外れて体が小さい8が、体が大きい敵に勝利したことは、だれにとっても、これまで自然界で見たもののなかでもっとも驚くべき出来事だった。カナダから連れてこられたオスオオカミのなかでもっとも体が小さい、典型的な敗者だった8が、イエローストーンの自らの縄張りを守って勝者となったのだ。

8は勝者だった。このときまでは。しかしやがて彼には、ドルイドのオスリーダーよりもずっと大きくて強く、戦術に長け、一度も戦いに負けたことがない相手——自らと同じ勝者であるオオカミと向き合わねばならない日がやってくる。そしてその日は、8が年老いて全盛期を過ぎ、さまざまな怪我や故障に悩まされるようになったときに訪れる。

この戦いの数日後、わたしたちはローズ・クリーク・パックのオスの一歳児の死亡モードの信号を受信した。スタッフの一人が信号の発信場所に出向き、あの日戦場となった場所の北側で一歳児の亡骸を発見した。亡骸に残された形跡は、他のオオカミたちに殺されたことを示していた。ドルイドの臭跡をたどって行って鉢合わせになり、彼らに襲われたのだろうと思われた。これで、八頭いた一歳児が六頭になった。

その夏、わたしは、あのときなぜ8は戦いに勝利できたのだろう、とずっと考えていた。そしてようやく、8は体の大きい兄弟と取っ組み合いをし、引き倒され、押さえつけられたときのことを覚えていたのかもしれない、と思い至った。38にぶつかっていったとき、おそらく8は、過去に兄弟にやられたのと同じ手を使って敵と対決し、おかげで戦いに勝つことができたのだ。もしもそうなら、8ははるか昔の敗北から学び、その経験を生かして戦いに勝ったことになる。

そんなふうに考えたのには理由《わけ》があった。わたしが子ども時代を過ごした町ビレリカの近所には、幼稚園児から高校生まで、大勢の子どもたちがいた。わたしは、そのなかでも一番強いグループ——幅広い年齢層から成る、ちょっとした悪ガキ軍団に入ることにした。仲間入りしてから間もないある日のこと、その日はとくに変わった出来事もなく、みんなで芝生に座っていた。

高校生のフィルがわたしたちのリーダーだった。フィルはメンバーを見回し、自分よりも年下の少年、トミーを指差した。トミーが、年のわりに体が大きく力も強いことはだれの目にも明らかだった。いったい何をするつもりなのだろう、とわたしたちはフィルを見守った。これは、映画『ファイト・クラブ』が公開されるずっと前のことだった。わざわざそう断ったのは、フィルが次に口を開いたとき「トミー、勝負だ。相手は……」と言ったからだ。言葉の続きを待つ間、グループに属する年少の男の子全員が、自分ではなく年上のだれかが指名されることを願っていた。ところがフィルは、グループの中で一番年齢が低く、体も一番小さい子どもを指差し、トミーに向かって「こいつと勝負しろ」と命じたのだ。フィルが指差したのはわたしだった。改めてトミーを眺めて、とうてい勝ち目はないとわかったが、ここで引き下がったら、このグループに自分の居場所はないとも知っていた。わたしは立ち上がり、まずフィルの顔を、そのあとトミーの顔を見て、「オーケー」と答えた。

仲間うちでは「ケンカ」と呼ばれていたけれど、じっさいのところはそれはレスリングだった。みんな、地元のプロレスショーをテレビで観戦していた。レスラーが互いにかけ合うさまざまなホールド技を見ていたし、試合のルールも知っていた。勝負に勝つためには、敵を地面に抑えつけたまま三つ数えるか、敵を痛めつけるホールド技をかけて降参させる必要があった。

わたしたちは取っ組み合い、思ったとおりトミーはわたしよりもずっと強かった。それでもわたしは一方的にやられまいとして食い下がり、互いに技を掛け合い、押さえ込みに持ち込もうとすることが続いた。なかなか決着がつかず、仲間たちもそのことに驚いているのがわかった。しばらくたって、トミーがわたしに、テレビでおなじみのスリーパー・ホールドをかけてきた。わたしはそこから逃れることができなかった。トミーは首をしめつける力をさらに強めたが、それでもかなり手加減してくれていた。逃れようともがいたが、だめだった。わたしは負けを認める「ギブ」を口にした。「ギブ・アップ（降参）」の意味だった。

以来あの勝負のことを話題にすることはなかったが、あれはわたしたち二人にとって大きな意味をもつ出来事だった。なぜなら、あのあとわたしたちは親友になり、その友情は数年後にわたしが引っ越さねばならなくなるまで続いたからだ。今思い返してみると、トミーは、体格に格段の差があったにもかかわらず戦いを受けて立ったわたしの勇気に敬意を払ってくれたのかもしれない。その気になれば、戦い開始直後にわたしを押し倒して地面に押さえ込むか、痛めつけてギブ・アップさせることができたのに、彼はわたしに仲間の前でいいところを見せる猶予を与え、わたしは彼にやられてもなんとか持ちこたえているように見せかけてくれたのだ。わたしは、あのとき立ち上がり、試合を受けて立ったおかげで、そうしなければ決して知り得なかっただろうことを学んだ。意外にも、わたしにはレスリングの才能があって、バランス感覚と「てこ」の原理をうまく使って敵と戦う方法を、自然と身につけていたのだ。おかげでおおいに自信がついて、いじめっ子にも果敢に立ち向かえるようになった。

月日が流れて大学生となったわたしは、一時、ダンスパーティの主催者をつとめていた。大学の寮の懇親会会長として、寮の予算でダンスパーティを開催していた。なるべく多くの男子学生にパーティーチケットを買ってもらえるように、会場はいつも、男ばかりの男子寮ではなく女子寮とした。ロックバンドを雇い、演奏する楽曲を指定し、入り口でチケットを売った。一人で運営していたから、迷惑客への対応もわたしがしなくてはならなかった。ある夜のこと、わたしがダンスフロアに戻ると、女性の悲鳴がして、一人の男が女性に暴力を振るっているのが見えた。わたしはやめろと怒鳴りつけた。男はわたしのほうを振り返り、その隙に女性は逃げ出した。邪魔されて腹を立てた男性がわたしに向かってきて、男の友人五人も加勢に回った。男はわたしの頭めがけて拳をふるった。わたしは身をかわし、拳は頭を軽くかすめていった。しかしそれには構わず前に踏み出し、ずっと昔にトミーにかけられたのと同じホールド技を男にかけた。男は身動きできなくなった。そのまましばらく技をかけ続けて、逃れられないと思い知らせてから、放してやった。ダンスフロアから立ち去る男を見送りながら、この技を教えてくれたトミーに心の中で感謝した。この出来事があったから、8もきっと、体格のいい兄弟たちと似たような経験をして、そのとき覚えた技を使って、自分よりずっと大きな敵を倒したのかもしれない、と考えたのだ。

第11章　子オオカミたちの遊び

スルー・クリークの戦いのあと、ドルイド・パックを再び目にしたのは、七月一日のことだった。巨体のオスリーダーが8との戦いに破れたあと、ドルイド・パックは、ラマー・バレーのローズ・クリーク・パックの縄張りとはかなり離れた場所に留まっていた。ダグの話によると、ドルイドの白い毛色のメスリーダー39は、自身の娘である三頭のメスの一歳児のなかで、だれよりも体が大きく、もっとも攻撃的なナンバー40によって、すでに群れから追い出されていた。八月には、かつてのメスリーダーは、公園から北へ一六〇キロほど離れた場所にいた。

母親であるメスリーダーが群れを去ったあと、追い出した張本人である支配的な娘の40がその地位を引き継いだ。群れのメンバーは今では四頭になっていた。オスリーダーの38、灰色の新たなメスリーダーの40、そして彼女の二頭の姉妹たち（41と42）だ。40は冷酷なやり方で群れを支配し、その有様はドラマ『ゲーム・オブ・スローンズ』の女王サーセイを思わせた。彼女の姉妹である41と42は、40にかしずき、決して反抗しなかった。この黒い毛色の二頭の姉妹はとてもうまくやっていた。二頭が並んで、エルクの大きな枝角を協力して運んでいるのを見たことがある。二頭が一緒に何かするときは、たいてい42が優位に立っているように見えた。たまに、41が42を組み敷くこともあったが、おそらくあれはただの遊びだったのだろう。一度だけ二頭がちょっとした小競り合いをするのを目撃したが、そのとき42は、41を二度地面に押さえつけた。

七月のその日、わたしは38と40が、六つの場所で二重にマーキングをする様子を目撃し、二頭がリーダーペアであることを確認した。毎回決まって、まずオスリーダーの38が片方の後ろ足を上げて茂みや木に排尿し、そのあとメスリーダーの40がやってきて、片方の後ろ足を少し上げて排尿した場所の匂いを嗅ぐと、その上に、しゃがんで尿をかけた。下位の二頭のメスは、マーキングをしなかった。

その日のドルイド・パックの観察は、午前七時一六分から午後九時四一分までの、一四時間半近くに及んだ。オオカミたちは午前一〇時一二分から午後八時四二分まで休息し、その後動き出すと子エルクを仕留めた。観察していた時間の七三パーセントが休息時間だった。それ以外の時間のほとんどは、移動と獲物探しに費やされた。しかしこれらの数字はオオカミの行動の実態の完璧な記録ではない。なぜなら、オオカミは暗くなったあとも活動するからだ。オオカミはすぐれた夜間視力をもち、獲物がいる場所を匂いで嗅ぎ当てることができる。数年後に、オオカミにGPS機能つきの特別な首輪をつけて集めたデータをオオカミ・プロジェクトのスタッフが解析した結果、オオカミは夕暮れおよび夜明けの直前直後の薄明るい時間帯に、もっとも活動が活発化することがわかった。

七月一日以降、エルクが高地へと移動したせいでドルイド・パックを見つけるのが難しくなったので、わたしはサウス・ビュートへ戻ってレオポルド・パックの観察を再開した。七月八日には、レオポルドの三頭の子オオカミをはじめて見た。毛色は二頭が灰色、一頭が黒だ。オオカミの両親が、巣穴のある森から南西におよそ一・六キロ離れた「ランデブーサイト」と呼ばれる安全なエリアに子どもたちを移動させたのだ。わたしのいるリウス・ビュートからは彼らの様子がとてもよく見えた。このランデブーサイトは、群れの大人たちが狩りに出ている間、子オオカミが外で遊ぶのにちょうどよい場所なのだ。あちこちにあるコヨーテやアナグマの古い巣穴は、子オオカミたちの探検場所となり、またクマなどの捕食者が現れたときの隠れ場所ともなる。

その日も、また他の日も同様に、子オオカミたちはずっと一緒に遊んでいた。取っ組み合いや追いかけっこを延々と繰り返した。ふと見ると、黒毛の子オオカミが小枝を拾い上げ、二頭の灰色の子オオカミの片方に駆け寄って、取れるものなら取ってみろ、と言わんばかりに見せびらかしている。灰色の子オオカミの一頭が黒毛の子オオカミを追いかけたが、途中で黒毛が振り向いて、今度は灰色の子を追いかけた。前年の夏に見た、クリスタル・クリークの一歳児たちの追いかけっこと同じだった。

わたしは、彼らの遊びの多くに、互いの口を使ってボクシングのスパーリングのように打ってかかる仕草が含まれていることに気づいた。二頭の子オオカミは向かい合い、右へ左へと飛び跳ねながら、相手をひと噛みするチャンスをうかがっていた。まるでボクサーのように、フェイントをかけ、頭をひょいと下げ、体を左右に動かして相手の攻撃をかわす動作を何度も繰り返した。大きく口を開けてジャブを繰り出すこともあった。この「スパーリング・ゲーム」は、子オオカミにとって、成長して敵対するオオカミと真剣勝負をするときのためのよい訓練となるのだ。

子オオカミは綱引きをして遊ぶのも大好きだった。木の枝や骨、もしくは獣の皮の一部があればできる。一度、メスリーダーの7が、灰色の子オオカミの一頭を相手に、肉の塊で綱引きをしているのを見たことがある。7は子オオカミたちと追いかけっこをするのも好きで、子どもを追いかけたり、子どもに追われて必死で逃げる振りをしたりして楽しんだ。子オオカミに追いつかれると、母子で取っ組み合い、互いの口を使ってスパーリングを楽しんだ。7は大の遊び好きで、ときどき、子オオカミの前で跳びはね、プレイバウをして遊びを続けようとすることさえあった。7はひとり遊びもよくした。あるとき、小さな肉の塊をくわえて行ったり来たりして走り回っていたかと思うと、跳び上がって肉を空中高く放り上げた。それを六回繰り返したが、ほぼ毎回失敗なく受け止めた。そのあと、楽しそうにあたりをくるくる走り回っていた。7が自分の尻尾を追いかけてぐるぐる駆け回っているのを見たこともある。

オスリーダーのナンバー2もまた子どもたちとよく遊んだ。あるとき、灰色の子オオカミのうちの一頭が、寝そべっているオスリーダーに近づいて匂いを嗅ぎ、片方の前足を父親の肩にかけた。すると父オオカミの2は、大きな体で跳ね起きて走りだした。子オオカミはそのあとを追いかけたが途中でつまずいて転んでしまった。2は立ち止まり、子オオカミが立ち上がって走ってくるのを待った。二頭はしばらく取っ組み合いを楽しんでいたが、ふいに2が走り去り、追いかけてきた子どもからひらりと身をかわした。しばらくすると、父オオカミの2は頭をかがめて腹ばいになってしまい、子オオカミが前足で叩きにきたり、顔に嚙みついてきたりしても、されるがままになっていた。しかしときには、父オオカミも疲れていて、次の狩りに備えて休まねばならないことがあった。ある日のこと、三頭の子オオカミたちが父親の2に駆け寄り、遊びをねだった。二頭は2の背中によじ登った。すると2は立ち上がり、しかし子どもたちの相手はせずに、さっさと立ち去った。子どもたちはあとを追いかけたが、すぐに興味をなくしてしまった。こうして父オオカミの2は、丈の高い草の茂みに隠れて昼寝をすることができた。

黒毛の子オオカミはオスで、子オオカミたちの多くの遊びのきっかけを作り、主導しているのはどうやら彼のようだった。毛色が灰色の二頭はメスだった。子オオカミたちをはじめて見たこの日に、黒毛の子オオカミが、わたしが「待ち伏せゲーム」と呼んでいる遊びをするのを見た。黒毛の子オオカミは、二頭の灰色の子オオカミ目がけて走っていったが、そのまま通り過ぎて草むらに伏せて身を隠すと、追ってきた二頭に跳びついた。黒毛の子オオカミは、灰色の子オオカミのどちらかが寝そべっているのを見つけると、走っていって跳びかかることもよくあった。だれもいないときは、ひとり遊びを思いつくこともできた。この地域には、モウズイカと呼ばれる、背の高い植物がいたるところに生えていた。黒毛は、モウズイカを見つけると走っていき、跳び上がって植物の先端を口にくわえて引き下ろして遊んだ。先端を口から放すと、植物は元の垂直の状態へと跳ね上がる。黒毛の子オオカミはその遊びを何度も繰り返した。

母オオカミの7は、子どもたちの居場所にはいつも目を光らせていた。子オオカミのうちのだれかが遠くに行き過ぎたときには、走って行って引き止め、一緒に遊んでやって気をそらせた。周辺にはハイイログマやアメリカクロクマ、それにコヨーテが生息していたので、子どもたちの行動を見守り、あまり遠くまで行かせないようにする必要があったのだ。彼女は若い母親で、子どもを産んだのはこれが初めてだったが、子どもたちをどう育てればいいかを本能的に知っていた。

子どもたちが三か月半になる頃には、ランデブーサイトに残る臭跡を追う姿を見かけるようになった。黒毛の子オオカミが、狩りに出かけた両親の臭跡をたどって進む様子も観察したが、まるで匂いを手がかりに脱獄囚を追う警察犬のブラッドハウンドのようだった。子オオカミたちは、オオカミとして生きるために必要なことを学んでいた。

八月半ばには、生後四か月となった子オオカミたちが、両親に連れられてランデブーサイトから遠く離れた場所まで行くようになった。八月一九日の早朝にサウス丘《ビュート》に上ると、レオポルド・パックの一家五頭が、オスリーダーを先頭にこちらに向かってくるのが見えた。子どもたちは遊びながら両親のあとをついて来た。ときどき、子どものだれかが、両親を追い越して先頭を歩くこともあった。また、眠っている巨大なバイソンが前方に見えたときには、子どもたちは進むのを嫌がり、両親を待たせたまま、同じ場所をぐるぐる回りはじめた。

その日、母オオカミの7ははしゃいでいる様子だった。パートナーのナンバー2と跳ねまわり、じゃれ合った。パートナーのまわりをぐるぐる走り回ったりもした。二頭は向かい合って後ろ足で立ちあがり、お互いを噛み合って遊んだ。やがて2が先に走り出し、身を屈めて待ち伏せの体勢をとると、近づいてきた7に向かって跳び上がり、突進していった。両親がこれほど上機嫌なのは、子どもたちと常に一緒に縄張り中を旅することができる日が近いとわかっているからだろうか、とわたしは考えた。


オールド・フェイスフル地区とマディソン地区でのその夏のわたしの仕事は、九月のはじめの、労働者の日《レイバーデイ》の直後に終了した。わたしは国立公園局のトレーラーを出て、マンモス・エリア北部にあるガーディナーという小さな町に部屋を借り、一一月の中旬まで、毎日スルー・クリークとラマー・バレーに通った。

ラマー・バレーに戻った日に見たドルイド・パックには、八月に新たに群れに加わった毛色が灰色のオスの姿があった。このナンバー31は、子どものときに群れの仲間と共にカナダのブリティッシュコロンビア州から連れて来られたオオカミで、群れはその後チーフ・ジョセフ・パックと命名された。彼らははじめクリスタル・クリークの囲い地に収容され、一時的に別の囲い地に移されてから、公園の西側で放獣されてその地を縄張りとした。しかし31はしばらくしてその群れを離れ、東へ進んでラマー・バレーにたどり着き、どういうわけかドルイド・パックに加わることができた。群れのオスリーダーは、ライバルとなりうるオスを追い払うのがふつうだが、どうやら38は、この新顔のオスをすんなり自分の群れに受け入れたようだった。

のちに実施したDNA鑑定の結果、この二頭のオスには血縁関係があり、イエローストーンに連れてこられる前のカナダで同じ群れで暮らしていたことがわかった。ドルイドのオスリーダーとなった大きなオオカミ（38）は、はぐれオオカミとしてカナダで捕獲された個体で、元の群れに関する情報はなかった。しかし、おそらく38は、31が生まれたあとに群れを離れたのだろうと思われた。というのも、二頭がお互いを知っているかのように振る舞っていたからだ。その日の二頭がじゃれ合う姿は、とても仲が良さそうに見えた。その数週間後には、新参者の31がドルイドの三姉妹の全員とじゃれ合う様子も観察した。途中で、下位の二頭の黒毛の姉妹の周りを31が走り回っていると、そこへ38がやってきて、ふざけて31を追いかけた。そうしたすべてが、31が群れにすっかり溶け込んでいることを示していた。

ドルイド・パックがあとからやって来たオスを受け入れたと知って、オオカミには血縁や知り合いを見つける能力があるのだろうか、とわたしは考えた。きっと31は、前年の冬にクリスタル・クリークの囲い地で過ごしていたときに、八キロ離れたローズ・クリークの囲い地でドルイド・パックが遠吠えをする声を聞いたのだろう。人が友人を声で識別できるのと同じように、オオカミは遠吠えの声で他のオオカミを識別できると考えられている。つまり31は、その遠吠えが自分の知っているオオカミのものだとわかったのだろう。公園の西側で一緒に収容されていた仲間と共に放たれたあと、31はひとりラマー・バレーに戻り、38との再会を果たしたのだ。

その秋、わたしはオスリーダーの38がもつ別の側面に気づいた。あるとき、ドルイドの他のメンバーが、楽しそうにオスリーダーを追いかけるのを見かけたのだ。38はいったん逃げ切ったあと、戻ってきて身を屈め、待ち伏せの姿勢を取ると、みなが追いついたところで跳ね起きて、そのうちの一頭に飛びかかった。そのあと38は走って逃げて、ここまでおいで、とみなを誘った。だれも追いかけて来ないとわかると群れの仲間のところまで戻って跳ね回り、再び逃げるふりをして遊びを続けようとした。38は獰猛で攻撃的なオオカミだと思い込んでいたが、こんなにお茶目な面もあったのだ。

ドルイド・パックとの戦いがあった翌日の六月一九日以降、ローズ・クリークのオオカミをわたしは一頭も見ていなかった。ところが九月の一七日に、スルー・クリークの北側で群れの一〇頭を見つけた。一〇月二二日にも同数のローズ・クリーク・パックを確認した。群れができてすぐに生まれた八頭の子オオカミのうち、残っているのは五頭だけで、そのうち四頭はメスだった。そこにいない三頭のうちの一頭は、配達中のワゴン車にはねられ、もう一頭はドルイドに殺され、三頭目は群れを離れてしまった。唯一残ったオスがナンバー21で、前年春のあの運命の日に、ダグが巣穴の奥から引っ張り出した最後の子オオカミであり、群れのオスリーダーが銃で撃たれて殺されたあと、母親や兄弟姉妹と共に馴化用囲い地に戻された際に、家族を守っていたあのオオカミだった。8の身に何かあれば、群れの次期オスリーダーとなるのは21だろう。

一一月二日から、ローズ・クリーク・パックの電波信号をチェックしても、21の信号を検知できなくなった。一年のうちのこの時期に若いオスオオカミが群れを離れるのは、よくあることだった。数か月後には二月の交尾シーズンがやってくるから、パートナーにふさわしい血縁のないメスを探しに行ったのかもしれない、とわたしは考えた。ところが21は、それから九日後には放浪の旅から帰ってきて、群れは再び一〇頭となった。

この頃は雪がよく降り、ローズ・クリークのオオカミたちは雪の中で遊んでいた。三頭の一歳児が、雪で覆われた急坂を何度も滑り下りて遊んだ。これは新しい遊びで、「雪すべりゲーム」と名づけた。イエローストーンに冬がやってきて、夥《おびただ》しい数のエルクがより低地のラマー・バレーに移動しはじめていた。高地ほど雪深くないからだ。数えてみると、一つの群れに五四五頭ものエルクがいた。

非常に長い時間を費やしてきた、一九九六年のイエローストーンでのオオカミ観察の山場は、一一月一一日にサウス・ビュートから見た、レオポルド・パックの様子だった。それは、オオカミの群れでは、危険な任務をやり遂げるために個々のメンバーがどんなふうに協力し合うかを見事に示す出来事だった。

その日の夕方、わたしはレオポルド・パックのリーダーペアが大きなメスエルクを追いかけているのを見た。その後ろを、彼らの二頭の子どもたち、黒毛の子オオカミと灰色の子オオカミが走ってついてきていた。先頭を行くのはオスリーダーの2だ。2は、メスエルクに追いつくと、右の後ろ足に噛みついた。エルクはもう片方の後ろ足を蹴り上げ、2はその蹄による攻撃を何度か食らった。頭に繰り返し強烈な蹴りを受けたにもかかわらず、ナンバー2は噛みついた力を緩めなかった。大きなオスオオカミが重しのように働いて、メスエルクが走る速度はみるみる落ちていった。そこへメスリーダーのナンバー7が追いついた。7はエルクの前に出て、振り向いて跳びかかると、その喉に噛みついた。オオカミがとどめをさすときの常套手段だった。

リーダーペアは、アメリカン・フットボールで自分たちよりずっと大柄な敵にタックルしにいく二人のディフェンス・プレーヤーさながらに協力し合った。オスリーダーの2の、エルクの後ろ足へのひと噛みは、それほど大きなダメージを与えるものではなかった。2の役割は、エルクに噛みついて離さず、7がエルクの前に出て、喉に噛みついてとどめをさすチャンスをつくることだった。両親がエルクと格闘しているところへ、灰色の子オオカミが乱入してきたが、どうすればいいのかわからないようだった。次に黒毛の子オオカミが追いついて、躊躇なくエルクの脇腹に噛みついた。リーダーペアと黒毛の子オオカミが力づくでエルクを地面に引き倒すと、間もなくエルクは死んでしまった。

黒毛の子オオカミは、この日のアシストプレーで面目を施した。このとき彼は生後七か月で、人間に換算すると七歳ぐらいだった。七月の初旬にわたしがはじめてこの子オオカミを見たとき、彼は生後三か月で、狩りのことなど何も知らなかった。それからほんの数か月後の今、彼はこの家族にとって大きな戦力となっていた。まるで、ずっとベンチで控えていたフットボールチームの新人選手が、試合の中盤で登場し、試合経験もないのにチームの勝利に貢献したようなものだった。

それから二日後、わたしはいつものように朝早く公園に観察に出かけ、帰ってから荷物をまとめて自分のワゴン車に積み込むと、四度目の冬を過ごすためにビッグベンド国立公園に向かって車を走らせた。

第12章　オオカミの共感力

一九九六年の秋、ローズ・クリーク・パックやドルイド・パックが観察できる公園の北側エリアから遠い、マディソンやオールド・フェイスフルにわたしを駐在させたことは、公園を訪れる観光客のためにならなかったとマンモス地区の上司が認めて、一九九七年の夏は再びタワーに滞在するよう命じられた。一九九七年五月一三日、わたしは身の回りの品をタワー・ジャンクションに停車されたトレーラーに運び入れ、夕方にはオオカミ観察に出かけた。

ローズ・クリーク・パックのメスリーダー9が、タワー・ジャンクションから東におよそ三・二キロ離れたリトル・アメリカ地区の南側に巣を作っていると聞いていた。メスリーダーは、三頭の黒毛の子オオカミと四頭の灰色の子オオカミから成るひと腹の子どもを出産していた。そのあたりは、一九三〇年代に市民保全部隊（一九三三年に、ニューディール政策の一環として、失業青年に植林、道路建設などの職を与えるために創設された連邦政府機関）の宿営地が設立されて以来、リトル・アメリカという名称で呼ばれていた。極寒の冬にこの地に駐留した男たちが、南極にある米国の探検基地、リトル・アメリカ並みの寒さだ、と言ったのが発端だった。

聞いていた通り、公園内の道路から南に五〇〇メートルほど離れた場所で、メスリーダーと灰色の子オオカミ一頭を発見した。二頭は、そのさらに南に広がる森の中へ入っていった。間もなく8が森から姿を現し、そのあとを追って三頭の黒毛の子オオカミが走り出てきた。子どもたちが8に群がってその鼻や口元を舐めると、8は胃の中の肉を子どもたちの前に吐き戻した。子オオカミたちは肉に顔を突っ込み、貪るように食べた。一羽のワタリガラスが地面に降り立って、子オオカミたちのほうへ近づいてきた。あわよくば肉を掠め取ろうという算段だったが、8はそれを追い払った。わたしがこのオオカミの家族を目撃した場所は、群れのランデブーサイトだった。子どもたちが生まれた巣穴は、ランデブーサイトから東へ少し離れた森の中にあった。

ローズ・クリーク・パックの元のリーダーペアである10と9の間に生まれ、すでに成獣となったメスオオカミが、二月に8と交配した。若い母親となったこのナンバー18は、群れが一九九六年に作ったマムズ・リッジのそばの巣穴でひと腹の子オオカミを育てていたが、そこは、メスリーダーである9の現在の巣穴からは、道路を隔てて北に四・八キロ離れていた。しかもこの二つの巣穴を隔てる障害物は道路だけではなかった。ローズ・クリークのオオカミ一家はラマー川にも対処しなくてはならなかった。オオカミ・プロジェクトのスタッフは、出産間際に狩りに出かけたナンバー9が、ラマー川と道路を越えた南側にいるときに産気づいたのだろうと考えていた。もはや巣に戻る時間の余裕がなく、そのままそこで七頭の子を出産したのだろう、と。とはいえ、この二つの巣穴は、片方の巣にいるローズ・クリークのオオカミが、もう片方の巣にいる家族の遠吠えを聞いて、それに遠吠えで十分応えられる距離にはあった。

8と、九五年生まれのオスオオカミで唯一群れに残っていた21は、新しい巣で9の子育てを手伝っていた。21はちょうど二歳を過ぎたところで、人に換算すると二〇歳から二一歳といったところだった。21は、8と暮らしてすでに一八か月となり、この世に生《せい》を享《う》けてからのおよそ四分の三を8と一緒に暮らしているわけで、二頭は固い絆で結ばれていた。一九九六年に生まれた三頭の子オオカミは今では一歳児となり、マムズ・リッジの巣穴で、若い母オオカミとその子オオカミたちと共に暮らしていた。二つの巣穴の間に横たわる川は、雪解け水のせいで溢れかけており、オオカミが泳いで渡るのは危険だった。

じつは三つ目の巣穴が、スルー・クリークキャンプ場に面した道路のすぐ東側の、他の二つの巣穴から四・八キロ離れた場所にあった。ローズ・クリークの元のオスリーダーを父にもつもう一頭のメス、ナンバー19が、やはり8の子どもを身ごもり、その巣で四頭の子オオカミを産んだのだ。しかし出産後すぐに、母オオカミの首輪の発信機から、死亡モードの信号が届いた。オオカミ・プロジェクトのメンバーが四月一九日に母オオカミの遺体を発見し、他のオオカミに殺されたものと判断した。彼女の巣の近くでドルイド・パックの姿が目撃されていたことから、彼らが第一の容疑者とされた。

三日後、四頭の子オオカミも、餓死しているのが発見された。スルー・クリークの戦いのあと、ドルイド・パックは母オオカミのナンバー19のオスのきょうだいも殺していた。つまりドルイドのオオカミたちは、間接的、直接的を含めて、ローズ・クリークの六頭を死に追いやっていた。

8と21は、当初はこの三つの巣穴を回って、それぞれの巣の母オオカミのところに食糧を運んでいた。群れにとって、これは非常に効率の悪いやり方だった。19と彼女の子どもたちが死んでしまったあとも、二頭のオスはリトル・アメリカにある9の巣穴と、9の娘である18が暮らすマムズ・リッジ近くの巣穴を、交通量の多い道路を横断し、危険な水位の川を渡って、行き来しなくてはならなかった。

わたしが夏のイエローストーンに戻った初日、8と21がマムズ・リッジの巣穴の子オオカミのために肉を吐き戻しているのを見た。翌朝、二頭のオスはメスリーダー9の巣穴にいて、我先に群がる七頭の子オオカミたちに食べものをせがまれていた。21は立派な体格のオスに成長していた。養父の8よりずっと大きく、8のボディガードも務まりそうなほど頼もしく見えたが、それでも21は、8に対して下位のオオカミらしく振る舞っていた。21の忠誠心の強さは、引き取ってくれた人に対してずっと忠実であり続ける保護犬の姿を思い起こさせた。彼らは親切にされた恩を決して忘れないのだ。

「忠誠心」。その生涯を通して、21の特徴を言い表す言葉は変わらなかった。21の生物学上の父親が、囲い地から出たあと、二頭のメスが出てくるのを辛抱強く待ち続けていた姿をわたしは思い出した。今にも人が戻ってきて囲い地の中へ連れ戻されるかもしれないとわかっていたはずなのに。息子である21と同様、家族への忠誠心は、ナンバー10の個性でもあったのだ。

観察中にメスリーダーの9がやってきて、子どもたちと二頭のオスの輪に加わった。メスリーダーの黒色の毛並みには、加齢と出産によるストレスのせいか、今では無数の灰色の縞が入っていた。9がその場に横たわると、一頭の子オオカミがその背中によじ登った。やがて9と8はそろって森に姿を消し、子オオカミの全員がそのあとをついていった。森の外れの高みに大きな岩があるのが見えた。岩の下には動物の古巣がいくつかあって、そこは子オオカミの探検場であり、クマが来たときに身を隠す場所でもあった。その日ののちほど、わたしはその付近でハイイログマとアメリカクロクマの両方を目撃した。アメリカクロクマが近づいてきたときには、9が飛び出してきて追い払った。日暮れ近くには、子オオカミたちが、隊長の後ろを行進するボーイスカウトの男の子たちのように、21の後ろをついて行くのを見た。

クマとコヨーテは、子オオカミにとって常に脅威であり、大人のオオカミが対処すべきものだった。リンダ・サーストンと彼女の巣穴研究のスタッフは、巣穴を観察中に、アメリカクロクマが子オオカミまであと八メートルのところまで近づき、すんでのところで8が走り込んできてクマを木の上に追い詰めるのを見た。別のあるときには、三頭の子グマを連れた母クマを21が追い払った。巣穴のそばまでやってきた二頭のコヨーテを、9が追い払ったこともある。

ある日、9が子どもたちを連れて森から出てきたのを見た。9は横になると子どもたちに乳を与えた。しばらくして21が巣に戻ってくると、子オオカミたちは21に群がり、肉を吐き出してもらおうとした。しかしよく見ると、21にまとわりついている子オオカミは六頭しかいなかった。七頭目の黄褐色がかった灰色の毛色の子オオカミは、丘の上の大きな岩のそばにいて、そこから離れなかった。「あの子はなぜ他の兄弟たちのように下に降りて来ないのだろう?」とわたしは不思議に思った。21は寝そべって、一頭の子オオカミと根気よく遊んでやっていた。他の五頭も、食べものをもらい遊んでもらおうと21に走り寄ってきたが、21はふいに立ち上がり、どこかへ行ってしまった。六頭の子オオカミは自分たちだけで遊ぶことにして、21を放免した。その後、森の入り口に立ち、子どもたちの様子を見守っている21を見た。まるで、侵入者が来ないか見張っている警備員のようだった。

五月一七日の早朝、8と21が、ラマー・バレーで、仕留めたばかりの二頭の獲物の肉を貪っているのを見た。彼らは夜中に狩りに出かけ、二頭のエルクを仕留めたに違いなかった。わたしは、21が大きな肉の塊を巣穴のほうへ運んでいく様子を見ていた。8がその後ろを歩いていった。二頭の姿が見えなくなると、わたしは車で巣穴の近くに先回りし、肉を引きずってきた21の姿を見届けた。21は森に姿を消し、おそらく中では、子オオカミたちがくつろいでいると思われた。メスリーダーの9が、森の少し離れた場所から嬉しそうに尾を振って跳び出してきたと思うと、21が消えたあたりに入っていった。ほどなく、彼女は肉片をくわえて大岩の脇に現れ、息子のための肉を地面に下ろした。

六頭の子オオカミたちが森から駆けだしてきて、先に森を出ていた21の周りを嬉しそうに跳ね回った。黄褐色がかった毛色のあの七番目の子オオカミは、以前と同じように離れた場所に留まっていた。

病気か怪我をしているのかもしれない、とそのときは思ったが、あとになって、その子オオカミは歩行に問題があって、しょっちゅう転んでしまうことがわかった。自由に動けないから、だれもいない丘の上の大きな岩のそばで、他の兄弟や21の様子を眺めていたのだ。病気の子が、他の子どもたちが遊ぶのをじっと眺めているように。それから数分後、21は六頭の子オオカミのそばを離れて、七頭目の子オオカミがいる場所へ駆け上がった。21は、まるで年の離れた兄が小さな弟と一緒にいるように、しばらくその子オオカミの隣に座り、やがて他の家族の元に戻ってきた。心に深く染み入る光景だった。夜間に狩りをし、大きな肉の塊を巣穴まで運んだ21は、きっと疲れていたことだろう。次の狩りに備えて休む必要があったはずだ。それにもかかわらず、丘の上でひとりきりでいる子オオカミに気づくと、そこまで上っていってしばらく一緒に過ごしたのだ。

わたしは長年にわたり、講演などで数えきれないほど多くの人々にこの話を伝えてきた。そして話し終えるといつもこう質問してみる。あなたが子どもの頃、がっかりしたり、しょげた気分で家に帰ってくると、飼い犬が駆け寄ってきて、まるで悲しい気持ちをわかっているかのように、一緒に遊んでくれた経験はありませんか、と。するとほぼ全員が「ある」と答え、おかげで元気が出たでしょうという質問にもみなが頷いた。犬は悲しみや寂しさ、無視されたり体調が悪いときの気分をよく知っていて、飼い主のボディランゲージや表情から、その人がどんな気分かを見抜き、ただ一緒にいることによって癒やしてくれる。犬は人がもっとも助けを必要とするときに、その人の友人になりたいと考えるものなのだ。

このような犬の特性を素晴らしいと思う人は、その特性が犬の祖先の、たとえば21のようなオオカミから受け継がれたものであることを知っておくべきだ。21は、ひとりぼっちで過ごしていたあの子オオカミに気づき、その境遇を思いやり、そばに行った。孤独や病気に苦しむ子どもが、そばに来て一緒に過ごしてくれる一匹の犬によって元気づけられるのなら、あの子オオカミも、21が一緒に時を過ごしてくれたことによって勇気づけられたことだろう。

21があの足が不自由な子オオカミの所に向かう姿を見て、ある別の出来事を思い出した。ずっと以前の、まだイエローストーンでの仕事をはじめていなかったときのこと、「ミッション・ウルフ」という組織のケント・ウェバーとトレーシー・アン・ブルックスと組んで、共同説明会を開催したことがあった。彼らは、飼育下で生まれ、面倒を見られなくなったオオカミを保護することを目的とするコロラド州の非営利団体だ。説明会の冒頭、わたしがオオカミのスライドを見せ、その後ケントを紹介して、彼の団体のオオカミ保護区について話してもらった。イベントの最後を盛り上げるのは、彼らの保護区で保護されている、大勢の人の前に出られるほど人慣れしたオオカミの登場だ。観衆が見守るなか、革紐につながれたオオカミを連れて、ケントが会場を歩いて回った。

ある共同説明会が終わったあと、ケントはわたしに、彼が体験した感動的な出来事について話してくれた。ケントは小学校で講演することも多く、ときには五〇〇人もの子どもたちの前で話すことがあった。学校での講演会には、いつもラミという名の黒毛のメスオオカミを連れて行くことにしていた。ケントはいつも子どもたちに、席から離れないこと、立ち上がってオオカミに触ろうとしないこと、この二つを守るように伝えた。そして、ただしオオカミのほうから近づいてきたときには撫でてもいいよ、とつけ加えた。ケントがオオカミのラミを連れて講堂を歩いて回ると、ラミがときどきだれか一人を選んで近づいていき、その子に頭を撫でさせることがあった。

その理由が知りたくて、ケントは教師たちに、ラミが選んだ子どもは何か特別な事情を抱えているのですか、と聞いてみた。するとたいてい、その男の子または女の子は、しょっちゅう他の子から悪口を言われたり、いじめられたりしている子だ、という返事が返ってきた。ラミは彼らの苦しみを感じ取り、そばへ行って温かい触れ合いの時間を過ごすことを選んだのだ。ラミの行動は、その子たちを元気づけただけではなかった。ラミはそれを、学校中の生徒が見ている前で行なったので、その子たちはそれからもずっと学校内で一目置かれることになった。

オオカミのすぐれた共感力を示す逸話は他にもある。ワシントン州にある、飼育下で生まれたオオカミの保護区、「ウルフ・ヘブン」での出来事だ。泣いている赤ちゃんを連れたカップルが、オオカミの囲いに近づいていくと、檻の中で寝そべっていた一頭のメスオオカミがその泣き声を聞きつけた。メスは立ち上がり、隠してあった食べ物を掘り返すと、フェンスに近づき、肉片を赤ちゃんのほうにさし出したのだ。

21はその共感力をどのように身につけたのだろう？　おそらく8から受け継いだのだとわたしは考えている。21とその兄弟たちが、生後間もない最初の半年間をローズ・クリークの囲い地で過ごしていたとき、彼らの世界には父オオカミも他のどんな大人のオスオオカミもいなかった。そこへ8がやってきて、彼らと仲良くなり、父親になろうと申し出た。そのときからずっと、8は21にとって、オスらしい振る舞いを学ぶお手本だった。のちに、黄褐色の子オオカミが、他の兄弟たちと離れて過ごす様子に気づいた21は、8が自分たち兄弟にしてくれたのと同じように、その子を助けようとしたのだ。

わたしは長年、難病の子どもの夢の実現を手助けするボランティア団体「メイク・ア・ウィッシュ」からの、病気の子どもにオオカミを見せてやりたいという依頼を引き受けてきた。子どもたちが病を忘れて楽しいひとときを過ごすお手伝いができるその日は、わたしにとっていつも、その年最高の日だった。わたしがこのお手伝いをしているのは、あの日の21の行動を心に刻みつけておくためだ。

五月一七日の夕方、わたしは21があの大岩のそばで寝そべっているのを見た。そのとき、21がふいに跳ね起きて、巣穴に近づいてきた一頭のクマを追い払った。その後、8と21は六頭の子オオカミを連れてどこかへ行ってしまい、わたしが七頭目の子オオカミのほうに目をやると、丘の上をゆっくり歩き回っているのが見えた。動けるようになったのだとわかって、これはよい方向に向かいそうだと感じた。その後、21が今度はひとりでランデブーサイトを離れて、およそ一〇〇頭のエルクの群れを追いはじめた。21は一頭のメスに狙いを定め、だれの力も借りずに仕留めた。

21が巣穴に戻ってくると、六頭の子オオカミたちが駆け寄った。兄弟と離れて丘の上にいた子オオカミも、尻尾を振りながら、元気な足取りで丘を下りはじめた。子オオカミは倒木も乗り越えてきた。間もなく、七頭目の子オオカミは、21や他の兄弟たちと合流した。その様子を見守っていたわたしたち全員が歓喜した。七頭の子オオカミが21を取り囲み、やがて一頭が肉片をくわえてそこから走り出た。21が獲物の肉を飲み込み、大急ぎで子オオカミたちのところに帰ってきて、彼らのために肉を吐き戻してやったに違いなかった。翌朝、21は獲物のところに戻ると、桁外れの力を発揮して、子どもたちのために獲物の重い部位を運んで帰ってきた。

子オオカミたちは21と遊ぶのが大好きだった。21は、人間の家族にたとえるなら人気者のおじさんという役どころだった。21が横になると、子オオカミたちが我先に寄ってきて前足で顔を突いたり、口元を舐めたり、背中によじのぼったりした。21が立ち上がって歩き出すと、みなが走ってあとを追った。21は子どもたちをうるさがらず、温厚な態度で接した。

ある朝、21が急いで立ち上がり、しっぽを絶え間なく振りながら母オオカミの9のところへ駆けて行くのを見た。六頭の子オオカミが、走って21と母オオカミのところへ行き、あの丘の上の子オオカミも、足を引きずりながら丘を下りてきた。それに気づいた21が、急いでその子オオカミを迎えに行ったが、そのときも尾を振っていた。足を引きずっていた子オオカミは、ようやく母オオカミの9のところにたどり着き、子どもたち全員が五分ほど母オオカミの乳をもらった。黄褐色がかった毛色の子オオカミの体調が前よりよくなっているのは間違いなく、それは一つには21の励ましのおかげだとわたしは考えた。

わたしは、21のことがますます好きになっていった。21は、両親が作った新たな巣に留まり、子オオカミの養育を手助けした唯一の若いオオカミだった。クマを追い払い、単独で狩りに出かけ、繰り返し獲物を仕留めて子オオカミのために肉を持ち帰り、元気な子どもたちの遊び相手になり、病気の子には特別な気配りをした。後にユタ州立大学の教授となったダン・マクノルティを含むオオカミ・プロジェクトのスタッフが実施した、公園内でのオオカミの捕食に関する調査から、二歳のオオカミが、群れ一番のハンターとなる傾向があることが明らかになった。オオカミの身体能力が最高潮に達するのがその年齢である、という理由からだ。21はこのとき、ちょうど二歳だった。また彼はこの頃、リーダーペアがマーキングをした上に、足を上げて尿をかけるようになっていて、これもまた彼の成熟の証だった。

21とはたった一歳違いの、三歳になる8もまた、すぐれたハンターだった。ある朝、リンダの研究チームのスタッフが、8が北側にある18が子育てをしている巣穴のそばでエルクを仕留めるのを目撃した。8はその後川を泳いで渡り、道路を横切ると、9が子育てをしているリトル・アメリカの巣穴のそばで二頭目の獲物を仕留めた。リンダの巣穴研究のための観察を行なっていたケヴィン・ホネスは、21がメスエルクの後ろ足に噛みついている間に、8が喉に噛みついて仕留める様子を記録した。背の高いエルクは、喉に噛みついている8を地面から持ち上げたが、それでも8は離さなかった。やがてメスエルクは地面に崩れ落ちた。8は喉に噛みついたまま頭を左右に振り続け、その間に21がエルクの背中に噛みついた。それでもエルクが立ち上がろうとすると、今度は21が喉に噛みついてそのまま離さず、8がエルクを引き倒す手助けをした。二頭のオオカミが最初に接触してから五分後にエルクは動かなくなっていた。その後21は、獲物の選り抜きの部位を噛みちぎって、まっすぐ自分の母親の9のところまで運んでいった。

ある朝のこと、狩りを終えた8がリトル・アメリカの巣穴付近に戻ってきたのを見た。8の周囲に、あの黄褐色の子オオカミを含む七頭の子どもたちが群がった。六頭の子オオカミは、8が吐き出した肉をがっついていたが、七頭目の子オオカミは8の顔のところまで伸び上がり、自分も肉をもらおうとした。そこへ9がさらに肉をもって帰ってきた。子オオカミの何頭かは肉を食べ、それ以外のものは乳をもらった。その後、9が黄褐色の子オオカミの体を舐めているのを見た。この子のことは特別に気にかけているようだった。

五月二四日の夕方、リトル・アメリカの巣穴がある地区の北側を走る道路脇に、およそ二〇台の車が停まっていた。わたしは、もう三日も9と彼女の七頭の子オオカミを見ていなかった。ある観光客から、9が子オオカミを一頭連れて、道路を北から南へ横断し、さらに南の巣穴のほうへ向かうのを見た、という話を聞いた。9は数百メートル進んだところで立ち止まり、後ろを振り返った。観光客がそちらに目を向けると、道路の北側に、ほかにも何頭もの子オオカミが残っているのが見えた。子オオカミたちは、母オオカミと自分たちを隔てるたくさんの車と大勢の人々を見て、北側のもっと遠くに走って逃げていった。そして9は、遠吠えで子どもたちを呼び寄せようとしていた、とその人は言った。おそらく9は、子どもたちを群れの元の巣穴があるマムズ・リッジまで移動させようとしたが、道路を越えた先にあるラマー川を渡らせることができなかったので、再び子どもたちに道路を横断させ、リトル・アメリカの巣穴に戻るほかなくなったのだろう、とわたしは考えた。

わたしは、その場にいた他の多くの人々にも話を聞いてみた。みんな車を降りて、オオカミを探していた。いちばんの目当ては子オオカミだった。彼らは、自分たちが母オオカミと、道路の北側に取り残されている子オオカミたちのちょうど真ん中に陣取っていることに気づいていなかった。そのとき勤務中で、レンジャーのユニフォームを着ていたわたしは、オオカミ一家を助けるために何をすべきかを迅速に判断しなければならなかった。大切なのはオオカミの母子がまた一緒にいられるようにすることだった。

わたしは車を一台一台回って状況を説明し、母オオカミが子オオカミのところに戻れるように、母子を結ぶ最短ルートを遮《さえぎ》っている車を移動してもらえないだろうかと頼んでみた。すると話しかけた人すべてが事情をわかってくれて、すすんでその場を離れてくれた。わたしも車に乗ると、その場から移動した。観光客たちの素晴らしい対応に胸が熱くなった。彼らはみな、野生のオオカミが見たくてこの公園を訪れていたにもかかわらず、自分たちがそこに居るせいで、オオカミ母子がいつまでも再会できないと聞いて、オオカミを見る絶好のチャンスを諦めてくれた。彼らは、オオカミ一家の幸福は、オオカミを見たいという自分たちの思いよりもずっと重要だと考えたのだ。

その後、9が何頭かの子オオカミと一緒に道路の北側にいて、ラマー・バレーの方向に向かっていたという報告を受けた。９が、ローズ・クリークの他のメンバーが拠点とするマムズ・リッジの巣穴に、子どもたちを連れて行こうとしていた、というわたしの推測はどうやら当たっていたようだった。しかし、その先に待ち受ける川は、道路よりはるかに厄介な障害物だった。前の冬の記録的な積雪が溶け、川の水位が上がり、危険なほど流れが速くなっていた。いずれにしても、９が子オオカミを連れて渡れる安全な場所を見つけるのは、至難の業だったろう。

その二日後、９が川の北側にあるマムズ・リッジの巣穴から西に数キロ離れた場所にいるのを見つけた。彼女は８と21を含むローズ・クリークの大人のオオカミ五頭と共にいた。９が子オオカミたちを川の手前に置き去りにして、自分だけ川を渡ってきたのは間違いなかった。六頭の大人のオオカミは、エルクの群れを追いかけていた。そのとき、一頭のメスエルクが走るのをやめて追ってくるオオカミを振り返り、そのまま動かなくなった。しかし先頭のオオカミがすぐそばまで迫ると、メスエルクは慌てて逃げ出し、オオカミたちがあとを追った。おそらくそのメスは何か不調を抱えていたのだろう。オオカミたちはすぐにエスメルクに追いつき、しばらく並走してから跳び上がってメスエルクに噛みつくことができたからだ。エルクとオオカミたちはそのまま小山の向こうに姿を消し、どうやらオオカミたちはそこでエルクにとどめを刺したようだった。

その日ののちほど、わたしはオオカミ・プロジェクトのボランティアスタッフのジェイソン・ウィルソンと話をした。その朝、マムズ・リッジに上って北側の巣穴を観察していた彼は、９が巣穴に戻ってきたのを見ていた。その日、ローズ・クリーク・パックの狩りの指揮を執っていたのは９で、出産したばかりの若い母オオカミ、ナンバー18を除く群れのすべての大人が、9と共に西へ狩りに出かけていた。わたしが目撃した、群れがメスエルクを追う姿はそれだったのだ。ジェイソンは、その日遅くにマムズ・リッジの巣穴に帰ってきたオオカミたちの様子を観察していた。9と18、二頭の母オオカミは、18が産んだ子オオカミを一頭ずつ口でくわえて、一・六キロほど離れた新しくつくった巣穴へと運んだ。のちにも、巣作りの時期に母オオカミが同じような行動をとるのを見たことがあったが、たいていの場合彼らがそうする理由はわからなかった。もしかすると、巣穴が崩れかけていたとか、そのあたりにハイイログマがしょっちゅうやってくるとか、元の巣穴のまわりから餌動物が移動してしまった、といった理由だったのかもしれない。

翌朝、9がリトル・アメリカの巣穴の近くに戻っているのを見た。その四日後には、9が黒毛の子オオカミと、黄褐色の子オオカミ合わせて二頭を連れて、再び道路を北側へと渡ろうとしているのを見た、という知らせを受けた。母オオカミの9は無事に道路を渡ったが、子オオカミたちは、観光客らが車を停めても尻込みして渡ろうとしなかった。9は再び道路を渡って子どもたちのところへ戻り、二頭と連れ立って南側の森へ入っていった。六月の半ばに、三頭の子オオカミが道路の北側にいるのが目撃されたが、おそらく残りの四頭はまだ南側にいると思われた。母オオカミが、道路を渡った三頭に川を渡るよう促す様子が何度も見られたが、子どもたちはいつも二の足を踏んだ。しかし子オオカミは正しい選択をしたとわたしは思った。川に入っていれば、間違いなく速い流れに流されてしまっただろうから。六月一七日、リンダの巣穴研究のスタッフが受信した8と21の信号から、彼らが道路の北側で、速い流れに命がけで飛び込むのを拒否した子オオカミたちと一緒にいるのがわかった。

このときすでに、9はリトル・アメリカの巣穴を捨てて、マムズ・リッジの巣穴に生活の拠点を移していたようだった。リンダの修士論文には、9が毎日のようにマムズ・リッジの巣穴を出て川を渡り、道路と川の間で立ち往生している子どもたちのところに通っていたことが記載されていた。ときには、他の大人のオオカミが9と一緒に行くこともあった。子どもたちの元を訪れたあとは、9は再び川を泳いで渡って北側の巣穴に戻った。子オオカミたちも9のあとをついて来たが、9が川に入るといつも引き返していった。その後、子どもたちの居場所のそばでエルクの死骸が発見され、おそらく子どもたちはそれで腹を満たしていたのだと思われた。

数週間後には、川べりで子オオカミの姿を見かけなくなり、9が川を渡って行き来することもなくなった。のちになって、一頭の子オオカミの遺骸が川辺で見つかったが、死因は特定できなかった。ローズ・クリーク・パックの主たる巣穴であるマムズ・リッジの子オオカミの頭数は、一番多いときは一一頭だったが、二頭が失われ、六月の終わりには九頭となった。生き残った子オオカミのなかに、9の子が含まれているかどうかはわからなかった。21が気にかけていたあの黄褐色の子オオカミがその後どうなったのかについても、もちろんだれにもわからなかった。

その春、オオカミ・プロジェクトのスタッフに異動があった。マイク・フィリップスがプロジェクトを離れて、テッド・ターナーが創設したターナー絶滅危惧種保全基金の理事長に就任し、ダグ・スミスがオオカミ・プロジェクトのプロジェクト・リーダーの職務を引き継いだ。

第13章　オオカミの子育て

一九九七年には、ドルイド・パックにもたくさんの子オオカミが生まれた。群れに三頭いた若いメスのうちの二頭が出産したのだ。ローズ・クリーク・パックとは違って、ドルイドの子どもたちは全員が同じ巣穴で育ち、巣穴は、地元ではフットブリッジ駐車場、ヒッチングポスト駐車場と呼ばれていた二つの駐車場の北側の、樹木に覆われた丘にあった。群れの名前の由来であるドルイド山頂《ピーク》は、その丘を登った先にあった。

五月二二日に、わたしはその年はじめてナンバー39の姿を見た。39はドルイド・パックの初代メスリーダーだったが、実の娘である灰色の毛色のナンバー40によって群れから追い出されたのだ。39は群れを離れてひとりで長らく北へ旅していたが、五月の初旬に群れに戻っていた。リンダ・サーストンは、39が娘の子どもの世話をしていたと記録している。わたしは、40の二頭の黒毛の姉妹のうち、より下位のナンバー41を、巣穴エリアの南側で見かけた。彼女の乳首には腫れがあって、授乳中であることを示していた。わたしの知る限りでは、このときのドルイド・パックのメス四頭は仲良くやっていた。少なくとも、そろってムースの死骸を貪る様子を見る限りではそう見えた。

群れの新たなメスリーダーとなったナンバー40は、一年近く姿を消していた自分の母親が戻ってきたことを、問題視していない様子だった。彼女こそ母親を追い出した張本人だというのに。40は、子どもたちに十分な食糧を与えて育てるために、一家は今あらゆる手助けを必要としているとわかっていたのかもしれない。当の39のほうも、群れで最年長のメスで、三頭の姉妹の母親であるにもかかわらず、現在は群れのメスの最下位の地位にいることを受け入れているようだった。

六月末に、ダイアゴナル・メドウと呼ばれる草地に出てきたドルイドの子オオカミたちをようやく確認できた。黒毛が三頭、灰色が二頭だった。その後の遺伝子検査から、子オオカミたちは41と42の子どもで、メスリーダーの40の子どもではないことが判明した。40とオスリーダーの38との交配が観察されていたが、出産には至らなかったのだ。下位の姉妹二頭には子どもがいるのに、自分には子どもがいないという現実に、40はどのように向き合っているのだろう、とわたしは彼女の気持ちを思いやった。

わたしはよく、フットブリッジ駐車場を出て、デッド・パピー・ヒルと呼ばれる丘へ徒歩で上った。一九九五年の夏にクリスタル・クリーク・パックがコヨーテの巣穴を掘り返し、生まれたばかりの子コヨーテを何頭か殺して以来、わたしたちはこの丘をそう呼んでいた。この丘からは、ドルイドの巣穴周辺、とくに巣穴のある森と道路の間に広がる湿地の様子をよく見渡すことができた。子オオカミたちは、七月のはじめにこの湿地を見つけ、以来何度もここに遊びに来ていた。彼らがハタネズミの狩り方を覚えて、食糧を自分で捕れるようになったのもここだった。

子オオカミたちは、ネズミ狩りに熱中しすぎるあまり、ときには、エルクの肉を吐き戻して与えるためにやってきた大人のオオカミに気づかないことさえあった。子どもたちは、ネズミが草の間を走るカサコソという音に耳をすまし、不意に跳びかかって両方の前足で押さえつける技を身につけた。いつもではなかったが、かなりの頻度で子オオカミはネズミを捕まえると食べてしまった。お腹がいっぱいだったり、狩りに飽きたりしたときは、ネズミ狩りはやめて、子ども同士一緒に遊んだ。大人のオオカミは、湿地を見下ろす丘の上でくつろぎながら、下で遊ぶ子どもたちの様子を見守った。祖母の39は、ほとんどの時間を孫たちの見守りに費やし、ネズミ狩りに夢中の孫たちのあとをついて回った。まるで彼らの狩りの腕前を見定めようとしているかのようだった。

この年の夏は、午前中にドルイドの子オオカミを観察したあと、午後はサウス・ビュートに移動してレオポルドの子オオカミを観察することが多かった。レオポルド・パックのリーダーペア、8の兄弟に当たるナンバー2とかつてローズ・クリーク・パックにいたメスのナンバー7には、五頭の子オオカミが生まれ、一家はあいかわらずじゃれ合って仲良く暮らしていた。二つの群れの観察を並行して行なうのはくたびれたが、またとない機会を逃す気にはなれなかった。

七月一〇日の朝、ドルイドの子オオカミたちに危険が迫り、大人たちが協力して子どもたちの安全を守る様子を観察できた。その朝、わたしはダイアゴナル・メドウに五頭の子オオカミと四頭の大人のオオカミがいるのを見つけた。やがて祖母の39が道路のほうへ下りていき、リーダーペアと子どもたちがそのあとをついていった。三頭の大人のオオカミは道路を渡って南に進んだ。しかし、アスファルトが放つ奇妙な匂いに気を取られた子オオカミたちは、道路上に留まったまま行ったり来たりしていた。リーダーペアが、はるか南のソーダ・ビュート・クリークまで進んでいるのが見えた。彼らは振り返り、子どもたちが道路上をウロウロしているのに気づくと、大急ぎで戻ってきた。幸い車は一台も来なかった。

オスリーダーの38が駆けつけたとき、子どもたちはまだ道路上にいた。賢明なことに、38はあえて何の声掛けもせずに子どもたちの横を通り過ぎ、丘を上ってダイアゴナル・メドウに戻った。子オオカミはみな38のあとに続いた。40は子オオカミ全員がそこを離れるまで道路上にいて、そのあとみなを追って斜面を上った。祖母の39も駆け戻り、子どもたちの後ろをついて上った。子オオカミのうちの何頭かの母である41は、他の大人たちと一緒に行動せずに丘に残っていて、斜面の上でみなを待っていた。子どもたちが他の大人と共に戻ってくると、41は子どもたちを連れてさらに上方の、道路から遠く離れた場所へと移動した。大人たちが力を合わせて子どもたちを危機から救い出したのを見て、わたしはとても感動した。

その後の数週間をかけて、大人のオオカミたちは、道路を渡らなくて済むルートを選んで、子どもたちを巣穴から遠くへ、遠くへと連れていった。八月の初めには、五頭の子オオカミたちは、大人たちに連れられて、巣穴から西へ五キロも離れたローズ・クリークにたどり着いた。ローズ・クリーク・パックが入っていた馴化用囲い地はまだ残っていた。その後、ドルイドの一家は、巣穴のある森とこのローズ・クリーク流域を何度も行ったり来たりした。一家はまた、この流域を見下ろすようにそびえる山の尾根も探検して歩いた。

八月半ばのある日、39が群れを引き連れて巣穴から下の道路に下りてきた。まず大人たちが道路を渡ると、前回見たときとは違い、今回は子どもたちも小走りであとに続いた。わたしたちは、三頭の大人のメスオオカミたちが浅い川を歩いて渡ってそのまま南に向かうのを見た。一頭の子オオカミが川を渡ったが、あとの四頭は尻込みし、道路と小川の間で立ち往生してしまった。川を渡った子オオカミは間もなくデッド・パピー・ヒルの高みに到着し、そこで遠吠えをはじめた。川の北側に残った四頭の子オオカミも、遠吠えを返して川べりまで走ったものの、水に足を踏み入れることができず、再び元いた北へと走り去った。

大きなオスリーダーの38が、トラブルに気づいて川の北側に戻ってきた。38はまず肉を吐き戻して慎重派の四頭の子オオカミに与え、食べ終わるのを待ってから子どもたちを川岸まで誘導すると、先に流れを歩いて渡った。子オオカミのうちの一頭が歩いて川を渡り、父親のいる南側の岸にたどり着いた。残った三頭の子オオカミたちは、北側の川べりで心細げに鼻を鳴らしている。父オオカミがさらに南へ進むと、残った三頭も恐怖心を抑えて川を渡り、父に追いついた。渡り終えた子オオカミたちは恐ろしい体験のことなどすっかり忘れて、じゃれ合って遊んでいた。

ドルイドの子オオカミたちが、道路や川を渡ろうとして問題が起きたのはこれで二度目だった。どちらの場合も38が子どもたちを安全に誘導した。こうした問題を解決することにかけては、38は群れのメンバーのだれよりも高い能力をもっているようで、二頭の母親たちさえ彼には及ばないようだった。38は静かな自信をみなぎらせていて、子どもたちも38についていけば大丈夫だと信じることができたのだ。わたしは、クリスタル・クリーク・パックやローズ・クリーク・パックの襲撃に関わったことを理由にずっと嫌っていたはずのオスリーダーの、尊敬すべき新たな側面を知りつつあった。

無事に川を渡った子オオカミたちは、先頭に立って南へ進んでいった。見知らぬ土地を探索するのが楽しくてしょうがないのだ。彼らはすぐに、遠吠えで兄弟を呼び寄せようとした五頭目の子オオカミが待つ場所にたどり着いた。子オオカミたちはそのまま先へと進み、その後ろをオスリーダーがついていく。間もなく、南側にいた大人のメスが群れに合流。群れは最終的に、ノリス山の西側、ヒッチングポスト駐車場の南に落ち着いた。子オオカミたちは周辺を探索して回り、そこが気に入ったようだった。わたしたちはこの場所をノリス・ランデブーサイトと呼ぶことにした。

その二日後、ドルイドの大人のオオカミの何頭かを、ランデブーサイトから西へ二一キロ離れた、リトル・アメリカにあるローズ・クリーク・パックの巣穴付近で目撃した。彼らはすぐにそこを離れ、ラマー・バレーの南端にそびえる、標高およそ九〇〇〇メートルの尾根、スペースメン・リッジの頂上に向かった。その翌日、わたしはリトル・アメリカの巣穴近辺で21の電波信号を受信した。やがてその信号から、21がドルイド・パックの臭跡を追ってスペースメン・リッジの尾根を上り、越えていったことがわかった。ふつうは、オオカミがたった一頭で敵対する群れの、それも過去に自分の兄弟を二頭も殺した敵の臭跡を追うのは危険なことだ。しかし大きな体と強い力をもつ大人に成長した21なら、自分の身を守れそうに見えた。おそらく彼はドルイドのメスオオカミの品定めをし、そのうちの一頭を群れから連れ出してつがいになるつもりだったのだろう。

8月の終わりに、ドルイドの大人たちは子どもたちを連れて西へと移動し、のちにカルセドニー・クリーク・ランデブーサイトと呼ぶことになる場所に落ち着いた。この場所にたどり着くには、子オオカミたちにラマー川を渡らせる必要があった。道中、大人のオオカミの大半が、手のかかる子どもたちのずっと先を歩いていたが、39はあとに残り、群れの臭跡をたどって進む子どもたちと一緒に進んだ。子オオカミたちはこの土地が格別に気に入ったようだった。ここには探検するのにぴったりの、トンネルのようなコヨーテの巣穴がたくさんあったからだ。

この夏のレオポルド・パックは、それまで観察してきたどんな群れよりも、くつろいで過ごしているように見えた。わたしはそれより数か月前の六月二三日に、彼らを探すために、その年初めてサウス・ビュートに徒歩で登ったときのことを思い起こした。あのとき、母オオカミの7が生まれたばかりの五頭の子オオカミと一緒に横になっているのを見た。灰色の毛色の二頭の一歳児もそこにいた。

その後、オスリーダーのナンバー2と、前年の秋に、子オオカミだったにもかかわらずエルク狩りを手伝ってわたしを驚かせた黒毛の一歳児の姿も見た。休息を終えると、レオポルド・パックのオオカミたちは立ち上がって移動しはじめた。オスリーダーが、ひとりで楽しげに跳ね回り、その拍子に毛が空中に舞い上がるのが見えた。その光景は、一九九五年に彼がクリスタル・クリークの兄弟たちとラマー・バレーではしゃいでいたときとなんら変わらなかった。今やオスリーダーの2は、大勢の家族を率いて重大な責任を負っていたが、相変わらず遊ぶのも大好きで、たとえひとり遊びでもよかったのだ。

しばらくすると、レオポルドのリーダーペアが小さな谷に入り込み、姿が見えなくなった。しかしメスエルクと子エルクの、合わせて七五頭の群れがやって来ると、谷からメスリーダーの7が走り出て、群れに襲いかかった。7は足の遅い子エルクに狙いを定めたが、数頭のメスエルクがそれを遮った。そこへオスリーダーの2が駆けつけ、リーダーペアは、群れから遅れはじめていた別の子エルクの背後に迫った。二頭は子エルクを仕留めた。獲物を貪ったあと、彼らは再び足の遅い子エルクを追いかけたが、三頭のメスエルクに追い払われた。そこへ黒毛の一歳児が走ってきて、オスリーダーの2と一緒に別の子エルクに狙いをつけた。子エルクが群れからさらに遅れたところで2が追いついて跳びかかった。

レオポルド・パックのリーダーペアは、子どもたちに食べさせるために懸命に働いた。獲物を仕留めたあとも、横取りしようとするアメリカクロクマに立ち向かわねばならないことがよくあった。ある日のこと、自分たちが仕留めた獲物を狙いに来たアメリカクロクマを、リーダーペアが追い払って木の上に追い詰めるのを見た。木の上から見下ろすクマを、オスリーダーの2が、尾をさかんに振りながら睨みつけていた。2がいなくなると、アメリカクロクマは木の幹を下りはじめた。しかし2が駆け戻ってきたので、クマは再び木の上に逃げた。2は跳び上がって両方の前足を木の幹にかけ、クマが下りて来られないようにした。クマはそのあと三回も木から下りようとしたが、その度に2が跳び上がりクマの尻を噛もうとした。クマはやっとのことで地面に下りてくると、ナンバー2に突進して追い払ったが、その後2が向き直ってクマを追いはじめた。そこへメスリーダーの7も駆けつけて二頭はそろってクマを追いかけた。クマは7のほうに向き直り、前足で殴りかかろうとしたが外してしまった。クマは苛立ち、別の木に上ってオオカミが立ち去るのを待った。

　のちほど、メスリーダーの7が子エルクの肉を口にくわえて子どもたちのところに運ぶのを見た。わたしがオスリーダーの2のほうを振り返ると、2とさっきのアメリカクロクマが、子エルクの死骸を前に睨み合っているところだった。クマは死骸をかっさらって逃走し、地面に置いて食べはじめた。しかし2は死骸を取り戻し、二度とクマに奪われることはなかった。もしも、相手がアメリカクロクマではなく、より大きなハイイログマだったら、2はもっと苦労し危険な目に遭っていたことだろう。このあと2は子どもたちのところに行き、子エルクの肉を吐き戻してやった。別の日には、群れの一歳児が肉を吐き戻して子オオカミに与えるのを見た。一歳児らが日常的にそうしているのなら、両親はおおいに助かったことだろう。

リンダの研究チームは、一九九七年にレオポルド、ローズ・クリーク、ドルイドの三つの群れの巣穴の調査を行なった。翌年には、三つの群れに加えてチーフ・ジョセフ・パックの巣穴の観察も実施した。彼女の修士論文には、群れの両親だけではなく、巣穴やランデブーサイトで子どもたちの世話を手伝った群れのメンバーについての網羅的な記録がある。そこには、年長の兄弟姉妹たち、おば、おじ、祖父母、それに群れに加わることを許された血縁のないオオカミたちも含まれていた。こうした多世代にわたる拡大家族が協力して子育てを行なうことを共同繁殖と呼ぶ。イギリスのケンブリッジ大学の研究者、ディーター・ルーカス、ティム・クラットン＝ブロックの両氏によると、このような活動が見られる種は、哺乳類の一パーセントにも満たない。

リンダは、オオカミの一歳児や若いオオカミは「子オオカミに夢中である」と記した。彼らは子オオカミに餌を与え、じゃれ合い、愛情を込めて舐めてやり、捕食者から守る手伝いをする。リンダは、複数の一歳児が子オオカミたちを巣穴へと誘導し、中に運び込む様子を観察した。一歳児と子オオカミのこうした交流のすべてが、子オオカミの社会性を育み、彼らを家族の一員とするのだ。

リンダの論文には共同授乳に関する記述もあるが、これは一つの群れに少なくとも二頭の母オオカミがいる場合に生じる。どちらの母オオカミも、実子であるかどうかにかかわらず、自分の所に来た子どもに乳を与える。二年間の調査期間中、リンダは子どもを産んでいないメスが子オオカミに授乳する様子を一度も見なかったが、犬や飼育下にあるオオカミはそのような行動をとると報告されている。リンダの調査のボランティアスタッフで、「ミッション・コロラドウルフ」で飼育下のオオカミの世話を三〇年間担当してきたトレーシー・アン・ブルックスは、ある年の春、こんな話を教えてくれた。繁殖期に一度もオスと一緒にいなかった大人のメスの姉妹二頭に妊娠の兆候が表れたというのである。トレーシーが二頭を詳しく調べたところ二頭とも乳首に腫れがあり、母乳を分泌していた。これらの症状は偽妊娠《ぎにんしん》を意味していた。もしもこのとき、同じ飼育下に本当に妊娠中のメスがいたなら、この姉妹は生まれてくる子どもたちへの授乳を手伝うことができただろう。つまり、野生のオオカミの場合も同じことが起こりうるということだ。

オオカミの群れでは、巣の共有が行なわれることもある。二頭かそれ以上の母オオカミと子どもたちが、一つの巣穴を分け合うのだ。一九九七年には、ドルイドの母オオカミ41と42が、姉妹で同じ巣穴を使っていた。ローズ・クリーク・パックでも、一九九八年にメスリーダーの9とその娘が同じように巣穴を共有していた。一九九七年のドルイド・パックの巣穴には親以外の子育て支援者が三頭いた。祖母の39、子どもたちのおばに当たる40、そしてあとから群れに加わった若いオスの31である。子オオカミにとって、31はおじのような存在だった。五頭の子どもたちは全員生き延び、一歳となった翌年の春には、新たに誕生した子オオカミたちの世話を手伝うほど成長していた。

リンダの指導教官のジェーン・パッカードは、かつてオオカミの子どもの発達を三つの段階に分けて説明した。授乳期（生後一～五週）、離乳期（離乳し、徐々に固形の食物を食べるようになる生後五～一〇週）、断乳期（固形の食物だけを食べる生後一一週以降）。母オオカミは、最初の授乳期には、群れの他のメンバーに食べものを届けてもらい、続く二つの時期には、自分と子どもたちのためにより多くの食べものを彼らに運んでもらう必要がある。

オオカミは通常、生後二二か月で性的に成熟するため、一歳のときに両親を手伝って子どもたちの面倒をみることは、若いオオカミが大人になる準備をするのに絶好のタイミングである。一歳児のオスやメスにとって、子どもたちの世話をすることは、長い目で見ると彼ら自身のためにもなる。そのとき学んだことを、のちに自分が親になったときに活かせるからだ。つまり一歳児は、両親の下で見習いとして子どもの世話や食べものの与え方を実地に学ぶことで、初めて子どもをもったときに困らないようにしているのだ。

リンダの論文を読んだあと、わたしは、自分が長年続けてきたオオカミの巣穴観察のことを思い返した。数え切れないほど見てきた、若いオオカミが母オオカミと子どもたちのために肉を運んだり、吐き戻したりする光景は、オンラインで注文された食料品の包みを各家庭に配達するトラック・ドライバーを連想させた。オオカミは、人類よりもずっと以前に宅配システムを生み出していたのだ。これは群れのどのメンバーにとっても、ウィン－ウィン－ウィンのシステムだ。母オオカミは一歳児に食べものを届けてもらい育児を手伝ってもらって助かる、子オオカミたちは食べものと保護を与えられる、そして若い一歳児は子育てを実地に学べる。

若いオスのほとんどは、両親の子育てを一年間手伝ったあと群れを離れる。しかし21は、二年にわたり（一九九六年と一九九七年）子育てを手伝ったから、いざ独り立ちするときには実に豊富な子育ての経験をもっていた。また彼は、子どもの世話についてほかの多くのオオカミより一年間余分に学んだだけでなく、義理の父である8の下で学んだ期間も同じだけ長かったので、どうやらそれがこの二頭の絆を深めることにつながったようだった。

その夏の仕事は九月の第一週で終了したため、わたしはタワー・ジャンクションに停めた国立公園局のトレーラーを出なくてはならなかった。そこでわたしは、公園の北東入り口を出たところにある人口二〇人のシルバー・ゲートという町で小さな丸木小屋を借り、秋中そこで暮らした。元々この小屋は、一クラスしかない地元の学校の校舎として使われていたものだった。わたしは引き続きオオカミ・プロジェクトのボランティアとして、毎朝オオカミ観察に出かけて行動観察を行ない、家に戻ってから、その日見たことを所定の用紙に書き込んだ。振り返ってみると、その秋はたくさんのものを見ることができた。

第14章　イエローストーンのロミオとジュリエット

ドルイド・パックとローズ・クリーク・パックは一九九七年の九月の初めにラマー・バレーを離れて高地へ行ってしまった。彼らの餌動物であるエルクの大半が、よりよい餌場を求めてそこへ移動したからで、おかげでわたしたちは、どちらの群れも観察できなくなった。わたしは、九日間公園を離れたあと、九月一五日に野外調査の現場に戻った。その日、わたしはクリスタル・クリークの囲い地付近で8と21、それに二頭の子オオカミを見た。クリスタル・クリークの囲い地は、家族と共にカナダから移送されてきた8が最初に暮らした場所で、今はローズ・クリーク・パックの縄張りとなっていた。子オオカミと21は8に服従を示す挨拶をした。その後、8が縄張りを示すために足を上げて排尿し、さらに21が同じ場所に尿をかけて、オスーオスの二重のマーキングをした。ローズ・クリーク・パックはさらに東へ進み、のちに確認した電波信号から、彼らがラマー・バレーのイエローストーントーン・インスティテュートの南側の地域にいることがわかった。そこはドルイドの縄張りだった。

ドルイド・パックがラマー・バレーに戻ってきたのは九月一八日で、その日に子オオカミと大人のオオカミを合わせた一一頭すべてを、カルセドニー・クリークのランデブーサイトで確認した。ナンバー40が先導して、群れは西へ向かっていた。彼らは、自分たちの縄張りの中の、ローズ・クリーク・パックが三日前に居た場所を通過してきており、ローズ・クリーク・パックの臭跡に気づいているに違いなかった。おそらくドルイドは、その臭跡を追ってきて、クリスタル・クリークの囲い地に近いローズ・クリークの縄張りにたどり着いたのだと思われ、そこには数日前に8と21が足を上げて排尿したマーキングの跡が残っていた。ドルイドのリーダーペアは、その付近のあちこちにオス－メスによる二重のマーキングを残した。ギャングの一団が、敵対するギャングの縄張りのあちこちに、自分たちの名前をスプレーで吹きつけていくようなものだった。

ドルイドの四頭――リーダーペア、若いオスの31、42――は、地面の一点を強い力で何度も引っ掻いて、ローズ・クリークの縄張りへの侵入の証拠をよりはっきり残そうとした。その後ドルイドはさらに西へ進み、ローズ・クリーク・パックの本拠地に入り込んだ。リトル・アメリカにあるローズ・クリークの巣穴近辺を探索したドルイドは、今度は東へ戻ってクリスタル・クリークの囲い地付近の、8と21が二重にマーキングした場所のそばに留まった。一〇月の初めにも、ドルイドは再びローズ・クリークの縄張りに侵入し、そのときもリトル・アメリカの巣穴付近を訪れて、大量のマーキングを残した。

ローズ・クリーク・パックのマーキング、なかでも序列二位のオスである21の臭跡に気づいたとき、ドルイドのオオカミたちは何を考えたのだろう？　またドルイドの臭跡に気づいたとき、21は何を考えたのか？　ドルイド・パックの序列二位のメスである42は、群れの遠征旅行にいつも参加していた。ドルイドの臭跡を追うローズ・クリークのメンバーのだれもが、42の臭跡や地面を引っ掻いた跡に気づいたことだろう。オオカミは別のオオカミの臭跡を調べることによって、そのオオカミに関する多くの情報を得ている。ドルイドのリーダーペアによる二重のマーキング跡を嗅いだとき、おそらく21は、二頭の群れでの地位を知っただろう。序列二位のメスである42が、しゃがんで排尿した臭跡は、メスリーダーのものとは異なる匂いがしたはずで、きっと21は42が下位の大人のメスだとわかっただろう。42もまた、8と21によるオス－オスの二重のマーキングを嗅いだとき、ローズ・クリーク・パックにはリーダーに次ぐ地位の大人のオスがいるとわかったのではないかと思う。互いの匂いを繰り返し嗅ぐうちに、二頭はよいパートナーが見つかりそうだと考えはじめたのかもしれない。

もしも21と42が、どちらも群れを離れて単独で暮らしていて出会ったのなら、自分たちが決めた縄張りで新たな群れを作ることができただろう。彼らは二月に交配し、四月には子どもが生まれたことだろう。42にとっては、気難しいメスのきょうだいから離れられる絶好の機会ともなっただろう。しかしこの二つの群れは敵対関係にあり、過去にも戦った経緯があった。それらすべてを考えると、今はじまろうとしている二人の物語は、敵対する二つの家出身の若い男女が恋におちるシェイクスピアの戯曲に、とてもよく似ていると思われた。主人公であるロミオとジュリエットにとって、物語の結末は望ましいものではなかった。

もしも21が群れを離れ、42を探してひとりでドルイドの縄張りに深く入っていったとしたらどうなっただろう？　ドルイドの二頭の大人のオスが21に襲いかかり、殺そうとする様子が思い浮かんだ。またもしも42が、メスのきょうだいの攻撃にはもう耐えられないと意を決して、群れを離れて21を探しに行ったとしたらどうなっただろう？　きっと、ローズ・クリークの他のメンバーは、42を自分たちの家族を二頭も殺した敵の群れの仲間だと見なし、彼女を殺そうとするだろう。ロミオはモンタギュー家の人間で、ジュリエットはキャピュレット家の人間だった。21はローズ・クリーク・パックの一員で42はドルイド・パックの一員だった。この二つの物語はとてもよく似ていた。シェイクスピアの戯曲は、恋人たちが死んでしまう悲劇で、ハッピーエンドが約束されているロマンティック・コメディではなかった。21と42の物語はどんな展開になるのだろう？

秋の終わりに、39を除くドルイドの一〇頭が、ラマー・バレーの南側でくつろいでいた。そのとき、何らかの理由で、巨体のオスリーダーが跳ね起きた。他の大人たちも同様に跳ね起きた。群れは一斉に西の方角を見据えたあと、そちらに向かって走り出した。その後立ち止まると、西を見つめたまま遠吠えをした。子オオカミたちが不安げに鼻を鳴らした。他の群れが遠吠えを返す声が聞こえた。電波信号から、そちらにはローズ・クリークのリーダーペアと21がいることがわかった。二つの群れはその後しばらく遠吠えのやり取りをした。わたしは車で西へ向かい、道路の北側、ドルイドのオオカミたちから北西に四・八キロ離れた場所に、ローズ・クリークの一一頭がいるのを確認した。彼らはドルイドがいる方向を見ながら遠吠えをしていた。敵対するこの二つの群れの戦力は、一〇対一一、とほぼ互角だった。

やがて、ローズ・クリーク・パックは北側の高みに向かった。しかしそれほど遠くまで行かないうちに立ち止まり、再びドルイドのいる方向に向かって遠吠えをした。しばらくすると、ローズ・クリーク・パックは落ち着いた様子でさらに北へと進み、やがて見えなくなった。わたしが東側に目をやると、ドルイド・パックもまた撤退していた。この日の遠吠え合戦は三〇分間続き、その間に、二つの群れの遠吠えのやり取りは一一回行なわれた。この争いは引き分けに終わった。どうやらどちらの群れも、互角と思われる勝負に危険を冒して打って出る気になれなかったようだ。それに、どちらの群れも子オオカミを連れていた。大人のオオカミたちは、戦いの最中に子オオカミを敵に殺される危険性があることもわかっていたのだろう。

ドルイド・パックがローズ・クリーク・パックに向かって遠吠えをし、ローズ・クリーク・パックが遠吠えを返したとき、21と42はまたもやお互いの存在に気づくことになった。数か月後には、オスメス共に繁殖にかかわるホルモンの分泌がピークに達する。そのときには21はほぼ三歳となる。オオカミ・プロジェクトが算出したイエローストーンのオオカミの平均寿命はたかだか五、六年だ。21は急いでパートナーとなるメスを見つけて子どもをもつ必要があった。

季節が進むにつれて、わたしはドルイドのメスの間に見られる暴力がますます増えているのに気づいた。祖母の39は、群れの仲間と離れて眠ることが多かった。そんなある日、39の尻に血がにじむ噛み痕を見つけた。どうやら、彼女の娘で、非常に暴力的な40の仕業だと思われた。39は、片方の耳にも傷を負っていた。40より下位の黒毛の姉妹のどちらかが近づいてきたときも、39は怯えた様子で走って逃げた。群れはこのとき、近くで獲物を仕留めてきたばかりだった。白い毛色のこの年老いたメスは、群れの仲間が立ち去るのを待って、獲物の残りを貪った。

その後何日間も、39は群れの他のオオカミに服従的な態度を取り続けた。40が近づいてくると、必ず身を低くかがめ、尻尾を後ろ足の間に挟み込み、耳を後ろに倒して、まるで今にも殴られるのではないかと怯えるいじめられっ子のように振る舞った。ある日のこと、わたしは39が群れを離れてひとりでランデブーサイトで横になっているのを見た。他の大人のオオカミは狩りに出かけるところだったが、みな素知らぬ顔で、何の挨拶もせずに彼女の横を通り過ぎた。39は子オオカミたちと残ったのだ。しばらくすると、四頭のメスのうち第三位の地位にある41が戻ってきて、そこに加わった。41は、年老いた39に対して、今でも寛容な態度を見せていた。

それから間もなく、ドルイド・パックはカルセドニー・クリークのランデブーサイトを離れ、大人たちは子オオカミを連れ、そこから東に八キロ離れたラウンド・プレーリーに向かった。そこはペブル・クリーク・キャンプ場に近い、広々とした草原だった。ドルイドはそこでメスエルクを仕留めた。すると翌日、エルクの死骸の匂いに誘われたのか、一頭のハイイログマが現れた。そのとき子どもたちと一緒にいたのは38と41だけで、二頭はハイイログマが子どもたちに近づかないよう追い払った。

翌日にはそのハイイログマに一時エルクの死骸を独占され、オオカミたちは、ハイイログマが居なくなるのを待って、食事を再開した。

ドルイドの三頭の姉妹の間では、支配的な振る舞いや、ささいな喧嘩が増える一方だった。まず40が42を上から押さえ込む。すると今度は42が、二頭とは離れた場所で休んでいることの多い41を地面に押さえつけた。同じ場所に祖母の39もいたが、たいていの場合、39は他のメスとは距離を置いていた。ある日の夕方遅く、39は群れの仲間に近づこうとしたが、40とその黒毛の姉妹の片方が近づいてくると走って逃げてしまった。しばらくすると、メスリーダーが39を追いかけて捕まえ、地面に押さえつけた。わたしが見ている前で、40は母親である39に噛みつき、すると年老いたオオカミは苦痛の叫びを上げた。

オオカミの群れにとっては、一頭のメスオオカミが産んだ子どもたちを育てるだけでも、かなり大変なことだ。ドルイド・パックには出産可能な大人のメスが四頭いたが、大人のオスは二頭だけだった。次の春にメスの全員がそれぞれ子どもを産めば、その子たちが生き延びられる見込みは低くなる。もしも40が、下位の二頭のメス、41と42をどうにかして群れから追い出すか、彼女たちに妊娠できないほどの、あるいは妊娠を継続できないほどのストレスを与えることができれば、40の子どもたちが生き延びる可能性はずっと高くなるだろう。今のところ、40は42に攻撃を仕掛けてはいなかった。一〇月半ばまでは、他の大人のオオカミたちが狩りに出ている間、39と41が残って子どもたちの世話をすることが多かった。年老いた39は、他の大人オオカミたちが戻ってくるといつもすぐにその場を離れたが、41は仲間に溶け込むためにできる限りの努力をしていた。

あるとき、ドルイドの黒毛の子オオカミの一頭が、コヨーテの研究者が仕掛けたトラバサミにかかってしまった。わたしたちはこのメスの子オオカミに発信機付きの首輪を取りつけて、ナンバー103と呼ぶことにした。このメスは、のちに群れで一番小柄なメスに成長した。この子オオカミは、罠にかかった翌日にドルイドの家族の元に戻った。わたしたちは、群れに戻った103が罠にかかったほうの足を引きずっていることに気づいた。その翌日、大人たちや他の子オオカミたちがランデブーサイトから引き上げたあとも、103はそこに残ってネズミ狩りをしていた。その翌日も、彼女はやはりひとりぼっちだった。家族に見つけてもらおうとして、何度も遠吠えを繰り返した。しばらくたって、電波信号から、この子オオカミが仲間を探しに西へ向かったことがわかった。わたしはジャスパー・ベンチでこの103を見つけたが、彼女は大岩に上り、あたりを見回してから、遠吠えをした。しかし応えはなかった。その後103は、自分の群れが残した臭跡を見つけようとしてあたりを歩き回った。

やがてわたしは、103の近くに39がいることに気づいた。子オオカミが遠吠えをするたびに、39はあたりを見回して子オオカミを探していたが、遠吠えを返すことはなかった。もしかすると、子どもと一緒にいるのを知られて40に攻撃されるのを恐れたのかもしれない。遠吠えがするほうに向かった年老いたオオカミは、高台で立ち止まり、群れからはぐれた子オオカミを見つけた。近くに他の大人オオカミがいないことを確認すると、老いたオオカミは子オオカミに駆け寄り、子オオカミも祖母を見つけて走り寄った。二頭のオオカミは親しみを込めて挨拶を交わした。日暮れが近づくと、子オオカミは群れの他のメンバーに気づいてもらおうとして遠吠えを繰り返したが、39は相変わらず目立つことを避けて、遠吠えには加わらなかった。翌日も二頭はカルセドニー・クリークに一緒にいて、このときはどちらも頻繁に遠吠えをしていた。その翌日に、子オオカミは群れに戻ったが、39はそこを離れて、再びひとりで生活するようになった。

ドルイド・パックの観察を続けるうちに、42がたいてい他の大人のオオカミや子どもたちと一緒にいること、また彼女に対しては、40もそれほど攻撃的ではないことがわかった。42は子オオカミとよく遊んだ。39はというと、その後も群れとは距離を置いていて、群れのすべての大人のメスを恐れているように見えた。ときおり、41が子オオカミたちとランデブーサイトにいるのも見た。しかし40が戻ってくると、41はいつも両足の間に尾を巻き込んで逃げていった。11月の初めには、41は常に、横暴なメスのきょうだいとは、少なくとも八〇〇メートルは離れた場所にいた。

41は群れ内の地位は低かったが、家族のために奉仕することによって、自分の価値を示した。秋になると、ハイイログマは巣ごもりの準備期に入り、食欲が増大する。この時期、オオカミの群れが獲物を仕留めると、獲物を横取りしようという魂胆のハイイログマが、一頭または複数で、必ずといっていいほど現れる。オオカミがイエローストーンに復帰する以前は、公園内のクマたちは、巣ごもり前に食糧となる死骸を見つけるのに非常に苦労していた。秋はふつう、エルクやバイソンなどの大型の餌動物が最良の健康状態となる季節であり、彼らが自然の要因で死ぬことはめったにない。だからクマにとって、一年のうちでもこの時期にオオカミが仕留めた獲物は、彼らがもっとも必要とするときに絶好のタイミングでもたらされる、栄養価の高い、豊富な食糧なのだ。

41は、群れがハイイログマを撃退する際の中枢を担うことが多かった。クマを見つけると、41は突撃し、追いかけられれば逃げ、再び戻ってきて攻撃を続けた。ハイイログマの背後に迫ってそのお尻に噛みつき、逃げてはまた戻って噛みつくことを繰り返した。攻撃的な40からいじめられ、ずっと苦しめられてきた41は、どんなクマよりも速く走れたから、クマ相手のこの攻防を楽しんでいるように見えた。まるで自分の力量を見せつけようとしているかのようだった。ある攻防戦では、ハイイログマが41目がけて片方の前足を振り下ろしたことがあった。41はとっさに身を屈め、クマの前足はすんでのところで彼女の背中をかすめていった。

他の群れのオオカミたちもハイイログマと戦わねばならなかった。ある日のこと、わたしはクリスタル・クリークの囲い地のそばでローズ・クリーク・パックを見た。一頭のハイイログマが群れに近づくと、オオカミたちは駆け寄り、クマを取り囲んだ。しかしハイイログマは一歩も引かず、ぐるりと回ってすぐ後ろにいた黒毛のオオカミに強打を見舞った。その隙に別のオオカミがクマのお尻に噛みついた。クマは自分の体の敏感な部分を守るために座り込んだが、立ち上がるとまたお尻を噛まれてしまった。

わたしは、このハイイログマとローズ・クリークのオオカミたちはお互いをよく知る間柄で、オオカミが仕留めた獲物目当てにハイイログマがあたりをうろつくようになって以来、一連のやり取りを何度も繰り返してきたのではないか、という気がした。ハイイログマはやがて立ち去った。危険が去ったと知った子オオカミたちは元気にじゃれ合い、あたりを駆け回り、雪で覆われた斜面を滑り下りた。ハイイログマが再びやってくると、子オオカミたちは急いで戻って攻撃を繰り返した。ある子オオカミは、クマの目の前で、ふざけてからかうように跳ね回った。しかしクマは反応せず、興味を失くした子オオカミたちは立ち去った。

のちに、子オオカミたちがオスエルクを追っていると、ハイイログマがついてきた。彼らの狩りがうまくいけば、死骸を盗みとれるとでも思ったのかもしれない。クマに気づいた子オオカミたちは、振り向いてクマを追いかけた。二頭の子オオカミが正面からクマを攻撃し、別の子オオカミはクマの背後に回ってほんの五〇センチほどのところまで迫った。しかしクマは子オオカミなどまったく気にしていなかった。そこへ8が加わって、尾を高く上げて子どもたちと一緒にクマに立ち向かっていった。クマは逃げ出し、オオカミたちがあとを追った。その後、ローズ・クリークのオオカミたちはエルクの群れを見つけ、8が先頭に立って追いかけた。するとあのハイイログマが再びついてきた。子オオカミたちがクマのほうに駆け戻ってまわりを取り囲んだ。するとハイイログマは後ろ足で立ち上がり、静かに子オオカミたちを見回した。まるでお話を読み聞かせるときに、子どもたちが静かになるのを待っている図書館員のようだった。侵入者への興味をなくした子オオカミたちは、大人たちに追いつこうとして走っていった。

その後も、ドルイド・パックとローズ・クリーク・パックは、ときには臭跡で、またときには遠吠えによってお互いの情報のやり取りを続けた。ある朝、わたしはドルイド・パックがカルセドニー・クリークのランデブーサイトで遠吠えをするのを耳にした。ボブ・ランディスの話によると、ローズ・クリーク・パックもおよそ一一キロ離れたスルー・クリークから遠吠えを返していたという。オオカミは一六キロ離れた場所にいる他のオオカミの遠吠えさえ聞きつけるという研究者もいるくらいだから、ドルイドとローズ・クリークのオオカミたちは、間違いなく互いの遠吠えを聞いていたはずだ。

わたしはスルー・クリークに向かい、ローズ・クリークの一五頭をその付近で確認した。8と9が並んで歩いているのも見た。8は愛おしそうな仕草で9の背中に自分の顎をのせていた。ところがそこへ一頭の子オオカミが走ってきて、大人たちの間に無理に体をねじ込み、せっかくの雰囲気を壊してしまった。その後、大勢の子オオカミたちが8の周りに殺到して気を引こうとした。この日、一一月二日は、21がローズ・クリーク・パックと一緒にいるのをわたしが見た最後の日となった。この直後に、21はパートナーを探すために群れを離れた。

それから間もない一一月七日にもう一度スルー・クリークを訪れたが、一頭のオオカミも見つけられなかった。わたしはシルバー・ゲートの小屋に戻り、荷物をワゴン車に積み込むと、ビッグベンド国立公園での冬の仕事のために南へ向かった。

第15章　21と42の出会い

一九九七年一一月末に、ドルイド・パックを悲劇が襲った。このときすでに、下位の二頭のメス、39と41は、気性の荒い40によって群れから追い出されていた。残った四頭の大人のオオカミと五頭の子オオカミは、公園を出て東へと行ってしまった。大人のオスは二頭とも、そこで違法に銃で撃たれた。若いオスの31は傷がもとですぐに死んでしまったが、体の大きなオスリーダーの38は生きながらえたものの、怪我のため動けなくなってしまった。ダグ・スミスが何度も軽飛行機で38の上空を飛んで、肉を落としてやりさえしたが、38が肉を食べることはなかった。撃たれてから一一日後に、オスリーダーは死んだ。五七キロあった体重が、死んだときには四〇キロに減っていた。残された大人のメス二頭は、子どもたちを連れてラマー・バレーに戻った。繁殖時期はあと二か月後に迫っており、ドルイド一家は新たなオスリーダーとして群れに加わってくれる大人のオスを切望していた。

そこへ21が現れた。21の元々の計画が、42を群れから連れ出して新たな群れを作ることだったとしたら、ドルイドのオスが二頭とも死んでしまったことですべてが変わった。21は、空位となったオスリーダーの座につくべき理想の候補者となった。しかし、もしも彼がドルイド・パックに加わったら、21は42だけでなく、彼女の姉妹である40とも関係をもつことになるだろう。このときには、わたしは21のことも、二頭のメスのこともすでによく知っていた。21と42は、どちらも同じように穏やかな性格だったが、40は暴力的で支配的な性格だった。彼女のそんな気質は21とはとても合いそうになかった。

これから紹介する一二月八日の出来事は、ダン・スタ一ラ一〔オオカミ・プロジェクトのメンバーの一人〕、ダグ・スミス、そしてボブ・ランディスが共同で発表した研究論文からの引用である。その日、21が最初に目撃されたのは、ドルイドの祖母、39と一緒に歩いているときだった。39はそのときもなお、ラマー・バレー近辺でひとりで暮らしていた。自分たちがドルイド・パックのほうに向かっているこ とに気づくと、39は21から離れた。21はそのままひとりでドルイド・パックのほうに歩き続けた。ドルイドのオオカミたちは21に気づくと、40と42が21に突進していった。五頭の子オオカミのうちの三頭も、それに続いた。21は五頭のドルイドから走って逃げたが、怯えた様子はなかった。やがてドルイドのオオカミたちが立ち止まり、すると21も立ち止まった。ドルイドが声を合わせて遠吠えをし、21も遠吠えを返した。

ドルイドのオオカミたちが踵を返して立ち去った。21は彼らを追った。ドルイドは再び21を追いかけたが、21が立ち止まると彼らも動きを止めた。21は尾を振りながら、ドルイド・パックのほうを振り返った。ドルイドが遠吠えをし、21も遠吠えを返す。その遠吠えから、21は群れには大人のオスが一頭もおらず、大人のメスと子どもしかいないとわかったことだろう。おそらくこのとき、新たなオスリーダーとして群れに加わる絶好のチャンスだとわかったのだ。

このときすでに、ドルイドの子オオカミ五頭のうち四頭に、発信機付きの首輪が取りつけられていた。灰色のメスの子オオカミ、ナンバー106が真っ先に21に近づいた。21も好意の印に尾を振りながら、小走りで106のほうに進んだ。数メートルの距離まで近づいたところで、106が21にプレイバウをして、自分も好意をもっていることを示した。21はしばらく尾を振り続けていたが、やがて、追いかけてごらんというように走り去り、106はそのあとを追った。しかしどうしたらいいのかわからなかったのだろう、彼女はすぐに引き返してきて地面に寝そべった。

21が、寝ている子オオカミのほうに近づいてきた。すると106は跳ね起きて、21のほうに向かった。そのとき、40も21に走り寄った。こうして21の両脇に、40と灰色の子オオカミが並んで立った。21が尾を振ると、メスリーダーの40が彼に向かってプレイバウを三度繰り返した。親しみを込めたやり取りがさらに交わされたあと、21は二頭のメスのあとをついていき、そのまま三頭は森に姿を消してしまった。しばらくして21と40が森から姿を現した。二頭はお互いに向かって尾を振り合っていた。40が、21に向かってさらにプレイバウを繰り返した。しかし21は走り去り、40は踵を返して子オオカミたちの元に戻った。

しばらくして21が戻ってきた。42は21のことを見ていたが、二頭はまだ対面してはいなかった。ボブ・ランディスはこのやり取りをずっとビデオにおさめていて、撮影した無音動画のコピーをわたしに貸してくれた。映像は42が21をじっと見つめているところからはじまる。彼女の耳は21へと向けられ、尾を振っている。その口の動きから、何か声を上げていることがわかる。その後42は、21に向かって何度か跳んだりはねたりを繰り返す。彼女は、仲間がやってくるのに気づいた犬のように、嬉しそうに跳びはねた。

このタイミングでボブはカメラを21へと向けている。21は落ち着いた様子で42を見つめている。二頭はすぐそばにいる。42が小さく跳ねながら21に近づく。21は尾を振っている。すでに顔と顔がくっつきそうなほど近づいている。21が片方の前足をやさしく42の肩にかける。二頭は頬を寄せ合っている。42は21をからかうかのように、あるいは誘いをかけるかのように跳びかかる振りをし、突進し、噛むまねをする。

21は再びメスの肩に前足をかける。やさしい、愛情を込めたしぐさで。彼女は21の肩に顎を乗せる動作を繰り返し、21も同じようにして返す。そのとき、42が片方の前足でふざけて21の背中を叩いた。そのあと彼女は自分の顔を彼の顔にぶつけるようにする。42は後ろに下がると、走って21の胸に飛び込む。21は彼女の背中に跳び乗り、再び片方の前足を彼女の肩にかける。子オオカミが一頭、21に駆け寄ってくるが、21は変わらず42だけを見つめている。彼女の肩の毛を舐め、さらに三回顎を彼女の背中に乗せる。この二頭のやり取りは、21と40の間で行なわれたものよりずっと親密で、思いが溢れている。
そこへ40が走ってきて、楽しげに21の上に跳び乗った。姉妹は21の両側に立ち、彼の気を引こうと競い合う。メスリーダーの40が21にプレイバウをする。その後、三頭はまるで小さな子どものように楽しげに跳ね回った。五頭の子オオカミがその輪に加わる。今や21は、群れの七頭のメンバー全員と一緒にいた。ドルイド・パックの全員が、狩りから戻った群れのオスリーダーを歓待するときのように、21の周りに押し寄せる。

このとき、21はドルイド・パックのオスリーダーとなったのだ。その日のはじまりには彷徨《さまよ》える王子だった彼が、今はドルイドの王となっていた。しかしドルイドの女王は横暴なナンバー40で、そのことで彼は数々の困難を経験することになる。一九九五年の秋に、8が21とその七頭の兄弟姉妹を養子にしたように、21もドルイドの元オスリーダーの血を引く五頭の子オオカミの養父となった。子オオカミたちは、8に引き取られたときの21とほぼ同じ年頃だった。このとき以来、21がドルイド・パックと一緒にいるところを見た人はみな、彼が子オオカミたちの実の父親であることに何の疑いも抱かなかった。

わたしがとくに興味をもったのは、8と21が新たな群れに加わったいきさつが似通っていることだった。8は、ローズ・クリークの囲い地の外にいた二頭の子オオカミと先に出会い、21も、最初に交流したのは、ドルイドの灰色の子オオカミだった。どちらも、子オオカミとの絆を深めてからその群れの大人のメスに出会った。人間で言えば、父親を亡くした若い息子や娘たちと出会って親しくなった独身の男性が、夫を亡くした彼らの母親と再婚するようなものだ。

しかしこの二頭には異なる点もあった。8がローズ・クリーク・パックに加わったとき、彼はまだ生後一八か月、人間で言えば一六歳くらいで、子どもを育てたこともなければ、自分たち兄弟以外の子オオカミを見たことさえなかった。一方21は、生後三〇か月、人間なら二四歳ぐらいでドルイド・パックの一員となった。21は二年間養父である8のそばにいて、その間二度にわたって子育てを手伝った（一九九六年および一九九七年）。つまり21は、8よりもずっと、群れのオスリーダーとなり、子オオカミの養父となる準備が出来ていたということだ。

もう一つの違いは、群れのメンバー同士の関係性だった。21が8と暮らしていた頃、ローズ・クリーク・パックは大人のオスとメスが仲良く暮らす、円満家族だった。しかしドルイド・パックは、他のメスたちに攻撃的な40のせいで家庭崩壊していた。

21がドルイド・パックに加わることの問題点は他にもあった。21は、過去から続く敵対する二つの群れとの確執を背負い込むことになったのだ。ドルイドは、一九九六年の春にクリスタル・クリークの元のオスリーダーであるナンバー4を殺害したばかりか、メスリーダーのナンバー5に怪我を負わせ、おそらく彼女の子どもたちを殺した。生き残ったクリスタル・クリーク・パックの年長のメスリーダーと若いオスのナンバー6は、ラマー・バレーの縄張りを捨ててペリカン・バレーに住みついた。この二頭の間には一九九七年の春に六頭の子オオカミが生まれ、子どもたちは全員生き延びて、群れは八頭に増えた。

当初は、この生き残った二頭は母親と息子で、つがいになることはないと考えられていたが、のちに行なわれた遺伝子検査からおばと甥の関係であることが明らかになった。もしもクリスタル・クリーク・パックに生まれてくる子オオカミたちが、その後も一年か二年続けて高い生存率で生き延びることが出来たなら、北に戻って昔の縄張りを取り返すことも可能だろう。そうなったら、クリスタル・クリーク・パックはドルイド・パックと再び戦うことになり、ドルイドの守りの要である21は、クリスタル・クリーク・パックと戦わざるを得ない。それはつまり、8の兄弟のなかでも一番の巨体をもち、六四キロという、おそらくイエローストーンのオオカミのなかでも最も大きいであろうクリスタル・クリークのオスリーダー、ナンバー6との戦いが待っているということだった。このとき、21の体重は五四キロほどだった。

ドルイドと敵対する群れは西の方角にもいた。ドルイドは過去に、ローズ・クリーク・パックの21の兄弟姉妹のうちの二頭を殺害していた。一九九六年に8が38を打ち負かした日に兄弟のうちの一頭を、その後一九九七年の春には一頭のメスのきょうだいを殺し、母親を失くしたそのメスの四頭の子オオカミたちも餓死してしまった。死んだ四頭の子オオカミは8の子どもだった。ローズ・クリーク・パックには、とくに8には、東側のこの近隣の群れに対する恨みを抱く十分な理由があった。

ローズ・クリークのリーダーペアである8と9は、自分たちの息子が敵対する群れに入ることをいったいどう考えるだろう？　彼らからすれば、息子を裏切り者と考えてもおかしくない。もしもローズ・クリークとドルイドが再び戦うことになり、8と21が対決することになったらいったいどうなるのか？　家族を守る責任を負う二頭のオスリーダーは、どちらもあとへは引けないだろう。もしも戦いになれば、それは父と義理の息子の戦いとなる。

一九九七年の秋の終わりにビッグベンド国立公園に戻ったわたしは、その年にイエローストーンで過ごした六か月間のことを振り返った。オオカミ観察に出たのは一七〇日で、じっさいにオオカミを観察できたのはそのうちの八八パーセントにあたる一四九日だった。オオカミの観察回数は合計一四六二回で、一九九五年、一九九六年のいずれの年よりもずっと多く、一五年以上にわたり毎夏デナリに通って観察した総数のおよそ二倍だった。これほど多くのオオカミを目撃でき、幅広くさまざまな行動を観察できたのは、悪天候でも、どんなに疲れていても、毎日、夜が明けるよりずっと前に観察に出たおかげだった。わたしは「成功の八〇パーセントは、顔を出すことによって決まる」という、ウディ・アレンの名言を度々思い出していた。それこそわたしがやったことだった。わたしは毎日出かけていたから。

そして、これほどたくさんのオオカミをわたし一人で見たのではなかった。群れが頻繁に姿を見せるようになったおかげで、公園を訪れる大勢の観光客が人生で初めて野生のオオカミを見る手助けをすることができた。手伝えるのはわたしにとってまたとない幸せで、決してうんざりなどしなかった。それから間もなく、モンタナ大学のジョン・ダッフィールド博士による、公園を訪れる観光客についての経済調査が行なわれ、人々はイエローストーンを訪れる理由を尋ねられた。調査から、公園へのオオカミ復帰が、地域社会に年間三五五〇万ドルの観光収入をもたらしていたことが明らかになった。人々がこぞってイエローストーンにオオカミを見に来るようになり、地元で暮らす多くの人々が、オオカミ・ウォッチング専門の野生動物ツアー会社を設立した。こうした商売が、近隣の町にたくさんの雇用を生み出していた。

第16章　イエローストーンの新たな時代

一九九八年の春、わたしはダグ・スミスと話し合い、オオカミ解説者をやめてオオカミ・プロジェクトの仕事を直接請け負うことにした。新たな仕事は、オオカミの行動観察の記録と一般の人々への啓蒙活動の二つになった。すでにオオカミ・プロジェクトのボランティアとして長時間の観察を行なっていたので、わたしにとっては自然な流れだった。国立公園局に雇われている点は変わりなく、レンジャーのユニフォームも引き続き着用することになるが、今回の立場では国の宿舎は利用できない。そこで再びシルバー・ゲートの丸木小屋を借りることにした。夏のオオカミ観察はこれで二〇回目となる。デナリで一五回、グレーシャーで一回、イエローストーンで四回だ。

車を走らせてイエローストーンに戻る道すがら、わたしは、もう二度と見ることのない一頭のオオカミのことを考えていた。ドルイド・パックを離れていた年老いた39は、21がドルイドに加わってから間もなくラマー・バレーを出ていき、しばらくして、8の息子でローズ・クリーク・パックを離れたナンバー52と一緒にいるところを目撃された。その後彼らは、一九九八年の三月初旬に、公園の東にある牧場内を歩いているのが確認された。39は牧場の家畜には目もくれなかったが、それにもかかわらず銃で撃たれて殺された。39を殺害した男性は、コヨーテと間違えたと言った。しかし当時、39の体重はおよそ五七キロで、メスとしては大きいほうだった。一方付近に生息するコヨーテの大部分は、一一キロから一六キロくらいだった。39を銃で撃った男は出頭して罪を認め、五〇〇ドルの罰金を科せられた。

39の死後、52は39の娘の41と行動を共にするようになった。41もまた40にいじめられてドルイド・パックを離れていた。二頭は繁殖期が終わった三月につがいとなって、公園の境界線の東に隣接する、サンライト・ベイスン地区に棲みついた。二頭はサンライト・パックと呼ばれるようになった。彼らはこの群れを長年率いて、たくさんの子どもたちを育て上げた。子どもたちはみな39の孫だった。

わたしがいない間に、ドルイド・パックには他にもいくつかの変化が起きていた。ジム・ハーフペニーの話によると、21は二月に40および42と交配していた。群れは再び、フットブリッジ駐車場とヒッチングポスト駐車場の北側の巣穴周辺を拠点とするようになった。一九九七年に生まれた子オオカミ五頭は全員が冬を生き延び、今では一歳児となっていた。群れは全部で八頭だった。巣穴の周囲を取り囲む深い森のせいで、これまでのところ、新たに誕生した子オオカミの姿は確認できていなかった。

オスの一歳児のナンバー104は、春先に自力でバイソンの子どもを仕留めていた。オオカミ再導入後、わかっている限りでは、オオカミがバイソンを仕留めたのはこれが四度目だった。104は、一年前に彼がまだ子オオカミだった頃からわたしの印象に残っていたが、今回独力でバイソンを仕留めたことで、有能なハンターに成長したことが明らかになった。104は、おそらく母親と離れてしまったそのバイソンの子どもを見つけて、狙いを定めたに違いなかった。一九九五年にカナダのアルバータ州から連れてこられたオオカミとは違って、ブリティッシュコロンビア州から来たオオカミの生息域にはバイソンもいた。ブリティッシュコロンビア州から連れてこられた年上のオオカミが、イエローストーン生まれの104に、バイソンも餌動物となることを教えたに違いなかった。

他の群れのオオカミについても新たな情報を耳にした。ローズ・クリーク・パックでは、9、およびその娘である18との間に、8が再び子をなして、二頭のメスはマムズ・リッジのそばの、群れが最初に使っていた巣穴を一緒に使っていた。巣穴では一一頭の子オオカミが観察された。リンダの巣穴研究のスタッフは、そのうちの五頭が9の子どもで、残りの六頭は18の子どもだと考えていた。ナンバー8は、たったの三年間に六回も子どもをもうけていた。一九九六年に一回、一九九七年に三回、さらに一九九八年に二回だ。その六回を合わせると、生まれた子オオカミは全部で三六頭となる。このときローズ・クリーク・パックには、大人と一歳児を合わせて一四頭のオオカミがいた。生まれたばかりの一一頭の子オオカミのうち一頭は早くに死んでしまったので、群れの頭数は合わせて二四頭となった。

ペリカン・バレーでは、四月に、クリスタル・クリークのリーダーペアに九頭の子どもが生まれていた。大人と一歳児を合わせた八頭に、この子オオカミたちを加えると、群れの頭数は一七頭となった。つまり、クリスタル・クリーク・パックの頭数はドルイド・パックの二倍になった。クリスタル・クリークの何頭かは、この年の早い時期に発信機付きの首輪を装着されており、そのなかには生後九か月のオスの子オオカミも含まれていた。体重は五二キロで、月齢のわりに大きかったが、父親が8の黒毛の兄弟であるナンバー6で、おそらくイエローストーンで一番大きなオオカミであることを考えると、それも頷けた。またこの群れは狩りの首尾も上々で、群れの全員がしっかり食べていた。

レオポルド・パックには大人と一歳児を合わせて九頭のオオカミがいた。メスリーダーが五頭の子オオカミを産んで、群れの頭数は一四頭となった。さらに、西にはチーフ・ジョセフ・パックがいて、大人と一歳児を合わせた六頭と、新しく生まれた七頭の子オオカミの、合計一三頭で構成されていた。

イエローストーンの北半分に生息する主要な三つの群れ（ローズ・クリーク、クリスタル・クリーク、それにレオポルド）の現在のオスリーダーたちは、全員がクリスタル・クリーク・パック出身の兄弟たちだった。四番目の群れであるドルイドにも、クリスタル・クリークの兄弟の一頭であるナンバー8に育てられ、鍛えられてきた21がいた。

わたしは一九九八年五月五日の夜遅くにイエローストーン国立公園に到着すると、シルバー・ゲートの小屋に荷物を運び入れ、翌朝早くにドルイドの様子を見に出かけた。新たな仕事がはじまるのはまだ先だったので、時間を自由に使うことができた。

道路上からドルイドの巣穴付近を見た限りではオオカミの姿は見当たらなかったので、歩いてデッド・パピー・ヒルに上った。すると西側に二頭の一歳児がいるのが見え、その後イエローストーン・インスティテュートの南側にも別の一歳児を一頭見つけた。その翌朝の五月七日には、カルセドニー・クリークのランデブーサイトの近くで、仕留めたばかりのエルクの死骸のそばにいる21を見つけた。21は、おそらく夜中にひとりでこのメスエルクを仕留めたのだろう。ダグ・スミスの話では、五月のこの時期のエルクは、イエローストーンの長い冬に受けたダメージをまだ払拭できておらず、もっとも弱っているのだという。じっさい、五月中ずっとエルクを観察してみたところ、冬の間栄養を十分に摂れなかったせいで、彼らがかなり痩せていることがわかった。

21が40、42の二頭と一緒にいるのをわたしがはじめて見たのは、五月九日のことだった。三頭は巣穴のある場所の南側を歩いていた。途中エルクの群れに出会っても関心を示さなかったのは、彼らが仕留めたばかりの獲物のところへ向かっている証拠だった。21と40のリーダーペアが、同じ場所で続けてマーキングをした。それは、群れの中での二頭の地位の高さを示す行為だった。その後、わたしは三頭の姿を見失ってしまった。三時間後、彼らが姿を消した方向から、21が現れた。道路を渡り巣穴のほうへ向かっていった。生まれたばかりの子オオカミに食べものを届けに行くのだと思われた。

五月のある朝早く、わたしは二頭の一歳児（黒毛のメスの105と灰色のオスの107）が、かつて21とその兄弟たちが、新たに養父となった8を迎え入れたときと同じくらい熱狂的に、21を歓迎しているのを見た。その直前まで、107はメスエルクの大きな群れをじっと見つめ、エルクが放つ匂いから情報を読み取ろうとするかのように、あたりの匂いを嗅いでいた。わたしは、多くの犬が、がんなどの飼い主の健康問題を匂いで嗅ぎ取る能力を生まれつきもっていること、またそうでない犬でも訓練によってその能力を身につけられることを思い出した。犬のこの能力は、彼らの祖先であるオオカミから受け継がれたものだ。おそらく107は、空気の匂いを嗅ぐことによって感染症や病気、怪我を知らせる様々な情報が得られることを知っていたのだろう。もしも問題を嗅ぎつけたら、107はその匂いを残したエルクの群れの周囲をうろつき、どの個体がその匂いを発しているのかを見極め、近づいていってじっさいに確かめればいい。これは健康な動物と弱った動物を選り分けるための効果的な手法であり、ただやみくもにではなく、賢く獲物を狙うやり方だった。

オオカミのこうした行動は、昔の見世物小屋の客引きが、頭が二つあるニセモノの鶏を見るために金を払う、いいカモとなる田舎者の騙されやすい少年を探すようなものだ。一流のポーカー・プレイヤーが、相手の表情からブラフかどうかを見抜くのにも似ている。客引きもポーカー・プレイヤーも、探しているのは脆弱な相手だ。オオカミの場合は、その個体が弱っている可能性を示し、オオカミが優勢に立てることを予想させる異常な匂いを放つ餌動物を見つけることが肝要なのだ。

オオカミはまた、先例から学ぶ力ももっている。足をひきずっている餌動物や群れから離れて単独で行動するエルクやバイソンの姿を見つけたらチャンスだ。足をひきずっている動物は、必ずといっていいほど追う価値があり、群れから離れた場所にいる個体には、近づいて試してみればいい。その単独行動する動物が、オオカミが近づいても一歩もあとに引かないなら、それはたいてい、その動物が健康で強く、オオカミと戦って追い払う力をもっていることを意味している。しかしオオカミを見て逃げ出したなら、自分は力が弱く、オオカミに狙われたひとたまりもないと思っている証拠なのだ。経験を積んだオオカミなら、前者は放っておき、後者を追う。

ジェイソン・ウィルソンとわたしは、五月七日に21がエルクの死骸を貪っているのを見た場所に歩いて行ってみた。死骸はオオカミたちに食い尽くされてからしばらく経っていた。死骸を調べてみると、メスエルクの臼歯は歯茎の際まですり減っていた。これはメスエルクがかなりの高齢で、歯医者などなかった昔はよくいた歯がボロボロになってしまった人のように、食物をうまく食べられていなかったことを示していた。21に仕留められたとき、メスエルクはきっと、かなり体が弱っていたのだ。臼歯がすり減っていただけでなく、おそらく歯茎が化膿していたのだろう。ひょっとすると、21はその膿の匂いを嗅ぎつけてエルクに近づき、弱っていて格好の獲物となると判断したのかもしれない。のちにこの件について、アイル・ロイヤル国立公園でオオカミの研究をしているロルフ・ピーターソンと話したところ、彼自身も、ムースの死骸の顎の骨を調べている際に、疾患を示す匂いを嗅ぎ取ることができると教えてくれた。人にそれができるのなら、人よりずっとすぐれた嗅覚をもつオオカミは、かなり遠くからでも、何らかの感染症の匂いに気づけるだろう。

五月の中頃、わたしは40の乳首が腫れているのを見つけ、それは彼女が授乳中であることを示していた。腹の毛が大量に失われていることも、出産を示唆するもう一つの証拠だった。40にとっても21

にとっても、これははじめての子どもだった。21がドルイドのオスリーダーとなったことで、イエローストーンに新時代がやってきたのだ。そしてわたしは、彼の存在が群れの力関係を、そして何よりも、近隣のローズ・クリーク・パックとのドルイドの関係を、どのように変化させるかを、その場に居合わせて見守る幸運に恵まれた。

オオカミ・プロジェクトでのわたしの新しい仕事は五月一八日にはじまった。毎日早朝に出かけてオオカミを探し、見つけた個体の行動観察をして記録をつけた。リンダ・サーストンは巣穴研究を続けていて、わたしも時々、助っ人として観察のシフトに入った。週に二回、オオカミ・プロジェクトのスタッフとボランティアがローテーションでペアを組み、四つの群れ（ドルイド、ローズ・クリーク、レオポルド、チーフ・ジョセフ）を一日二四時間、八時間ごとの三つのシフトに分かれて観察した。

オオカミに取りつけた発信機からの信号をもとに、すべての位置情報を三〇分間隔で記録し、また目撃したあらゆるオオカミについて、目撃場所と行動を記録した。日中のドルイドの巣穴調査では、デッド・パピー・ヒルに上って巣穴のある森とその周辺を観察した。夜間のシフトの日は、ワゴン車をフットブリッジ駐車場に停めて、半時間おきの信号チェックだけを行なった。次の確認時間に間に合うように時計のアラームを合わせて、合間に眠った。

当時オオカミ・プロジェクトは、「多くの生き物のための食糧」と名づけられた調査研究も行なっていた。クリス・ウィルマーズの博士論文のための研究の一つで、オオカミが仕留めた獲物をどんな動物があさりにくるかを記録したものだった。死骸が見えているときには、その周囲五〇〇メートル以内に近づいた鳥類を含めたあらゆる動物を、一五分おきに記録に残した。

オオカミ・プロジェクトはイエローストーン・センター・フォー・リソーシーズ（YCR）という組織の一部門が行なうプロジェクトだ。YCRの職員の多くは生物学者で、博士号をもつ者もいて、公園内の野生生物や植物群落、地熱徴候などの調査を行なっていた。職員の主たる任務は、公園の自然資源の監視と管理だった。

オオカミ・プロジェクトの第一線に立つ生物学者であるダグ・スミスとわたしは、園内のオオカミ調査によってわかってきたことを、公園の訪問客にも伝える責務があると感じていた。ナチュラリストとして長年活動してきたわたしにとって、それはごく当たり前のことになっていた。わたしは、立場が変わってからも、自前のスポッティング・スコープを客たちに貸してオオカミを見せてやり、オオカミ再導入の説明を続けていた。夜間のプログラムや自然散策ツアーの引率の仕事がない代わりに、遠足にやってきた子どもたちや、大学の授業で公園を訪れた大学生、野生動物見学ツアーの団体客、それに常連客らを見つけては声をかけた。彼らに手を貸してオオカミを見せてあげたあと、即興の路上オオカミ説明会を開いた。こうした解説を行なう機会は公園でナチュラリストをやっていたときよりもずっと増えて、多い年には年間二〇〇回ほど行なった。

オオカミ・プロジェクトの新たな仕事では、イエローストーン国立公園のミッション・ステートメントを常に忘れないようにしていた。わたしがとくに大切していたのは以下の文言だった。

イエローストーンはハイイログマやオオカミ、そして自由に移動するバイソンやエルクの群れの住処であり……国立公園局はそれらの動物たち、およびその他の自然的、文化的な資源や価値を、現在および将来の世代の人々が楽しみ、そこから学び、気づきを得るために、損なうことなく保全するものである。

このミッション・ステートメントのキーワードは「～ために」の部分だ。公園の野生動物や自然資源を保護するのには理由がある。公園を訪れる、現在および未来の訪問客たちが、それらを楽しみ、学び、気づきを得るためにわたしたちは働いているのだ。

この使命の、「楽しみ、学ぶ」という部分は容易に達成できた。わたしのスポッティング・スコープでオオカミを見た人々はみなその経験を存分に楽しみ、だれもがオオカミについてぜひ学びたいと考えるようになった。気づきのほうは、かつてのレンジャーがイエローストーンに生息していたオオカミを一頭残らず殺してしまったこと、そしてその過ちを正すためにわたしたちがオオカミ再導入プロジェクトを立ち上げたことを、人々に伝えることによって実現できた。この話には人の心を動かす力があった。いじめられっ子だった8がオスリーダーに成長した話もまた、聞く人を感動させた。わたしはこれを自分の使命だと考えてずっと取り組んできた。

使命宣言のもう一つのキーワードは「損なうことなく」である。これは、オオカミやハイイログマなどの野生動物が、公園を訪れる人々に邪魔されることなく、生活できるようにしなくてはならないという意味だ。レンジャーは、人々が動物に近づいたときにはうまく対処し、動物たちが道路を渡らねばならないときや、餌場に戻ろうとしているときには、邪魔にならないように人々を遠ざけなくてはならない。またこれは、クマやオオカミが人間に馴れないよう気をつけねばならないという意味でもある。公園という保護区から一歩外へ出てしまったときに、動物たちが人間に近づいても大丈夫だと思わないようにするためで、なにしろ人間のなかには、彼らを殺したいと考えている者がいるかもしれないからだ。

一九九八年春のわたしの主な観察対象はドルイド・パックだった。ある朝のこと、巣穴周辺を観察中に、二頭のメスの一歳児が遊ぶ姿を見た。ナンバー105と、その姉妹で彼女より小柄な103だ。103は一本の枝を口にくわえると、追いかけてごらんと言わんばかりに105の前で跳ね回った。それから追いかけっこを延々と続けたあと、二頭は立ち止まってしばらく休憩していたが、今度は105のほうがプレイバウをして遊びの続きに誘った。二頭のメスはぐるぐる走り回って遊んだ。105が遅れると、103は立ち止まってくわえた枝を空中に放り上げ、口で上手に受け止めた。103は、まるで飼い主が「もってこい」と命じるのを待っているゴールデンレトリバーのように、棒をくわえたまま跳びはねていた。それでも105が乗ってこないとわかると、103は105の目の前に枝を置いた。それに釣られて105が突進してくると、103は枝を掠め取って逃げていった。追いかけっこは103がわざと枝を落とすまで続いた。次は105が枝をくわえて逃げる番だった。

追いかけっこに飽きると、姉妹は取っ組み合いをはじめた。105は体の小さな103にわざと押し倒されているように見えた。子オオカミと一歳児が遊んでいるときに、体の大きいオオカミが体の小さいオオカミにわざと負けてやる例をそれまでにも見てきたので、きょうだいの間でも、取っ組み合いの遊びを続けるために、体の大きいものが体の小さいものにわざと負けることがある、とわかってきた。いつも負かされてばかりでは、体が小さいオオカミはそのうち体が大きいきょうだいと遊ばなくなるだろう。

グレーシャー国立公園で仕事をしていたときに、ビルという友人がキントラという名の、オオカミと犬の交雑犬を飼っていた。体が大きいキントラは、見るからに屈強そうで、初めて見た人はたいてい怖がった。ある日のこと、ビルの家のダイニングテーブルの周りで、わたしとキントラは追いかけっこをはじめた。キントラが追いかける役だったが、わたしに追いついてしまわないように、わざとゆっくり走っていた。わたしは立ち止まり、振り向いてキントラを見た。するとキントラも立ち止まり、こちらをじっと見つめてから、後ろを向いて反対回りに走りだした。追いかけておいでと誘っているのだとわかって、今度はわたしが追いかけた。

テーブルの周囲で追いかけっこをしている間、キントラは何度も肩越しに後ろを振り返って、わたしが追いかけてきていることを確かめた。キントラはわたしがついていけるペースで走った。やがてどちらともなく足を止めて顔を見合わせると、今度はキントラがわたしを追いかける番だった。彼なら、いつでも好きなときにわたしに追いついて押し倒せるはずだった。キントラ自身もそれを知っていたが、わたしと遊びたかった彼は、その楽しみをいつまでも味わえるように、わたしのことを恐れているふりをしたのだ。キントラと遊んだこの数分間は、オオカミの暮らしをかつてないほどありありと実感できた時間だった。

のちに、キントラが走って逃げて、わたしに追いかけさせようとしたこの一件について考えていたときに、自分の子ども時代の出来事を思い出した。兄のアランはわたしより六歳年上だったが、当時六歳だったわたしにとって、この年齢差は大きかった。その兄が考え出したある遊びがとてつもなく楽しかった。その当時、食料品店で買ってきた鶏肉には足と蹴爪がついていた。アランはわざと、その鶏の足を怖がっているふりをした。だから母が鶏肉を買ってくるたびに、わたしはこっそり冷蔵庫まで行き、足を一本引き抜いて蹴爪を前に突き出すようにして手に持つと、兄に忍び寄って攻撃をしかけた。鶏の足が、まるでホラー映画のようにつかみかかってくるのに気づいた兄は、死ぬほど怯えた様子で走って逃げた。わたしは兄に何度も同じいたずらをし、いつも成功した。しかし、じつはこれはゲームで、兄は怯えているふりをしているだけだと、わたしはわかっていたのだ。

「体が大きいオオカミが小さい者に勝ちを譲る」というこの法則は、21にも当てはまるのではないか、とわたしは考えた。子オオカミのときも一歳児のときも体が大きかった21は、あの105と同じように、追いかけっこでも取っ組み合いでも、遊びを続けるためには、体の小さい兄弟姉妹に勝ちを譲らねばならないと考えるようになったのかもしれない。わたしは、21がドルイドの一歳児や大人のメスとじゃれ合っている場面を観察して、21が彼らに対して、そんなふうに振る舞っているかどうかを確かめることにした。

この年の春、ドルイドの大人のオオカミは子どもたちに食糧を届けるのにかなり苦労していた。というのも、彼らの巣穴は道路の北側にあり、一方主要な狩り場は道路の南側にあったからだ。付近の駐車場に車を停めた観光客らは、オオカミが道路に近づいてくるのを見つけると、急いで車をオオカミが渡りそうな場所まで走らせて写真を撮ろうとした。するとオオカミは、道路を横断するのを諦めて後ずさりし、あたりをぐるぐる回ってから別の場所まで行って渡ろうとするが、そこでもまた客たちに邪魔されてしまうのだ。法執行権をもつレンジャーが、巣穴近くの、オオカミがしょっちゅう横断する箇所に停車禁止の標識を設置し、わたしも必要なときにオオカミの横断を助ける警備役として活動できるように、手持ちの一時停止標識を支給された。道路横断にかけては、42がドルイド・パックでもっとも上手だった。42は道路まで疾走し、速度を緩めると左右を確かめ、車が来ていないとわかると、全速力で道の反対側まで駆け抜けた。

毎日オオカミを見ているうちに、彼らのことが以前よりずっとよくわかるようになっていた。五月の終わりのある日、デッド・パピー・ヒルに上って北側の巣穴付近を眺めていると、わたしがいる場所の下を流れる川の岸辺に40がひとりでいるのが見えた。やがて40は丘の西側に消えてしまった。それから一時間後、ふいに40が、わたしがいる丘のすぐ真下に現れた。わたしは座ったままさらに身をかがめて、どうか見つかりませんようにと祈った。40はわたしがいる方向を眺めると、地面の匂いを嗅ぎながらこちらに向かって歩いてきた。どうやらわたしのことは見えていないようだった。しかし、わたしが丘を上る際に通った道を横切ろうとしたときにそこに残っていた匂いに気づくと、40はすぐにもと来た道へ走り去った。

この出来事から、オオカミは細部を見るのはそれほど得意ではなく、その動物または人がじっとしている場合は特にそうだということがわかった。40はわたしのほうに視線を向けていたが、そこにだれがいるのか、あるいは何があるかはよくわかっていないようだった。その後、地面の匂いを嗅ぎながら近づいてきたが、わたしの匂いに気づいて逃げ出した。のちになって、オオカミはかなり遠くのものでも、動くものを捉える能力に長けていることをわたしは知った。たしかに、ラマー・バレーを歩いていたオオカミが立ち止まり、ある方向をじっと見つめていたかと思うと、そちらの方向へ進み、わたしがまったく気づかなかったはるか彼方のエルクを追いはじめる、ということがしばしばあった。

39と41が群れを離れた今、支配的なメスリーダーの40がメスのきょうだいの42にどんな態度で接しているかを知りたいと考えた。六月二日、42は群れの仲間と離れて横になっていた。そこへ40を先頭に、21と三頭の一歳児たちが走ってきた。42は服従を示す姿勢を取り、その後仰向けになって腹を見せた。メスリーダーは42のところまで来るとすぐに、これといった理由もなく42を繰り返し強く噛んだ。40が去ったあと、42は21のところに向かい、二頭は好意を込めて挨拶を交わした。

わたしは、40の激しい攻撃を受けたあとに、42が21のところに行くことが多いことに気づいていた。ジム・ハーフペニーがこの頃撮影したビデオ映像のいくつかにも、40から仕打ちを受けた42が、21のところに逃げていく姿が写っていた。メスリーダーの40は42を追いかけ、その後立ち止まって状況を見極めようとした。21はただそこに、42の隣にいて、どちらの味方をするわけでもなかったが、堂々としていた。わたしには40がどう反応すべきかわからずにいるように見えた。そのとき40がどう考えていたにせよ、彼女は自分の姉妹である42に手出しせずに立ち去った。

ときには、42の味方であることを、21が進んで示すこともあった。この年ののちほど、42がメスリーダーに近づかないように気をつけながら、みなと離れて不安げに佇んでいたときのことだ。21が仲間から離れて42のところへやって来て、他のメンバーがじゃれ合っているのを尻目に彼女の隣にじっと立っていた。一年前の春に21が病気の子オオカミを気遣ったときのように、21は42の辛さに気づき、そばに行って一緒にいてあげたのだろう。

21は、新たにオスリーダーとなった自分の群れのメンバーが何を必要としているかに細心の注意を払っていた。彼はいつも、獲物を仕留めたら、他のどのオオカミよりも早く子どもたちに肉を届けた。ある朝早く、群れはカルセドニー・クリークのランデブーサイトでエルクを仕留めた。そのときも、他の大人たちはそのままランデブーサイトで眠るなか、21は二時間後には子どもたちに食べさせるために巣穴に戻った。その日の夕方に群れの仲間が獲物のありかに戻ったときは、21もそれに加わったが、食べ終わると急ぎ足でまっすぐ巣穴に向かった。メスリーダーの40は、子オオカミに食物を与えることを21ほど気にかけていないように見えた。

六月半ばのある夕方、ドルイド・パックが巣穴のある森で遠吠えをする声を聞いた。大人や一歳児の低い声に混じって、子オオカミたちのものに違いない高い声の遠吠えも聞こえた。わたしがはじめて聞く、21の子どもたちの声だった。

ローズ・クリークの囲い地にいる９（右）とその娘の７（左）。イエローストーンのオオカミ再導入計画初年度にあたる、1995年の初頭。（写真：NPS［国立公園局］／ジム・ピーコ）

群れを機能させるため、ローズ・クリークの囲い地に入れられた、はぐれオスオオカミの10。放獣後、９は10の子どもを八頭産んだ。（写真：NPS／ジム・ピーコ）

クリスタル・クリーク・パックのリーダーペア、4（中央左）および5（中央右）と並んで立つ8（左端）。右端は8より大柄な三頭の兄弟の一頭。三頭の黒毛の兄弟は囲い地で8をいじめていた。（写真：NPS / ジム・ピーコ）

1995年の終わりに、一歳児の8が、群れのオスリーダーとしてローズ・クリーク・パックに加わった。1999年に撮影されたこの写真からは、8と9が尾を立てていることが見て取れる。（写真：NPS / ダグラス・W・スミス）

10が銃殺されたあと、9の巣穴から最後に救出された、おそらく21だろうと思われる子オオカミと、獣医のマーク・ジョンソン。オオカミ一家は一時的にローズ・クリークの囲い地に戻された。（写真：NPS / ダグラス・W・スミス）

囲い地から放獣された生後六か月の21。父の10同様、たくましいオスに成長し、世界中に名を知られるようになった。（写真：NPS / バリー・オニール）

ハイイログマはしょっちゅうオオカミの獲物を盗む。ハイイログマを追い払うために、オオカミの群れの一頭がクマのお尻に噛みつくことがある。クマがそのオオカミを追いかけている間に、他のオオカミたちが獲物をむさぼれるからだ。（写真：NPS / ジム・ピーコ）

コヨーテとバイソン。オオカミが襲ってきたら、バイソンは群れの仲間を守るために突進する。大きなオスバイソンは、オオカミの20倍の重さがある。（写真：NPS / ジム・ピーコ）

1996 年に、国立公園局主催のクリスタル・クリークの囲い地へのハイキングツアーを引率する著者。ハイキングツアーでは、最高 165 人の訪問客を案内した。（写真：NPS / デイヴィッド・グレイ）

スルー・クリークのオオカミ・ウォッチャーたち。ここは、8 が家族を守るために、自分よりずっと体が大きく力も強いドルイド・パックのオスリーダー 38 と戦った場所である。38 は、8 の父親を殺したオオカミでもあった。（写真：キャティ・リンチ）

新参者の21を群れに迎え入れるドルイドのオオカミたち。42が21と出会ったとき（写真上）、長く親密な二頭の関係がはじまった。（静止画：ボブ・ランディス）

遠吠えをしながらドルイド・ピーク・パックに近づいていく 21。ドルイドのオスリーダー 38 が人間に射殺されてしまい、21 が新たなオスリーダーとして群れに加わろうとしている。（静止画：ボブ・ランディス）

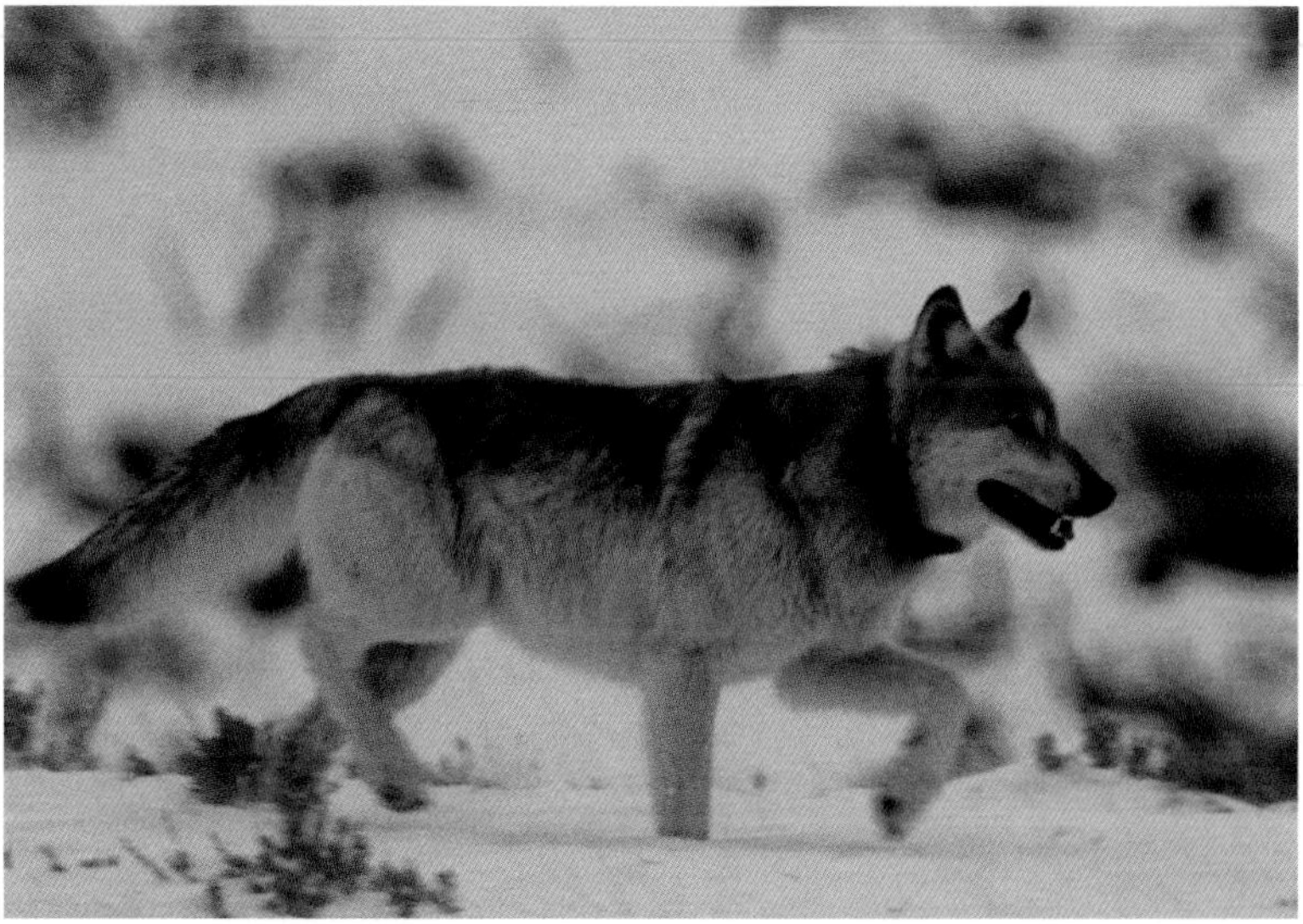

オスリーダーにふさわしいオオカミかどうか確かめようと、用心深く 21 に近づいていく、ドルイドのメスリーダーの 40。（静止画：ボブ・ランディス）

発信機付きの首輪を取りつけられたドルイドの子オオカミの識別用の写真。首輪を取り付ける際に打った鎮静剤の効果が切れかけている。（写真：NPS / ダグラス・W・スミス）

エルクは、イエローストーンのオオカミにとって主要な餌動物である。エルク狩りの大半は、オオカミ側の失敗に終わる。（写真：NPS / ジム・ピーコ）

第17章　オオカミの性格

同じ六月のある日、わたしはデッド・パピー・ヒルで、リンダの修士論文の指導教官であるジェーン・パッカードと共に、午後と夕方の巣穴観察シフトに入っていた。ドルイドの巣穴がある森の様子を一緒に観察していたときに、ジェーンから、21がまだ生まれた群れで暮らしていた一九九六年と一九九七年に、ローズ・クリークの巣穴観察をしたときの話を聞いた。そのときジェーンが気づいたのは、8は、狩りに出かけようとしたときに21が近くにいなければ、必ず遠吠えをして21が来るのを待っている、ということだった。21が現れると、二頭はそろってエルクを狩りに出かけた。たいていは21が先に獲物に追いつき、ひと噛みして動きを止める。そこへ8が追いついて21と一緒に獲物を引き倒し、とどめをさす、という手順だったという。彼女の話からは、8が、大きな体と強い力をもち、俊足で狩りの腕も確かなこの養子を、群れに十分な食糧を補給するための助っ人として頼りにしていたことが、ありありと伝わってきた。8は息子であるこの大きなオスを信頼していた。高校のフットボールチームのキャプテンが、チームの花形プレイヤーに、パスを受け、敵の防御を突破し、タッチダウンを決めることを期待するように。8にとって21は優秀な右腕だった。

オオカミ・プロジェクトのボランティアで、一九九六年と一九九七年にローズ・クリークの巣穴を長時間かけて観察していたデビー・ラインウィバーとジェイソン・ウィルソンにも、8と21の関係についての印象を聞いてみた。デビーは、二頭のオスは群れのために自分たちが協力する必要があるとわかっていたようで、とくに狩りを成功させ、巣穴に食糧を持ち帰ることに力を入れていた、と教えてくれた。二頭は家族を守り、養う責任を分かち合っており、いわば「共同リーダー」だった、と彼女は説明した。ジェイソンは、年長の8が21に対して支配的に振る舞うところを見たことがないし、若い21が、自分を引き取ってくれた養父に、どのような形であれ反抗するのも見たことがないと言った。「彼らは気の置けない間柄だったんですよ」とジェイソンは続けた。「支配関係も階級意識もなかった。対等なパートナーシップを結んでいたんです」と。

わたしもまた、8が21に対して権威的に振る舞う様子など、一度も見たことがなかった。8は、いわば穏やかで自信に満ちた性格の持ち主だった。一九九七年の春には、21は二歳、人間で言えば二二歳くらいになり、体の大きさでも力でも8を凌ぐほどになったが、二頭は協力し合ってとてもうまくやっていた。わたしの目にも、21が8のことを、群れのオスリーダーであり自分を育ててくれた継父として尊敬しており、8も、21が家族のためにしてきたことを高く評価していることがはっきりとわかった。デビーは二頭のことを共同リーダーと呼び、ジェイソンは二頭の関係をパートナーシップという言葉で表した。わたしはそこに「友情」という言葉をつけ加えたいと思う。わたしには、ローズ・クリークのこの二頭の大人のオスオオカミは、好んで一緒にいたがる二頭の犬のように思えた。オスリーダーである8の鷹揚《おうよう》な態度とは対照的に、ドルイドのメスリーダーの40は、どうやらその地位を失いかけているようで、自身の姉妹である42や三頭の若いメスたちへの不必要な威圧を繰り返す攻撃的な態度を見せていた。弱いメスたちを脅し、叩きのめすその姿を見ていると、40は、いつの日かメスたちが反旗を翻すことを恐れているのだろうか、という思いが湧いてきた。

21は、ドルイドのオスリーダーとして、食べざかりの子オオカミのためにますます多くの獲物を狩ってこなければならないことなど、新たな重責を負うことになったが、休息を取って遊ぶことも忘れなかった。あるとき、40が21に近づいてきたかと思うと、ふいに背を向けて走り去り、それは明らかに追いかけっこの誘いだった。21は全速力で40を追いかけ、二頭は木々の間をすり抜けるように走り回った。しばらくすると、40が振り向いて21を追いはじめた。40が追ってくるのを見た21は逃げだし、まるで彼女のことを怖がっているかのような素振りを見せた。キントラとわたしが、ダイニングテーブルの周りで、役割を交代しながら追いかけっこを楽しんだときとまったく同じだった。

子オオカミが成長するにつれて、ドルイドの大人たちは以前より遠くまで狩りに出かけるようになった。ダグ・スミスが、六月二一日の追跡飛行中に、リーダーペアと二頭の一歳児が公園の東の境界線を越えてクランダル川《クリーク》の近くにいるのを発見した。そこは、前年の秋に31と38が銃で撃たれた場所だった。わたしたちは非常に気をもんだが、六月二三日に一行が無事ラマー・バレーに戻ったのを知ってほっとした。しかしその三日後の追跡飛行では、リーダーペアが南に三二キロ離れたペリカン・バレーにいて、オスエルクの死骸を貪っているのが目撃された。そこはクリスタル・クリーク・パックの縄張りのど真ん中で、そこにいたドルイドは21と40の二頭きりだった。もし、クリスタル・クリーク・パックの大人と一歳児を合わせた八頭が、死骸の匂いに誘われてやってきて、自分たちの縄張りにドルイドの二頭がいるのに気づいたなら、彼らは攻撃しただろう。そうなったら、21は40を守るために戦わなければならない。対する群れにはクリスタル・クリークのオスリーダーである6がいて、6は園内に数えるほどしかいない、21より体が大きいオオカミなのだ。しかし彼らは幸運に恵まれたようで、翌朝わたしは、二頭が巣穴に戻っていることを発信機からの信号で確認できた。

わたしはドルイド・パックの観察を続けているうちに、一歳児にもそれぞれ性格に違いがあるとわかってきた。ナンバー104は、その年の春にバイソンを仕留めた、あの勇猛果敢な黒毛の一歳児だ。その兄弟にあたる灰色の107は、体は104より大きいが、104のような積極性や怪我も厭わない実行力は持ち合わせていないように見えた。あるとき、この大柄な107がメスエルクを追っているところを見かけたが、メスエルクに追いついた107は、エルクの後ろ足を噛んだだけだった。車を追いかけていた犬が、いざ追いつくとどうしていいかわからなくなってしまうのとよく似ていた。メスエルクを追いかけているとき、107は何度か転倒してころがっていた。エルクに蹴られたのか、自分でつまずいて転んだのかは判断がつかなかった。

転んで起き上がったとき、107は、メスエルクが足をひどく引きずっているのを見たはずで、その事実は彼にかなり有利に働いたはずだった。ところが再びメスエルクに追いついた107は、立ち止まってエルクが走り去るのをただ見守っていた。それとは対照的に、104については、目の前に訪れたチャンスは決して逃さないオオカミだ、という印象があった。104なら、何とか工夫してチャンスをものにするだろう。もしも足の悪いメスエルクを見つけたなら、仕留めたに違いない。のちに実施したDNA鑑定の結果、104は42の息子だとわかった。体が大きい107のほうは、発信機を装着する機会がなく、DNA鑑定も行なっていないので、この二頭が異母兄弟なのか、ひと腹の兄弟なのかは知りようがなかった。

わたしは、ドルイドの五頭のメスのやり取りの観察も続けていた。42が、メスリーダーよりもずっと一歳児に気配りしていることにはすでに気づいていた。ずいぶん以前にも、40が激しい勢いで41を地面に押し倒したあと、42が41に近づいて一緒に遊びはじめるのを見たことがあった。まるで、いじめられた女の子のところに行って、その子と友だちになってあげる人間の子どものようだった。

六月末のある日、一歳児の103と106が40の横を素通りして、嬉しそうに42に向かっていったことがあった。そこへメスリーダーの40が威嚇するように駆けてくると、42は地面に身を伏せ、次には仰向けに転がって40の下に潜り込んだ。40は42をひと噛みして立ち去った。42は、身をかがめたままそろそろと起き上がった。それに気づいた40は、走ってきて再び42に噛みついた。42は地面に転がり、それから伸び上がって40の顔を舐めて、彼女の怒りを和らげ、服従の意思を示そうとした。これには効き目があったようで、メスリーダーの40は42が立ち上がることを許した。あのとき40が42を攻撃したのは、若いメスたちが自分ではなく42に群がったからだろうか、とわたしはあとから考えた。

この出来事の直後の21のある行為が、彼に対するわたしの評価をさらに高めた。21が40に近づいて、遊びに誘ったのだ。その様子はまるで、人間の父親が、感情にまかせて周囲に当たり散らす子どもの相手をしてやっているかのようだった。遊びで気を紛らわせて40の機嫌を直したところで、21は群れの他のメンバーたちの周りを走ってプレイバウをしてみせた。するとすぐに、40と他の一歳児たちが21を追いかけはじめた。その後21は方向転換し、今度は21と一歳児たちが40を追いかけた。40は少し逃げてから、また向きを変えて21を追いかけた。21が体を斜めに傾け、40が追ってくるのを振り返って確かめながら走っていくのが見えた。と、突然、21は丈の高い草むらに跳び込んで身を潜め、40が追いつくと跳び出して姿を現し、彼女を追いかけた。その後21は、一歳児たちのところへ行って、彼らと一緒に遊んだ。

この間ずっと、42は遊びに混じってあの暴力的な姉妹に出くわすことを恐れているかのように、群れの仲間たちとは離れたところにいた。今や42以外の群れのメンバー全員が40を追っていた。40は21がさっきやっていたように体を斜めにして後ろを振り返り、追いかけてごらん、とけしかけるようにみなを見た。21が40に追いついて、リーダーペアはじゃれ合った。二頭は後ろ足で立って胸と胸を合わせ、口や前足をスパーリングするように打ち合わせた。その後40が21を追いかけ、21がおそらくわざと転ぶと、40がその周囲を走り回った。やがて21が立ち上がり、40を追いかけた。

42はどうしているだろうと思ってあたりを探すと、42は一歳児たちと遊んでいた。21のおかげで緊張は解け、群れはいつもの様相を取り戻した。21は、遊びをうまく使って家族間のギスギスした空気を修復する仲裁役だった。そしてそんなときの21は、権力を握るオスリーダーではなく、群れが擁する宮廷道化師のように振る舞った。21は群れのどのオオカミよりも大きな体と強い力をもつオスだったかもしれないが、道化を演じることに何の抵抗もなかったのだ。

この日、ドルイド・パックにはすでにたくさんのことが起きていたが、その後もう一つの事件があった。42にとっては、「だれにでもいつか、日の目を見るときが来る（Every dog has its day）」ということわざが、まさに現実となった出来事だった。わたしは群れがプロングホーンの子どもを追っているのを見かけた。そのときプロングホーンが、セージが生い茂る一角で見えなくなった。おそらく疲れて倒れてしまったのだと思われた。群れは茂みを嗅ぎ回ってプロングホーンの子どもを探し出そうとした。しばらくして、42がプロングホーンの死骸をくわえて茂みから跳び出してきた。40が42に向かって尾を振ってみせ、どうやら42の機嫌をとって獲物の分け前をもらおうとしているようだった。しかし42はそれを無視して遠くまで駆けていき、獲物を地面に置いて寝そべった。そして獲物を独り占めして食べてしまった。40は獲物についての42の権利を尊重し、それを邪魔することはなかった。

この一件から、群れの下位のメンバーにも自分が仕留めた獲物の所有権はあり、上位のオオカミであってもそれを侵すことはできない、ということをわたしは知った。まるで、自分よりずっと小さな犬が、専用のエサ入れに盛られた食べものを食べる権利を尊重する、大型犬の姿を見ているようだった。21もまたプロングホーンの子どもを仕留めて、いつものように一歳児の何頭かにも分け与えた。スルー・クリークで子エルクを仕留めた8が、養子にした三頭の一歳児たちに肉を分けてやったときのことが思い出された。これもまた、21が8の行動を見習った例の一つだった。

この日はわたしにとって、とても疲れた一日だった。午前四時に起床し、群れを見つけたのは午前五時二六分だった。群れはその日の夜の九時二二分まで、ほぼ一六時間、ずっと姿を見せ続けていたのだ。しかし苦労した甲斐があった。オオカミの驚くべき行動をいくつか目の当たりにすることができたし、大勢の人々にオオカミを見せてあげることができたからだ。

21ほど遊び好きなオスリーダーを、わたしは他に見たことがなかった。七月の初めに、21とメスの一歳児の103が狩り場である道路の南側にいるのを見つけた。二頭は五〇〇メートルほど離れた場所にいて、お互いの姿は見えていないようだった。21は、コヨーテの巣穴と思われる穴を掘り返していた。そのとき103が遠吠えをした。21は声がした方向を見て遠吠えを返した。103はすぐに返事を返して彼のほうに駆けてきた。103がやって来たとき、21はまだ巣穴を掘り返している最中だったが、遊びたくてしょうがない若いオオカミは、21に跳びつくと、その背中に両方の前足をついて何度も跳びはねた。21は最初は無視していたが、やがて振り返って103と取っ組み合いをはじめた。21よりずっと小柄な103が、彼を押さえつけて動けなくさせた。21は103より二〇キロほど体重が重かったから、21がわざと地面に押し倒されたのは間違いなかった。そのあともしばらく遊んでから、21は立ち上がって再び穴掘りに取りかかった。21が、自分の体がすっぽり入るほど深い穴を掘るのを、103はその場に寝そべってじっと見ていた。やがて、21は発掘をおしまいにし、二頭は揃ってその場から立ち去った。

しばらくすると、小さなメスは21のほうに向き直り、その場でジャンプしながら体をひねって21の隣に着地すると、遊ぼうとせがんだ。大きなオスリーダーは103を見返し、それから走りだした。103は21を追いかけ、追いついて彼を引き倒したが、またしても21はわざと負けてやったに違いなかった。103は21の上によじ登り、戦いの勝者を気取った。21がもがきながら彼女の下から這い出して走り去る。103があとを追う。そのとき、二頭はそろってつまずいて転んでしまった。21が先に立ち上がり、ふたたび急いで走り去った。その姿は、横暴なリーダーから逃れようとする下位のオオカミのようだった。二頭は再び転んだ。今度は103が先に跳び起きて、またもや勝ち誇ったように21を踏みつけた。そのとき21が起き上がり、取っ組み合いがはじまった。21がわざと地面に投げ倒された。103がその横に寝転がり、二頭は楽しげに前足でお互いの体を叩きあった。やがて大きな体の21が跳ね起きて、降参の印に尾を下げたまま逃げていった。103が追いつくと、21は再び負けたふりをしてその場に倒れた。

この遊びは三五分間続き、21はその間じゅう、オスリーダーというよりは、一歳児、もしくは子オオカミに近い行動をしていた。21はじっさいよりずっと若く地位の低いオオカミのように、つまり群れで一番小さいメスの一歳児でも追いつき、倒せるオオカミのように振る舞っていた。

わたしは一九九七年に38を観察したときのことを思いだそうとした。五頭の一歳児がまだ子オオカミだった頃のことだ。38が、このときの21のように、子オオカミたちと遊ぶ姿を見た記憶がなかった。

巨体のオスリーダーの38は、子どもたちを守り、食べさせることにかけては立派な働きをしたが、21がいつもやっているような、子どもたちとの楽しい交流の様子は見たことがなかった。38は彼らの実の父親であり、21は養父であるのに、皮肉な話だった。わたしの目には、21のほうが家族とより強い心の絆でつながっているように見えた。しかし結局のところ、この二頭のオスは性格が違うだけなのだ。38は周囲とあまりうちとけない性格で、一方の21は、38よりずっと陽気で社交的なタイプだったのだ。

それから三日後、わたしはデッド・パピー・ヒルに上り、ドルイドの巣穴にいる21の子どもたちをはじめて見た。灰色と黒色、二頭の子オオカミが巣穴がある森の正面にいた。生後九週から一〇週だと思われた。わたしたちは、21が前の冬に40、42の両方と交配したのを知っていた。イエローストーンのオオカミは、一度に平均四頭から五頭の子どもを産むから、この年ドルイド・パックには子どもがたくさん増えそうだと期待していた。しかし姿を見たのはこの二頭きりだった。42は、イエローストーン・インスティテュートのすぐ東側にある尾根の近くにしばらく留まっていて、もしかするとそこに巣穴を作っていたのかもしれないが、その後そこを離れていつもの巣穴で暮らすようになった、という話をわたしは耳にした。42は、しばらく留まっていたその場所で出産し、その後子どもたちを亡くしたのだろうか？　それとも、そもそも妊娠などしていなかったのか？　さしあたり、その疑問は忘れることにした。おそらく答えなどわからないのだから。

ある日のこと、どうやらその日は103と105の姉妹が巣穴の子守り役を命じられたようだった。103は近くの道路の方向にじっと目を向け、子オオカミたちにいかなる危険も及ばないように見張っている様子だった。そのとき、二頭の子オオカミが103に近づいてきた。黒毛の子オオカミは彼女の腹の下で寝転び、灰色のほうは彼女の顔を舐めた。103は尾を振って子オオカミたちを受け入れていたが、ふいに勢いよく走りだした。子オオカミたちもすぐにゲームのはじまりだと理解して、103のあとを追いかけた。数日前に21がやってくれたように、103も子オオカミたちから逃げているふりをした。そんな彼女とは対照的に、105は子オオカミたちが近づいてくると避けようとし、丈の高い草むらに隠れてしまった。

その翌日、二頭の子オオカミは、寝そべっているオスの一歳児、104を見つけると、遊んでもらおうと走り寄った。彼らが近づいてくるのに気づいた104は、二頭の背中の上を跳び越えて走り去った。子オオカミたちはそのあとを追いかけ、お尻に噛みついた。まるで逃げるエルクに攻撃をしかける、ごっこ遊びをしているようだった。104はそのまま走って106のところまで行った。子オオカミたちはたちまち104のことを忘れて、今度は106にまとわりついた。わたしにはそれが子どもたちの注意を106に向けさせるための、104の意図的な作戦のように見えた。104とは違って、106には子どもたちと遊んでやろうという気があった。106は一八〇センチほどの長さの枝を拾い上げると、それをくわえたまま子オオカミたちから離れて行った。するとそこへ、黒毛の子オオカミが走って来て枝の反対側の端をくわえ、二頭は枝をおもちゃのようにして、くわえたまま並んで歩いた。そのうち、子オオカミ同士で枝をくわえて走り回って遊びはじめたので、年長の姉である106に再び平穏が訪れた。
その日の昼前に、遊びたい気分になった104が子オオカミたちにプレイバウをして、一緒に跳ね回った。104は黒毛の子オオカミを追いかけて追いつき、その背中をパクリと噛もうとしたが、子オオカミはそれをうまくかわした。やがて遊びの熱がさめたのか、子オオカミたちはどこかへ行ってしまった。しかしその後、頭上を飛ぶ飛行機に驚いた二頭は、年長の兄に守ってもらおうとして慌てて戻ってきた。

七月一〇日、ドルイドの大人のオオカミたちは、二頭の子オオカミを連れて道路を渡り、ソーダ・ビュート・クリークを渡って、ソーダ・ビュート・コーン（火山円錐丘）の南東の新たなランデブーサイトに移動した。そのあたりは、一九二六年に、イエローストーンに生息していたオオカミの最後の二頭がレンジャーによって撃ち殺された場所だった。その恐ろしい出来事が起きた場所からほんの数百メートルのところに、一〇頭から成るオオカミの群れが暮らすことになったのだ。かつては、狩り尽くすべき悪党として憎まれていたオオカミが、今やイエローストーンの訪問客のお目当ての一つとなり、訪問客にサービスを提供する地元の産業に大きな利益をもたらしていた。時代は変わったのである。

ソーダ・ビュート・コーンのランデブーサイトでは、子オオカミたちはほかのどの大人よりも父オオカミのそばにいたがるように見えた。いつも21と並んで歩き、21のそばで横になった。この大きくて黒いオオカミといると安全で安心だと感じていたのかもしれない。

104にはその後も感心させられっぱなしだった。ある日のこと、わたしはドルイド・パックがプロングホーンの子どもたちを追っているのを観察していた。104がプロングホーンの子どもたちを追っていると、リーダーペアと他の三頭の一歳児たちが加わった。プロングホーンの子どもは群れの追跡を振り切ったが、104だけは諦めずに追い続けた。そのとき、104に大人のプロングホーンが突進してきた。おそらく104の気をそらす目的だったのだろうが、104はそれに構わず子どものあとを追った。追跡は七分間に及び、大人並みの体力を持たないプロングホーンの子どもは疲れ果てて倒れてしまい、104は獲物を手に入れた。群れの仲間たちが、あの21でさえ諦めたというのに、104は追跡を続けて成果を上げた。104は獲物の肉を自分のメスのきょうだいの一頭にも分け与えた。ひょっとすると、父親の21の行動を見て真似たのかもしれない。

その後、大人たちがソーダ・ビュートのランデブーサイトを出て西へ向かうと黒毛の子オオカミはそれについて行き、群れはやがてカルセドニー・クリークのランデブーサイトにたどり着いた。そこを活動の拠点とするほうが、群れにとって都合がよかったのだ。灰色の子オオカミは、大人たちについて行かなかった。わたしはその後デッド・パピー・ヒルに上り、灰色の子オオカミが道路の北側の巣穴付近にいるのを確認した。子オオカミは遠吠えを繰り返しては、ときどき間をおいて、返ってくるかもしれない遠吠えに耳を澄ました。わたしがいた場所は、子オオカミがいる場所からおよそ一・三キロ離れていた。しかしわたしがくしゃみをすると、子オオカミはすぐに、まっすぐわたしがいる方向を見た。オオカミの聴覚がいかにすぐれているかを強く印象づけられた出来事だった。106は子オオカミの遠吠えに気づいたに違いなかった。なぜなら、その後わたしは、106が灰色の子オオカミを連れて、カルセドニー・クリークにいる他のメンバーのところへ向かうのを見たからだ。

七月一六日、三人のハイカーが道路を外れてカルセドニー・クリークのランデブーサイトに近づいた。見たところ、あたりの草原にオオカミの姿はなかったが、近くの森で二頭の子オオカミが遠吠えをする声は聞こえた。その後、森から出てくる21と40のリーダーペアの姿を確認した。前を行くのは40で、彼らは何が起きているのか確かめるために、人間たちがいる方向へ走っていった。走りながら、子どもたちがいる森のほうを何度も振り返り、遠吠えをした。おそらくそこでじっとしていなさい、と警告していたのだ。しかしこのときすでに、ハイカー三人は道路まで引き返し、オオカミからは見えなくなっていた。二頭は立ち止まり、道路のほうを見て、それから子どもたちがいる森へ走って帰った。

リーダーペアの発信機からの信号を調べたところ、彼らがこの一時間後にランデブーサイトを離れたことがわかった。おそらく二頭の子オオカミを連れて行ったのだろうと思われた。翌日、わたしはランデブーサイトで遠吠えをする105を目撃した。ドルイドの大人のオオカミと子オオカミを探している様子だった。その翌日には40と107がランデブーサイト付近にいるのを見たが、子オオカミの姿は見えなかった。

それから数日間、わたしは毎朝早くからドルイド・パックを探しに出かけ、彼らの信号のチェックも続けた。しかし七月一九日から二四日まで、信号を受信することもオオカミの姿を見ることもなく、遠吠えも聞かなかった。どうやら、ランデブーサイトに人が立ち入ったせいで、群れはラマー・バレーを離れたようだった。七月二三日に行なわれた追跡飛行で、ドルイドの五頭がペリカン・バレーにいることが確認された。子オオカミは一緒ではなかったが、おそらくドルイドの他の三頭の大人たちに付き添われて、どこかに隠れていたのだろう。ドルイド・パックのいないラマー・バレーはしばらくの間何の物音もしなくなり、がらんとして寒々しく見えた。

第18章　チーフ・ジョセフ・パック

ローズ・クリーク・パックもまた、別の離れた場所に移動していたから、ラマー・バレーではしばらくオオカミは見られそうになかった。リンダが、公園の西の端を縄張りとするチーフ・ジョセフ・パックの巣穴観察を行なっていたから、わたしも七月の残りの数日と八月は、そこのシフトに入ることになった。

チーフ・ジョセフ・パックは、七頭の子オオカミと四頭の一歳児を含む混合家族だった。この群れのリーダーペアであるオスの34とメスの33は、一九九六年にカナダのブリティッシュコロンビア州から移送されてきたときは同じ囲い地で暮らしていたが、放獣後は別々になり、彼らがようやくつがいになったのは一九九七年の夏のことだった。34と再会した33は、34と前のメスリーダーである17の間に生まれた四頭の子オオカミの養育を手伝うようになった。子オオカミたちの実の母である17は、エルクを追跡中に枝が胸に突き刺さり、それがもとで死んでしまったのだ。また17は、ローズ・クリークの9の娘で、21のメスのきょうだいでもあった。前年にローズ・クリークとチーフ・ジョセフが争いになった際に、元の群れを離れてチーフ・ジョセフに移ってきていた。つまり子オオカミたちは9の孫にあたる。それから一年が過ぎ、その子オオカミたちが今や一歳児となっていた。

わたしは、七月二四日の夕方に、群れのランデブーサイトを見下ろす丘の上に到着し、すぐにリーダーペア、四頭の灰色の一歳児のうちの三頭、そして生後三か月の灰色の子オオカミ七頭すべての姿を確認した。メスリーダーのナンバー33は艶のある黒い毛並みをもち、オスリーダーのナンバー34は体が大きくて毛色は灰色だった。一歳児はほとんど同じに見えたが、灰色の毛並みに浮かぶ模様で、すぐに見分けがつくようになった。

わたしは観察に取りかかった。一頭の子オオカミが枝を見つけ、それをくわえて走り回った。すると他の子オオカミたちがあとを追いかけた。そののち、一頭の子オオカミが、寝そべっていたある一歳児に近づいて一緒に遊ぼうとした。しかし遊びたくなかった一歳児は、子オオカミを軽く噛んだ。本気で噛んだわけではなく、その証拠に、子オオカミは一歳児にまとわりつくのをやめなかった。子オオカミはオスの一歳児の背中に噛みついたり、前足で顔を叩いたりした。このあと数週間群れを観察した結果、子オオカミたちは一歳児の唸り声や甘噛み、おどしを本気にしていないことがわかった。子オオカミは生来、年下の子オオカミを傷つけたりしないと彼らは知っているようで、一歳児が自分たちをしつけようとして何かやっても、すべて無視した。

それからわたしは毎日同じことを繰り返した。毎朝早起きして群れを観察し、オオカミが休息を取る午後の時間は近くの貸しキャビンで休憩を取り、夕方またシフトに入る。この場所に異動してきてからの四週間、毎日それを続けた。

観察初日の朝、四頭の一歳児のうちのある一頭が、他の三頭に比べて子どもたちとの関わりがずっと多いことに気づいた。七頭の子オオカミ全員がそのオスの一歳児を取り囲み、伸び上がって顔を舐めようとしているのを見た。一歳児は尾を振りながら、ずっと子どもたちのそばについていた。まるで、彼らの注目を浴びていることを喜んでいるように見えた。そのあと一歳児は、頭を地面に近づけて、一キロほどの肉を子オオカミのために吐き戻した。子オオカミたちは、一歳児が見ている前で肉をがっついた。一歳児は、一頭一頭の匂いを順番に嗅いでき、まるで七頭すべてを確認しているかのようだった。それが終わると、もう一度子どもたちのために肉を吐き出した。

しばらくすると、一歳児が一本の骨をくわえて走り出した。子オオカミたちがそのあとを追った。一歳児は骨を地面に落とすと子オオカミたちのほうに向き直り、そのうちの一頭を追いかけると、ふざけてそのお尻に噛みついた。その後も七頭の子オオカミ全員と、口や前足を使ってスパーリングごっこをしたり、取っ組み合ったりして元気いっぱいに遊んだ。ある子オオカミの後ろに回り、そのまま突進して鼻でお尻をつついて転ばせるのも見た。その光景に、オオカミにもユーモアのセンスがあるのだろうか、という疑問が浮かんだ。そして、もしもこの一歳児にユーモアのセンスがあるのなら、他のオオカミにもあるはずだ、とわたしは考えた。以前聞いた、世界のだれもが愉快だと感じるものとは何か、という話を思い出した。答えは、他人が転ぶのを見ること。しかし転んだのが自分であるときは悲劇なのだ。

他の三頭の一歳児とは違って、このオスの一歳児は子オオカミを繰り返し遊びに誘った。わたしはフィールドノートに、彼のことを「遊び好きの一歳児」という名で記録した。子オオカミ四頭と力いっぱい遊んだあと、残りの三頭のところへ走っていってじゃれ合い、全員と平等に遊んでやる姿も見た。

その朝は、この遊び好きの一歳児は子オオカミたちと九九分間遊んだが、すぐ近くにいた二頭の一歳児は、ほんの少し子オオカミと関わっただけだった。子オオカミたちは、遊び好きの一歳児のところへしょっちゅう駆け寄ってきた。彼が横になっていると、その背中に群がった。すると一歳児は寝返りをうって仰向けになり、空中に上げた足を、子どもたちに向かってぶらぶらさせた。また、子オオカミたちを追いかけていたと思うと、彼らの頭上を跳び越して前に回り、振り向いて子オオカミたちと顔を突き合わせたりもした。七頭の子オオカミ全員が彼を取り巻き、すると彼は一頭、また一頭と、やさしく噛んで回るのだった。

子オオカミたちは、母オオカミの33の首元につけられた発信機付きの首輪に興味津々だった。ある子オオカミは母の隣に寝そべり、片方の前足で、発信機を叩いて前後に動かして遊んでいた。そのあと子オオカミは、母親の顔を何度も叩いた。別の子オオカミが、母オオカミの耳を何度も噛みにくるのを見たこともある。どちらの場合も、母オオカミは子どもたちの手荒ないたずらに我慢強くつき合っていた。

子オオカミたちは、兄弟に背後から忍び寄り、その尻尾をくわえてぐいっと引っ張る遊びの楽しさをおぼえた。また取っ組み合いでは、相手の子オオカミの首の後ろの毛に噛みつけば、そのまま首をひねって地面に倒すことができるということも学んだようだった。こうした遊びのケンカは、彼らが大人になったときに、敵対する群れのオオカミと本気で戦うときのための、とてもよい練習になった。一歳児たちは、子オオカミが大きくなって狩りに出たときに役立つ動きの手本を見せて、彼らのレパートリーを増やした。たとえば、子オオカミを追いかけていたある一歳児は、体を前傾させて子オオカミの片方の後ろ足に噛みついて引き倒した。大人のオオカミも、これと同じやり方で、追跡中の子エルクを地面に引き倒すのだ。

子オオカミたちが遊んでいる間、大人のオオカミは彼らに危険が及ばないように油断なく見張っていなくてはならなかった。ある夜のこと、ランデブーサイトに近づいてくる一頭のクロクマに気づいた一歳児が、ゆっくりとクマのほうへ進んで行った。一歳児に気づいたクマは、大急ぎで一番近くにあった木によじ登った。しばらくしてクマが木から下りてくると、今度はオスリーダーの34が子オオカミを守る仕事を引き継ぎ、クマに突撃して行った。クマは全速力でさきほどの木に上り、太い枝の上で大の字になって一休みした。クマが下りてくると、オスリーダーの34は再び攻撃を仕掛けた。クマが木の幹を上りはじめると、34は跳び上がってその尻を噛んだ。クマは、噛まれまいとしてさらに上に登っていった。そして前に休んでいたのと同じ枝の上にまた寝そべった。34は木から離れ、クマの様子が見える場所に横になった。夜になってもまだクマは木の上にいたが、わたしはもう帰らなくてはならなかった。

わたしたちの調査では、先代のメスリーダーの死後、群れに新たなメスが加わった例はこれがはじめてだったので、わたしは、新たなメスリーダーとなった33が、今では一歳を過ぎて体は自分より大きくなった継子たちとどんなふうに接しているのかを、注意して見ていた。するとある夜、一歳児のオスが33のところへやって来て、仰向けに寝転ぶと33の顔を前足でやさしく叩いた。子オオカミが母オオカミにする仕草と同じだった。その後、一歳児は母オオカミの33の顔を舐めた。33は、愛情のこもった彼の行動を温かく受け入れた。33の振る舞いは、血の繋がりのある実の母親のものと何ら変わりなかった。

チーフ・ジョセフ・パックは狩りに失敗することも多く、エルクの肉にありつけなかったときには、子オオカミは草の茎をかじって空腹をしのいだ。そんなとき、群れが立ち去ったあとに歩いて行ってみると、未消化の鮮やかな緑色をした草がたっぷり混じった糞が転がっていて、彼らにとって、草はほとんど栄養的価値のないものだったということを示していた。わたしは、飛んでいる虫を捕まえようとして跳び上がる子オオカミの姿を見たことを覚えている。コオロギやバッタを捕まえて食べているところを見たこともあった。その日のチーフ・ジョセフの観察で、昆虫の硬い外骨格がたくさん混じった子オオカミの糞も見つけた。バッタの頭入りの糞まであった。他にはエルクの毛と骨片が混じった糞もあった。骨片は、子オオカミが古い骨をしゃぶったせいで呑み込んでしまったのだろう。

毛のほうは、エルクの皮を繰り返し噛んだせいだろう。

八月の半ばに、イエローストーン国立公園基金の企画で、俳優のハリソン・フォードとその家族を公園に招待することになった。チーフ・ジョセフのランデブーサイトが観察に最適だということで、わたしに仕事が割り振られた。一家は、朝のうちにワイオミング州のジャクソンからイエローストーンに入る予定で、基金の職員であるベンジャミン・シンクレアとわたしが、その日の午後に、わたしたちが普段観察している地点まで一家を案内する予定だった。ところが当日、息子が病気になり父親のハリソンが自宅に残って看病することになった。わたしたちはハリソンの妻で『E.T.』や『ワイルド・ブラック／少年の黒い馬』の脚本家であるメリッサ・マシスンと娘のジョージアを出迎え、一緒に観察地点まで徒歩で上った。ランデブーサイトには七頭の子オオカミすべてと一頭の一歳児が姿を見せており、みなで夜遅くまで観察を続けた。

翌朝、彼女たちと観察地点に戻ってみると、まだ七頭の子オオカミの姿があった。あたりにはところどころに霧がかかっていて、時々視界が遮られて何も見えなくなった。霧が少しずつ晴れてくると、子オオカミたちが円を描くように並んでいるのが見えた。そんな光景を見るのはそれがはじめてだった。円の中心部分は霧でよく見えなかった。やがて霧が晴れ、円の中心にいるのがハイイログマであることがわかった。ハイイログマは落ち着き払った様子で七頭の子オオカミたちを見ていたが、やがて丘を上りはじめた。するとクマを取り囲んでいた子オオカミたちは、怯える様子もなくクマと一緒に歩き出した。その後、一列になってクマのあとをついて行く子オオカミたちは、まるで自然散策でレンジャーの後ろを歩く人間の子どものようだった。ハイイログマは歩きながらさりげなく後ろを振り返り、まるで、子オオカミを従えて歩くのが、彼にとってごくふつうのことであるかのようだった。

この光景は、この夏にわたしが見た最高の光景の一つだった。ベンジャミンもわたしも、メリッサとジョージアがこれを見ることができて本当によかったと思った。この日の午後、わたしたちは二人をウェスト・イエローストーン空港まで送り届け、私有のヘリコプターで迎えに来たハリソンが、二人を乗せてジャクソンに戻った。わたしはその後もメリッサと連絡を取り続け、この年の秋にはニューヨーク市で暮らす彼女を訪ねて、娘のジョージアの学校でオオカミについて話をした。

あとでわかったのだが、子オオカミたちがクマといるのを観察した日に実施された追跡飛行で、リーダーペアが、ランデブーサイトから東へ四八キロ以上離れた地点にいたことが確認されていた。彼らが子オオカミのところに戻ったのは翌朝早くのことだった。手元の記録を調べて見ると、母オオカミの33が子どもたちと離れていたのは少なくとも九七時間で、父オオカミの34も少なくとも七二時間は不在だった。群れは獲物が捕れなくて苦しんでいたときなのだから、それもやむを得ないことだった。

夏の終わりには、クリント・イーストウッドの西部劇『続・夕陽のガンマン』のクライマックス・シーンを思わせる光景を目撃した。一頭の一歳児と二頭の子オオカミが円を描くように向き合い、長い間睨み合ったまま、微動だにしなかった。やがて三頭はゆっくりと身を屈め、今にも突進して跳びかかっていきそうに見えた。次の瞬間、三頭は一斉に前に走り出した。片方の子オオカミが急に進路を変え、すると一歳児ともう片方の子オオカミが追いかけて地面に押し倒した。わたしはこの新しい遊びを、「睨み合いゲーム」と名づけた。

八月二三日の朝、チーフ・ジョセフ・パックがいつものようにランデブーサイトにいるのを確認した。あとから思うと、それが、わたしがこの一家を見た最後の日となった。電波発信機の信号から、彼らがその日の遅くにランデブーサイトを離れたことがわかった。

チーフ・ジョセフ・パックの四頭の一歳児のうちの一頭のオスは、その後群れを離れてラマー・バレー付近にたどり着き、そこで21の娘の一頭と新たな群れを作ることになる。このペアはその後たくさんの子どもを産み、そのうちの一頭は世界的に有名な存在となった。そのメスオオカミは正式名を832Fというが、06《オーシックス》の名でよく知られている。06の父親にあたる群れを離れたこのオスは、あの遊び好きの一歳児だったのではないかとわたしは考えている。なぜなら、彼が自分の子どもたちと遊ぶときの振る舞いが、あの夏、遊び好きの一歳児が子オオカミたちと遊んでいたときと同じだったからだ。このオスオオカミは、その後発信機付きの首輪を取りつけられ、ナンバー113と呼ばれることになった。

第19章　オオカミの家庭

わたしは八月二七日にラマー・バレーに戻り、その日の夜にドルイド・パックを確認した。(二頭の子オオカミのうちの)黒毛のほうはいなかった。ランデブーサイトに人が近づいたあの七月一六日以来、黒毛の子オオカミは目撃されておらず、すでに四二日が過ぎていた。わたしたちがこの子オオカミを見ることは二度となかった。ひょっとすると、あの日大人たちとはぐれてしまい、群れに戻れなくなったのかもしれない。

それから二日後の早朝に、カルセドニー・クリークのランデブーサイトにいるドルイド・パックを見つけた。大人が三頭、一歳児が五頭、そして灰色の子オオカミが一頭の全部で九頭の群れだ。この日は、めずらしいことに40が遊ぶ気満々で、群れの全員が遊びに加わった。やがて、リーダーペアが他のメンバーたちから離れて二頭でじゃれ合いはじめた。後ろ足で立って体をぶつけ合い、前足で互いを打ち合った。前足を地面に下ろすと、21は40に怯えているふりをして走り去り、40がそれを追いかけた。21は尾を両足の間にしまい込み、まるで群れで最下位のメスのように振る舞った。彼は内なる子どもを開放し、またもや道化を演じていた。

その日ののちほど、群れが大きなオスのバイソンに遭遇したとき、一番近くにいたのが21と104だった。一歳児の104は、バイソンのほうに何度も突進し、噛みつくぞ、とばかりに上下の歯を打ち鳴らした。バイソンが突進してくると、若い104はすばやく身をかわした。バイソンが104に攻めかかったときに、他のオオカミが背後から突撃して足や尻に攻撃を加えることもできたが、彼らはそのチャンスを活かせなかった。今回もまた、104は群れのメンバーのだれよりも率先して、バイソンに立ち向かった。

八月の末に、クリスタル・クリーク・パックがオスリーダーの6を失った。8たちの父であり元オスリーダーでもあるナンバー4がドルイドに殺されたあと、おばとつがいになったあの若いオオカミである。八月二五日に追跡飛行を行なったダグ・スミスが、ペリカン・バレーで、6の死亡モードの信号を確認した。スタッフが徒歩で現場に出向いて亡骸を調べたところ、エルクの枝角による刺傷が死因であることがわかった。すぐ隣には、仕留められたばかりのオスエルクの死骸が転がっていた。6はこのエルクと戦って、ぶつかった際に致命傷を負い、しかしそれでも、見事なまでの強い決意と勇気で、エルクにとどめをさしたに違いなかった。6の脇腹には、ハイイログマの鉤爪で切り裂かれたような傷もあった。おそらく、エルクの角で刺し貫かれたあと、獲物をクマから守ろうとしたときにつけられたものだろう。6はその後、枝角による傷がもとで死んだのだ。もしもオスリーダーが自身の死に方を選べるとしたら、こんな死に方こそ選ぶべき英雄的な死だろう。こうして、当時のイエローストーンでもっとも大きく、強いオオカミが公園から姿を消した。九五年に連れてこられたクリスタル・クリーク・パックの四兄弟のうち、生き残っているのは二頭となった。8とレオポルド・パックのオスリーダーのナンバー2である。

九月八日、ドルイド・パックはいつものようにラマー・バレーに姿を見せたが、104だけがそこにいなかった。その後数日間、わたしは彼の電波信号を確認することもできなかった。九月一一日に行なわれた追跡飛行で、104がペリカン・バレーから数キロ離れたハイデン・バレーにひとりでいるのが目撃された。五日後に実施された追跡飛行では、104がクリスタル・クリーク・パックとずっと一緒にいるのが確認され、どうやら群れの新たなオスリーダーとなったようだった。

このとき104はまだ生後一七か月の一歳児で、8が新たなオスリーダーとしてローズ・クリーク・パックに加わったときとほぼ同じ年齢だった。クリスタル・クリーク・パックには少なくとも二頭の一歳児がいたが、104は彼らの縄張りに入り込み、群れのリーダーとなることができた。群れの一歳児の兄弟二頭は、メスリーダーの子どもだったのだろう。オオカミは近親とは交配しないのがふつうだから、メスリーダーは血の繋がりのない新たなオスを必要としていたのだ。メスリーダーが104を受け入れたのだから、息子たちも文句は言えなかったのだろう。前のオスリーダーの死後、よそから来たオスが群れの新たなオスリーダーとなる例が観察できたのはこれで三例目だった。前の二例では、群れに新たに加わったオスの8と21は、その群れの子オオカミを自分の子どもとして育てた。104も同じようにするはずだ、とわたしたちは期待した。

104が群れを離れたことにより、ドルイド・パックの頭数は八頭となった。リーダーペアの40と21、42、一歳児が四頭、それに灰色の子オオカミである。子オオカミの背丈はすでに三頭のメスの一歳児を超え、オスの一歳児の107の背丈とほとんど変わらなかった。この子オオカミの母親はほぼ間違いなく40だと思われた。体格のよさが21譲りであることは疑いようもなかった。

わたしは引き続き、21がドルイドの他のメンバーとどんなふうに交流しているかを観察していた。そんなある夜、群れの三頭の様子を観察することができた。リーダーペアとメスの103だ。一歳児の103と21が、尾を振りながら、開いた口元を楽しそうにぶつけあっていた。21が、自分よりずっと体の小さいメスにやられているふりをして後ろに下がったときに、横になっていた40をうっかり踏みつけてしまった。40は跳ね起きて21に噛みつこうとした。21は応戦はせず、噛まれないようにうまく身をかわしてそこから立ち去り、再び一歳児と遊びはじめた。

それからしばらくして、21が単独で南東に向かって歩いていた。何度も立ち止まっては40のほうを振り返り、どうやら彼女についてきてほしい様子だった。21が遠吠えをし、40が遠吠えを返した。そのあと40は立ち上がって歩きだしたが、まっすぐ21のほうには行かずに東へ向かった。大きなオスは40を見て、それから彼女のほうに走っていくと、東へと歩いていった。こうしたすべてが、このメスリーダーこそ群れの本当のリーダーであることを示していた。21がある方向に行きたくても、メスリーダーが別の方向に向かえば、21は彼女に従った。彼女がボスだった。

それから数日後のある日、六五分間の観察時間のうち、メスリーダーの40が群れを先導したのは四五分間だったが、21が先頭に立ったのはたったの一〇分間だった。その一〇分間も、21はメスリーダーが決めたルートをただ進んでいるだけだった。40が21に代わって再び先頭に立つと、40が方向を変えるたびに、21はそのあとをついていった。彼女が向きを変えて、来た道を戻ることになったときもそうだった。その姿は、デパートで妻の後ろをおとなしくついて回る夫のようだった。

その後年月が過ぎ、わたしは数々のオオカミの群れを観察してきたが、オスとメスのこの関係性は常に変わらなかった。オオカミは女家長制の社会で生きていて、メスが群れの主導権を握っているのだ。自著『*A Society of Wolves*（オオカミの社会）』のための調査をしていたときに知った次のような話を思い出した。オレゴン州ポートランドにあるワシントン・パーク動物園のある生物学者が、園内のオオカミ観察のために一三歳のボランティアを雇った。彼はそのボランティアの少女に、群れのさまざまなメンバーについて説明し、オスリーダーがこの群れのリーダーだと教えた。当時はそれが一般的な考え方だったのだ。

ボランティアの少女がつけた観察記録をチェックした生物学者は、彼女が大きな間違いを犯していることに気づいた。彼女は、群れを支配しているのはオスリーダーではなくメスリーダーだと記していたのだ。そんなこともわかっていない彼女に不安を感じながら、生物学者はオオカミの囲いに向かい、彼女と話す前にオオカミを観察し、その間違いを確認しようと考えた。ところが、群れの様子をよく調べてみると、彼を含むオオカミを専門とする、全員男性の生物学者たちが長年正しいと考えてきたことが、誤りだったことに気づいたのだ。偏見のない心でオオカミを観察した少女には、多くの人に見えていなかった真実が見えたのだ。

21の主な責務の一つは、家族をあらゆる脅威から守ることだった。ある秋の夜、わたしはリーダーペアと灰色の子オオカミがカルセドニー・クリークのランデブーサイトで寝そべっているのを見た。そこへ巨大なオスのバイソンがやってきて、まっすぐメスリーダーの40に近づき、そこから立ち退かせようとした。さらに二頭のオスのバイソンも加わり、三頭がそろって彼女を追い立てた。そのうちの一頭が突進してきたので、40は身をよじって逃げなくてはならなかった。このときには21と子オオカミも立ち上がり、バイソンの攻撃を避けようとしていた。

二頭のバイソンはすぐに興味を失ってどこかへ行ってしまったが、最初に来たオスバイソンはオオカミたちにしつこくつきまとった。バイソンはリーダーペアに突撃してきた。21は40の後ろを走って逃げていたが、ふいに向きを変え、体重九〇〇キロはありそうなオスバイソンを挑戦的に睨みつけた。その姿は、天安門広場でたった一人で戦車に立ち向かった男性のようだった。バイソンもその場に立ち止まり、21をじっと睨んだ。21は一歩も引かず、バイソンをそれ以上40に近づけないようにした。睨み合いは二〇秒間続き、その後21は、何事もなかったかのようにバイソンに背を向けると、早足でメスのほうに歩いて行った。バイソンはこの状況についてしばらく考えていたようだったが、やがて彼も動き出し、二頭から離れて行った。

リーダーペアに限らず、群れのオオカミはみな、家族を守り、家族に食べさせるために協力して働かねばならない。ある夜、42が群れでいちばん小柄なメスの一歳児の103と同じ方角に向かっているのを見た。42は、103からかなり遅れて歩いていたが、ふいに西に向かって走り出した。わたしがそちらに目を向けると、子エルクの尻に噛みついたまま離そうとしない103が見えた。42が駆けつけて、二頭は協力して子エルクを引き倒して仕留めた。一部始終を見ていた人が、二頭はわたしが到着するより前にこの子エルクを追っていたが逃げられてしまい、42は追跡を諦めたのだと教えてくれた。そのあとこの小柄な一歳児がひとりで子エルクを追いかけ、追いついて跳びかかり、後ろ足に噛みついたのだ。子エルクは、103を後ろに引きずったまま走り続けた。もう片方の後ろ足で103の顔面を蹴り、103を振り落として逃げた。しかし103は再び追いついて、子エルクの尻に噛みついた。42が追跡劇に気づいたのはこのときで、急いで駆けつけ、一歳児がとどめをさすのを手伝ったのだ。

オオカミの狩りの大多数は失敗に終わる。先日行なわれた講演会でのダグ・スミスの話によると、狩りの失敗率は九五パーセントにのぼる。一〇月の末に目撃した、ドルイドの八頭が大きなオスエルクを仕留めようとしたときの様子は、まさにその失敗率の高さを如実に示す例だろう。一頭のオスエルクが、八頭のオオカミに取り囲まれていたが、エルクは一歩も動かなかった。21がエルクの背後に回ってその後ろ足に噛みついたが、おそらく蹴られるのを避けようとして、すぐに離してしまった。するとオスエルクは、オオオカミのことなどまるで気にしていないかのように、ゆっくりとした歩調でその場から立ち去った。オオカミはエルクのあとをついていった。エルクが立ち止まると、オオカミたちはエルクの様子をじっくりとながめて、攻撃できそうな隙を探しているようだった。エルクが二、三歩群れに近づくと、オオカミたちは後ずさりした。エルクが再び歩きはじめると、オオカミもついていく。オスエルクは落ち着き払った様子で自信に満ちていて、まるで、だれにも手出しされないとわかった上で街の危険な地区を闊歩《かつぼ》する、NFLやNBAの大柄な選手のようだった。

そのとき、この群れをずっと観察してきた中で、さしたる印象もなかった一歳児の107が走り寄り、エルクの尻に嚙みついた。107はそのまま逃げ去ったが、すぐに戻ってきて再び同じ箇所を嚙んだ。しかしオスエルクはまるで動じなかった。彼にしてみれば、ちっぽけな虫に刺された程度のことだったのだ。無関心ぶりを見せつけるかのように、エルクは片方の後ろ足を上げて、蹄でのんきそうに頭を掻いた。エルクの体のバランスがくずれたこの瞬間こそ、八頭のオオカミが襲いかかる絶好のタイミングだった。しかし、エルクの自信ありげな態度に怖気づいたオオカミは、一頭残らず何もできなかった。

わたしはよく、エルクの群れがドルイドの巣穴がある森の近くで草をはんでいるのを見かけた。エルクがオオカミを気にしているように見えたことはほとんどなかったし、ドルイドのオオカミがエルクを追うこともめったになかった。ひょっとすると、彼らは自分たちの巣穴の近くを堂々とぶらつくエルクのことを、足も速いし、力も強くてとうてい仕留められそうにない、と考えていたのかもしれない。ドルイドのオオカミたちのオスエルクへの態度からわかるように、オオカミは、堂々としている餌動物には一目置くものなのだ。

群れが逃したオスエルクが何度かメスを求める鳴き声を発するのを聞いて、彼の本当の目的は他のオスエルクを蹴散らし、メスの気をひくことだとわかった。そんな彼にとって、ドルイドのオオカミはただの迷惑な存在に過ぎなかった。彼にはやるべきもっと重要なことがあった。エルクがようやく反応したのは、107がエルクのお尻のすぐそばまで近づいたときだった。エルクは振り返り、低く構えた枝角でオオカミを突きにかかった。この時点で、ナンバー6は、まさにこのひと突きで致命傷を負ったのだが、107は軽々と攻撃をかわした。この大きなオスエルクは自分たちの手に負えない、と群れは判断したのに違いなかった。というのも、一頭、また一頭とオオカミはそこから立ち去っていったからだ。

わたしはドルイドの観察を再開し、彼らがまだ狩りを続けていることを知った。群れは近くの森の中に入ってしまったが、木々の隙間から、彼らがエルクの群れを追いかけ、やがてそのうちの一頭に跳びかかったのが見えた。その後のことは、樹木に視界が遮られてよく見えなかったが、やがて、群れがエルクを仕留め、その肉を貪っているようだとわかった。こうしたことは、オオカミの群れの狩りではよくあることだった。あるエルクを狙って失敗し、それでもあきらめずに続けているうちに、ようやく別のエルクを仕留める。オオカミの暮らしとは、まさにそういうものだった。何度失敗しようとも、彼らは成功を信じてひたすら努力するのだ。

メスリーダーの40は、42への攻撃を再び開始した。わたしは40が42を追いかけ、押し倒して尻に噛みつくのを目撃した。40が立ち去ると、42は黒毛の一歳児のうちの一頭のところに行って一緒に遊んだ。しかししばらくすると、40が走ってきて一歳児を押し倒し、その若いメスに苦痛の叫び声を上げさせた。42と仲良くしたことへの罰として痛めつけたように見えた。そのとき、42が40に近づいて顔を舐めた。40の気を逸らせて、一歳児への攻撃をやめさせるためだった。助けてもらったことを、一歳児は大きくなっても覚えているのだろうか、のちになって恩返しをしたりするのだろうか、とわたしは考えた。

その後40は、別のメスの一歳児たちにも非常に攻撃的な態度を取った。三頭のメスの一歳児はみな、次の春には子どもを産める年齢になる。だから彼女たちの何頭かを群れから追い出せば、40の子どもたちが生き延びるチャンスが高まるのだ。40と一歳児たちの関係もまた攻撃の一つの原因だった。のちに行なったDNA鑑定の結果、この三頭の母親は、40がかつていじめて群れを追い出した、彼女の姉妹の41であることがわかった。つまり一歳児たちは40の姪だった。彼女たちが40の娘だったなら、40ももう少し好意的に振る舞ったかもしれない。じっさいこの数年後に、別の群れで、繁殖シーズンを前に、メスリーダーが姪にあたる二頭のメスを群れから追い出し、しかし自分の娘である二頭のメスについては群れに残ることを許した、という出来事があった。

40の他のメスへの攻撃的行動とそれが生み出す家庭内の混乱について、21はどう考えているのだろう、とわたしは思った。おおらかな性格の21は九月に群れを離れた104を含むオスの一歳児二頭とも仲良くやっていて、メスたちがなぜ揉めているのかわかっていないように見えた。40が群れのメスの一頭を叩きのめすのを、遠巻きに見ている21の姿を目撃したとき、わたしは、当時モンタナ州やワイオミング州の多くの店で売られていたポスターを思い出した。ポスターには、よく日に焼けた牧場の使用人が、うんざりした表情を浮かべているイラストが描かれていた。彼の下の説明文にはこうあった。

「ここに雇われたときに、聞いてなかったことが山ほどあるんだ！」

　メスリーダーの40がその暴力性を爆発させてから間もなく、103と106がエルクの群れを追う姿を見て、オオカミにとってエルク狩りがいかに危険であるかを改めて思い知らされた。106が一頭のメスエルクの背後に迫った。とそのとき、後ろに蹴り上げたメスエルクの足が106を直撃した。106は倒れて転がったが、なんとか起き上がった。しかし再びエルクを追うことはなかった。おそらく蹴られた痛みが尋常ではなかったせいだろう。わたしは長年、足をひどくひきずっていたり、足を骨折していたりするオオカミを公園内でたくさん見てきた。おそらくどれも、エルクに蹴られて負った怪我だと思われた。あるオスリーダーは、右の前足を三度も骨折した。そのたびに折れた骨は自然に癒合したが、とうとう足が変形してしまった。何度骨折しても、彼は休まず働き続け、骨が癒合するまで三本足で歩いたり走ったりしていたのだ。

　ときには、クリスタル・クリークのオスリーダーだったナンバー6のように、エルクとの衝突が致命的な結果につながることもあった。この年の一〇月の末に、ラマー川上流で、ローズ・クリークのオスの一歳児の死亡モードの信号を確認した。スタッフ数人が探索に出て彼を見つけた。亡骸の胸の中央には刺し穴が一つあり、その穴の大きさはエルクの枝角の先端の太さと同じだった。

オオカミが怪我を負い、ときには命さえ失う原因は、狩りだけではない。オオカミ・プロジェクトは、公園内の大人のオオカミの死因のなかでもっとも多いのは、敵対する群れとの闘争によるものである、と公表している。オオカミは縄張りを巡って争い、それは殺し合いに発展する。人間が領土や財産をめぐって戦い、殺し合うのと同じだ。前にも書いたように、この攻撃的な縄張り争いは、公園内のオオカミの個体数が増えすぎるのを防ぐ働きをしている。イエローストーン国立公園の面積は八千九百平方キロメートルにおよび、マサチューセッツ州の半分近い広さだが、群れが十分食べていけるだけの数の餌動物が生息するオオカミにとっての良質な縄張りは、一〇か一一しかない。イエローストーンのオオカミの群れは一〇頭ほどで形成されている場合が多い。近年のイエローストーンのオオカミの個体数は、平均でちょうど一〇〇頭ほどで、この地が公園になる以前にもともと生息していたオオカミの数と、ほぼ同じくらいだ。

一一月の初めに、42と三頭の一歳児がラマー・バレーの北側にいるのをわたしは見つけた。また同じエリアでローズ・クリーク・パックの信号も検知した。間もなく、ドルイドの四頭がいる場所から北へおよそ五〇〇メートル離れた場所で、ローズ・クリーク・パックを見つけた。しかし二つの群れが出会うことはなかった。ドルイドは東へ進み、ローズ・クリークは西へ向かったからだ。数えてみると、ローズ・クリーク・パックはリーダーペアを入れて一七頭だった。もしも二つの群れが争っていたら、頭数で四倍以上の差があるドルイドは大変なことになっていただろう。とくに、21が一緒ではなかったのだから。

わたしは、21が群れの進行方向を決めようとしてしばしば無視される様子を、引き続き記録していた。その日は、21は東へ進みたがっていた。40がついていかないことに気づいた他のメンバーたちは、40の元に残った。21はみなのところに戻ってきた。三三分間にわたり、彼は家族を東へ導こうとする行動を八回繰り返し、しかしだれもついてこないとわかると、そのたびに戻ってきた。21が九度目に東へ向かったときに、一歳児たちと子オオカミがようやくついてきた。しばらくして、40と42も同じ方向に歩きだした。間もなくメスリーダーが21を追い越し、21を後ろに従えてさらに東へと進んだ。

ドルイドのメンバーのだれかが、ある方向への移動を先導し、他のメンバーがそれに従った場合についての記録もわたしはずっと取っていた。一九九八年の夏に、群れの移動を40が先導したのは全体の四八パーセントだったが、21が先導したのはたったの二〇パーセントだった。次に多かったのは42で一七パーセント、106は四パーセントだった。メスリーダーの40が進む方向を決めたあと、彼女が何かに気を取られて他のオオカミが一時的に先頭を代わることはあったが、どちらに進むかを決めるのは40で、他の者たちはメスリーダーが決めた通りの道を進んだ。

イエローストーンを出発する準備が整った一一月一〇日に、わたしはもう一度ローズ・クリーク・パックの姿を見た。数えると全部で二二頭いた。これはイエローストーンで一番大きい群れで、ドルイドの三倍近い頭数だった。群れを先導するのは9で、その後ろを8が歩いていた。8の真後ろを、黒毛の大きなオオカミが尾を立てて歩いていく。発信機付きの首輪はつけておらず、黒毛のあちこちに灰色の部分があって、同じく黒毛に灰色がかった部分がある21ととてもよく似ているように見えた。このオオカミは21のメスのきょうだいのナンバー18で、群れの第二位のメスであり、一九九五年生まれの八頭いた子オオカミのうち、群れに残っている最後の一頭だった。18は一九九七年と一九九八年に8を父親とする子オオカミを産んでいて、つまり群れのオオカミのうちの何頭かは、彼女の子どもだった。

ナンバー8はこの群れに来てすでに三年になり、オスリーダーとしてのすぐれた力量と、生殖能力の高さを実証していた。群れのオオカミのうち、子オオカミ、一歳児、それより年上の若いオオカミを合わせた一九頭が、8の血を分けた娘や息子だった。わたしが知る限り、彼はイエローストーンでもっとも成功したオスオオカミだった。公園内でもっとも小さいオオカミで、兄弟たちからいじめられていたのは、はるか昔の話だった。8が公園にやってきた当時から彼のことを知るわたしたちは、8のことを誇らしく思っていた。8は、あらゆる人の想像を遥かに超えることを成し遂げた。

冬の仕事のためにイエローストーンを出発する前に記録を見直してみると、この年の夏と秋は合計で二〇三七時間野外調査に出ており、これは週四〇時間勤務を五一週続けたのと同じことだった。わたしがイエローストーンで勤務したのは二六週間だから、週に平均七八時間働いたことになる。ひょっとすると、わたしはその夏、連邦政府に雇われた職員のなかで、だれよりもよく働いた人間だったのかもしれない。

第20章　一九九九年の春

一九九八年末から一九九九年初頭にかけての冬の間、ビッグベンド国立公園で仕事をしながら、今のように五月から一一月までイエローストーンに滞在するのでは、イエローストーンのオオカミの暮らしのごく一部しか知ることができない、と考えていた。彼らの暮らしをもっと深く知るためには、冬のオオカミの様子を観察する必要がある、と考えたわたしはダグに掛け合い、ようやく年間を通してイエローストーンに滞在できることになった。これからは毎日、何年間にもわたって、オオカミの行動観察に大量の時間を費やし、彼らの生活のあらゆることを細部に至るまで記録しようと考えた。野生のオオカミの一頭一頭の、個性あふれる心を理解し、その興味深い話を人々に伝えることで、彼らのオオカミへの理解を深めたいと願っていた。オオカミの世界にのめり込めば、厳しい状況下で何年間も身を削って働くことになるとわかっていたが、ジョン・F・ケネディ大統領の「ムーン・スピーチ」と呼ばれる演説の、次のような言葉を思い出して励みにした。「わたしたちは、今後一〇年間のうちに月に行くことを決意した。そしてさらなる取り組みを成し遂げることも決めた。それが簡単だからではない。むしろ困難であるからだ」。しかし、今振り返ってみると、当時のわたしは、自分の計画を成し遂げるのがいかに大変か、まるでわかっていなかった。

一九九九年の四月三〇日は、その年のイエローストーンでのはじめての一日勤務の日だったが、イエローストーン川の北側で、仕留めたばかりの死骸を貪るローズ・クリーク・パックの五頭を見つけた。その後五頭は、マムズ・リッジのそばの群れが以前から使っている巣穴のほうへ向かったが、わたしは彼らを見失ってしまった。あとになって、9の娘で四歳のナンバー18がその巣穴を使っていたことを知った。18の黒い毛色は、年のせいで灰色がかり、頭頂部には特徴的な白い斑点が表れていた。18のオスのきょうだいである21も、頭のてっぺんに彼女と同じように白くなった部分があって、21はオスだからハゲのように見えた。この二頭のオオカミのきょうだいは一卵性双生児かと思うほど似ていた。

18は、三年連続で出産していた。いずれ彼女の母の9が死ねば、18が群れのメスリーダーの地位を引き継ぐことになるだろう。しかし今のところは9が群れのメスリーダーで、マムズ・リッジの北東にある新しい巣穴を拠点としていた。他には、一九九七年に生まれた18より若いメスが、マムズ・リッジの西側に巣穴を作っていた。最終的に、群れにはメスリーダーに六頭、18に七頭、そして若いメスに五頭の子オオカミが生まれた。その子たちに与えるための、たくさんの食糧が必要だった。

8は五歳、人間でいえば四二歳ぐらいで、イエローストーンのオオカミの平均寿命まであと一年しかなかった。その春のエルク狩りの様子を観察中に、全速力でエルクの群れを追う四頭の若いオオカミの後ろを遅れて走る8の姿を見たとき、年のせいで足が遅くなっただろうか、それともただエネルギーを温存し、他のオオカミにエルクの状態を調べさせているだけなのだろうか、とわたしは考えた。若いオオカミたちが一頭のメスエルクに追いついて襲いかかると、8が駆けつけて、みながメスエルクを引き倒してとどめをさすのに手を貸した。たしかに足は遅くなったかもしれないが、それでも8は自分の役割をしっかり果たしていた。

五月の末になると、ローズ・クリーク・パックはもっと高地で狩りをするようになり、めっきり姿を見せなくなったので、わたしは、巣穴の近くにまだエルクが豊富に残るドルイド・パックを集中的に観察することにした。五月最終日に、デッド・パピー・ヒルに上ってみると、フットブリッジ駐車場とヒッチングポスト駐車場近くの巣穴のそばにドルイド・パックがいるのが見えた。リーダー・ペアと42の姿もあった。42は、メスリーダーとすれ違う際には尾を足の間に巻き込んでいた。40の腹の毛が無くなっているのが見えて、それは彼女が授乳中である証拠だった。その数日後には40の乳首の腫れも確認できた。

一九九八年にドルイド・パックに生まれた二頭の子オオカミのうちの唯一の生き残りは、今や一歳児となっていた。彼は冬の間に発信機付きの首輪を取りつけられ、163という識別番号を与えられた。目新しいものへの探究心が強いオオカミで、道路や車に近づきたがる癖がある、と聞いていた。フットブリッジ駐車場で、ゴミバケツの匂いを嗅ぐ163を撮影したビデオも見た。163は、あふれかけているゴミバケツからゴミを引っ張り出し、そのあと駐車場をのんびり散策してから、道路のすぐそばに寝そべった。しばらくすると、ゴミを口で拾い上げて飲み込んでしまった。わたしたちは、道路脇にいる163に訪問客が食べものを投げ与えるのではないかと心配した。それを食べてしまえば、きっともっと食べものをもらおうとして人に近づくようになるからだ。

翌朝、夜中にドルイドに仕留められたであろうオスエルクの死骸が道路上に横たわっているのを見つけた。喉元にオオカミの噛み痕が残っていた。他に傷はなかったから、殺したのは経験を積んだ年長のオオカミ、おそらく21だろうと思われた。オオカミは大きなオスでも体高は八〇センチほどだが、オスのエルクの肩の高さは一五〇センチほどある。喉の位置は、さらに一〇センチほど高い。つまり、21がオスエルクの喉に噛みつくためには、自分の肩の位置の二倍の高さまで跳び上がらなければならなかったということだ。

わたしは、ラマー・レンジャー・ステーションまで車で行って道路上の死骸のことを報告してから、他のレンジャーたちと一緒に、オオカミたちが安全に食べられる場所まで死骸を移動させた。ちょうどこの頃、野生動物の死因を調べる調査官としてカナダで働いている男性と話す機会があって、彼はオオカミがエルクの喉に噛みついたときに何が起きるかをわかりやすく説明してくれた。喉に噛みつかれたエルクは、次の二つのうちのいずれかの形で窒息死に至る。オオカミの両顎に押しつぶされた頸動脈が破裂し、あふれた血液が気管に流れ込んで自分の血液で溺れ死ぬ。あるいは、オオカミの強い両顎に喉を締めつけられ、空気の通り道が塞がれてしまう。どちらにしろ、死は迅速に、数分以内に訪れる。のちに知ったことだが、若いオオカミは、獲物を死に至らしめるこうした嚙みつき方を本能的に知っているわけではない。年長のオオカミがじっさいにやっているのを見て学ぶ必要があるのだ。おそらく21は、8がそんなふうに獲物を仕留めるのを過去に見たことがあって、その手法を真似ていたのだろう。

父親の21同様、その息子の163もまた、巣穴の子オオカミたちに食糧を届けようと必死になっているようだった。ある朝、まだ何本か肋骨がついたままのエルクの背骨を重そうに運んでいる163を、巣穴の西側で目撃した。彼はそのまま巣穴のある森へ姿を消した。おそらく子オオカミが骨をしゃぶり、残った骨で遊べるように、巣穴まで運んでいったのだろう。

その二日後、別のまだ新しい死骸のそばにいた163が、巣穴のほうへ向かうのを見た。そのあと森に消えてしまったが、子オオカミのところに死骸から取ってきた肉を吐き戻しに行ったのだろうと思った。二五分後に、163は再び死骸のほうに歩いていった。その途中、姉にあたるオオカミに出くわした。姉が163の鼻づらを舐めると、彼は姉のために肉を吐き出した。その後、二頭はそろって走りだし、間もなく、おそらく自然死と思われるバイソンの死骸のところにたどり着いた。死骸の肉を食ったあと、163は再び巣穴にいる子オオカミたちの元に戻った。その途中、163は二度立ち止まって、地面に肉を埋めた。将来、群れが新たな獲物を仕留められなくなったときに、埋めた場所に戻って肉を掘り返し、子オオカミたちに与えるためだった。その夜、21が腹をいっぱいに膨らませた状態で、バイソンの死骸がある場所から巣穴へ向かうのを見た。その五〇分後、彼はもう一度子どもたちに肉を運び届けるために、再び死骸のところまで戻った。

21と163の二頭のオスがバイソンの死骸と巣穴の往復を繰り返したこと、そして163が肉を隠しておいたことには先見の明があった。翌日、大きなオスのハイイログマにその死骸を横取りされたからだ。ハイイログマがいなくなると、すぐに別の母グマが三頭の一歳児を連れてやってきたので、ドルイドのオオカミたちはまたもや子どもたちに食べものを運べなくなった。しかしその後、40と163が協力してクマの一家を獲物のそばから追い払った。母グマがいなくなると、すぐに二頭のオオカミが走ってきて、できる限りの速さで肉を呑み込んだ。

母グマは急いで戻ってきたが、一歳になる三頭の子グマたちの様子を見るために立ち止まった。その間に、オオカミたちはさらに肉を呑み込んだ。母グマは、オオカミを追い払いたい、幼い子どもたちの安全も守りたい、という二つの思いの間で葛藤しているようだった。そこへさらに二頭のドルイドがやってきて、四頭のオオカミはクマの母子に執拗な脅しをかけながら、何度か死骸までたどり着いて肉を貪ることができた。クマの一家がいなくなったあと、ドルイドの大人の中で一番小柄な103が、ひとりで死骸を貪っているのを見かけた。そこへ大きなハイイログマが近づいてきたが、103は立ち退こうとしなかった。クマとオオカミは、一メートルほど離れて肉を食べ、何の衝突も起きなかった。そのクマと比べると、103はとても小さく見えたが、彼女は自分よりずっと大きいクマを恐れてはいなかった。

しかし21と163の親子は、獲物のそばでは常に肉を運ぶことしか考えていない、というわけでもなかった。のちほど、獲物を貪っていた21と163が、途中で遊びはじめた。21が大きな体で163に向かって突進すると、163も遊びだとわかっていて21に突進した。21が唐突に方向転換して、163に自分を追いかけさせるように仕向けた。しばらくすると、再び21が追いかける側に回った。年下の163はすぐさま振り返り、プレイバウをすると、自分のほうへ向かってきている21へと正面から走っていった。すんでのところで、163は父親の脇をすり抜け、衝突を回避した。

21が163に追いついて、そのお尻を軽く噛んだ。二頭は並んで楽しげに走り回り、それから軽く噛み合ったり、取っ組み合いをしたりした。21は、互角に戦っているように見せるために、手加減していたに違いなかった。二頭は地面に倒れ込み、丘の斜面の雪原の上で取っ組み合った。雪の斜面を滑り落ち、幾度か転げ回った。その後二頭は勢いよく立ち上がり、息子が父を再び追いかけた。まるで、兄弟たちや8と遊び回った、心配とは無縁だった若い頃の21を見ているようだった。

五月一五日、タワー・ジャンクションの北側で、思ってもみなかったオオカミの電波信号を検知した。信号は、ドルイド・パックに以前いたメンバーで、前年の秋に群れを離れてクリスタル・クリーク・パックのオスリーダーとなった104のものだった。彼はなぜ、新たな群れを離れて北へ戻ってきたのか？　その翌日、104がラマー・バレーの北側にいて、ドルイドの巣穴のある森へ向かって歩いているという報告を受けた。電波信号も、彼が巣穴のすぐ西側にいることを示していた。二〇分後にもう一度信号を確認すると、信号はまさに巣穴のある森から発信されていた。同じ場所で、ドルイドの三頭の大人のオオカミからの信号も受信した。わたしたちが知る限り、八か月前に104が群れを離れて以来、彼がはじめて果たした家族との再会だった。

翌朝、104が彼のメスのきょうだいの一頭とカルセドニー・クリークのランデブーサイトにいるのをわたしは見つけた。そこは、彼らが子オオカミだった一九九七年に、何度も遊んだ場所だった。そこにいるオオカミが104であることは、遠くからでもわかった。というのも、尾の曲がり方が母オオカミの42とそっくりだったからだ。同じ日に行なわれた追跡飛行で、104がランデブーサイトから南へ一六キロ離れた場所にいるのが確認され、そこはちょうどクリスタル・クリークの縄張りへの帰り道を半分ほど進んだ地点だった。どうやら、104はラマー・バレーの親族を訪ねたあと、再びクリスタル・クリークの仲間の元へ戻ろうとしているようだった。

この頃、雪解け水がラマー川の水位を上昇させていた。そんなある日、わたしは川の対岸へ安全に渡れる場所を探している103を見つけた。103は川から分かれでた小さな支流を歩いて渡ると、川幅がもっとも広く、もっとも深い場所を覆うように積み重なる流木によじ登り、その上を歩いて反対側の岸にたどり着いた。頭を使って溺れ死ぬ危険を回避したのだ。

その数日後、わたしは、大学院生のジェニファー・サンズと二人で、サンプル採集と情報収集のために、仕留められてから日が浅い動物の死骸を調べに出かけた。歯の状態を見ればそのエルクの年齢がわかり、骨髄からはその動物の全身の健康状態がわかるのだ。早朝に徒歩で出発したときには、川の水かさは低かった。ところが帰りに朝渡った場所に戻ってみると、水かさがひどく増して流れも速くなり、とても歩いて渡れそうになかった。103のことを思い出したわたしたちは、彼女が渡った小さな支流まで移動してそこを渡り、川を堰き止めている流木の上を歩いて向こう岸にたどりついた。もしも103の一件を知らなければ、川の向こう岸で一晩足止めを食うところだった。

この小柄なオオカミは、利口なだけでなく群れ一番の俊足で、いわばオオカミ界の短距離走者ウサイン・ボルトだった。あるとき、103がリーダーペアと42と一緒に歩いているのを見かけたことがある。彼らは数頭のエルクを見つけ、21がエルク目がけて走りだした。103も追跡に加わり、すぐにオスリーダーの21を抜き去った。そのときには、群れの大人のメスオオカミたちは、はるか彼方に取り残されていた。

長年オオカミを見てきてわかったのは、メスのオオカミは体重が軽いため、一般的に、体の大きなオスよりも足が速い、ということだった。通常の狩りでは、ターゲットのエルクに最初に追いつくのはたいてい若いメスだった。このメスの仕事は、エルクの後ろ足に嚙みつき、たとえエルクに頭を蹴られても離さないことだった。離さなければ、メスの重みでエルクが走る速度が遅くなる。姉妹のだれかが加勢に駆けつけた場合は、そのメスはもう一方の後ろ足に嚙みつく。そうすれば、最初のメスはさらなる蹴りを受けずに済むのだ。そこへ、21のような体の大きいオスが追いついて、エルクの前に出て向き直り、跳び上がってその喉元にかぶりつく。俊足の二頭のメスは、自分たちの力だけではエルクを殺すことはできないかもしれないし、平均的なオスは、単独で狩りに出たとしてもおそらくエルクの前に走り出ることはできない。オオカミは夕飯にありつくために、それぞれが自分にできることをやり、連携して獲物を攻撃する。とはいえ、体は小さくても、自分で獲物の喉に噛みついてとどめをさし、だれの力も借りずに仕留める例外的なメスたちも見てきた。また平均的なオスよりずっと足が速いオスも見たことがある。人間のスポーツ選手同様、オオカミもその身体能力はさまざまなのだ。

わたしが次にドルイド・パックが巣穴から出てきたのを見たのは、彼らがカルセドニー・クリークのそばで二五頭のエルクの群れを見つけたときのことだった。オオカミたちは、その後五〇分間にわたって、この群れやほかのいくつかの群れを追いかけたが、どのエルクも足が速すぎて追いつくことができなかった。群れは狩りを諦め、すると一頭の大人のオオカミがネズミ狩りをはじめた。ほんの少しでも食べものにありつきたい、という思いだったのだろう。ドルイドの他のオオカミたちは、古びたバイソンの死骸がある場所に戻って肉をあさることにした。その数日前に現場を訪れていたわたしたちは、そこにはもう骨と毛皮しかないと知っていた。わたしは、163が大きな足の骨をしゃぶる傍らで、二頭の大人のオオカミがバイソンの頭骨にかじりつくのを見た。この場所で得られるわずかばかりの食べものを腹におさめてから、ドルイドのオオカミたちはまた別のエルクの群れを狩ろうとしたが、一頭も捕まえられなかった。その日、ドルイドは空腹だった。

ドルイド・パックを観察中、群れは以前に仕留めた獲物の死骸の元に、どれくらいの期間通い、死肉を食べたり、骨をしゃぶったりするかについて記録を取り続けた。オスのバイソンを仕留めてから一年後にその死骸がある場所に戻り、まだ食べられる肉片をむしり取る姿を目撃したことがある。また一九九九年の末には、その一七か月以上前の、一九九八年七月八日に仕留めたオスエルクの死骸のありかに戻る姿も見た。群れの九頭のうちの五頭が、頭骨にむしゃぶりつき、一頭のメスは足の骨を拾い上げると、地面に大きな穴を掘り、そこへ骨を埋めた。犬が、あとでしゃぶるために骨を裏庭に埋めるのと同じだった。土中に埋めることによって、狩ってから一七か月も過ぎたこの骨をさらに長く利用できるようになるのだろう。腹をすかせたオオカミたちが、ずっと以前に死んだエルクの毛をむしり取り、硬い皮を食べる姿もよく見かけた。飢えのあまり革靴を食べた人間がいると聞くが、それと同じことだ。

オオカミは、狩りがうまくいかず長期間食べられなくてもやっていけるように進化してきた。ずいぶん以前に飼育施設で行なわれた、今なら動物愛護精神に欠けると非難されそうな実験によると、大人のオスオオカミに一九日間餌を与えなくても、そのオオカミは生き延びたという。しかし野生のオオカミが、何日間も獲物を仕留められなかったとき、彼らには次の狩りに、それがだめならさらに次の狩りに出続ける、という選択肢がある。わたしがもっとも敬服するオオカミの特性は、その堅忍不抜《けんにんふばつ》の精神だ。情熱とか、不屈の心と言ってもいい。おそらく彼らは、オオカミとして生きることを楽しんでいて、だから投げ出すなんて考えられないのだろう。

イエローストーンのオオカミの群れの縄張りの広さは、平均七七七平方キロメートルほどだ。イエローストーンで長年コヨーテの群れの研究を続けてきたボブ・クラブトリーによると、ごく一般的なオオカミの群れの縄張り一つに、コヨーテの群れの縄張りが一〇個含まれているらしい。ドルイド・パックも、ラマー・バレーを移動中にたびたびコヨーテの群れと遭遇しており、ときにはコヨーテの群れが、自分たちの縄張りに侵入してきたドルイドを追い出そうとすることもあった。

一九九九年春のある朝、オスのコヨーテがイエローストーン・インスティテュートの近くで42を追いかけているのを見た。42は何度も振り返ってコヨーテと向き合った。そのたびにコヨーテは後ずさりしたが、42が歩きだすと再びあとを追った。42は、尻に嚙みつかれないようにずっと尾を下げて歩いていた。ところが、42が地面のある場所の匂いを嗅ぐために立ち止まったとき、コヨーテが走り寄ってその尾に嚙みついた。42は振り向いてコヨーテを追い払い、再び歩きだした。コヨーテがそのあとを追い、再び尾を目がけて突進した。42は尾を腹の下に巻き込んだまま逃げたが、やがて戻って来てコヨーテを追い払った。

のちに、ドルイドがこのコヨーテの群れに報復するのをわたしは目撃した。ドルイドの五頭が、このコヨーテたちが巣穴を作っていたイエローストーン・インスティテュートの裏手にやってきた。42を先頭に、一行はコヨーテの群れのメスリーダーを追っていた。そのあとのことはわたしには見えなかったが、コヨーテのメスリーダーが危険を知らせる吠え声を上げるのが聞こえた。インスティテュートで授業を受けていた人々が、42と別の大人のメスが、順番にコヨーテの巣穴を掘り広げて中に潜り込み、子コヨーテの亡骸ひとつを引っ張り出し、それをくわえて立ち去るのを目撃していた。わたしは、その二頭が死んだコヨーテの子どもを食べているのを見た。

それから間もなく、ドルイド・パックはその場から立ち去った。ボブのチームのスタッフから、一日前に42の尾に噛みついたコヨーテは、この群れのオスリーダーだったと聞いた。42が自分たちの巣穴からコヨーテの縄張りまで群れの仲間を先導し、母コヨーテのあとを追って巣穴を見つけ、巣穴から子どもを引っ張り出したという事実から考えて、彼女は最初から借りを返すつもりでそこへ向かったのかもしれないと思われた。あとになって、ボブのチームの研究者たちから、コヨーテの大人たちが生き残った二頭の子どもを道路の南側にある新しい巣穴に移動させたと聞いた。

ドルイドやその他のオオカミの群れを観察中に、オオカミが仕留めた獲物の肉を、コヨーテがくすねる様子を何度も見た。オオカミが、食糧を子オオカミの元に届けるために死骸のそばを離れると、コヨーテが群れをなしてやってきて、オオカミが戻ってくる前に肉の大半を食い尽くしてしまうことがよくあった。クリス・ウィルマーズの「多くの生き物のための食糧」によると、彼はオオカミが仕留めた動物の死骸に、最高一六頭のコヨーテが一度に群がり、肉を盗み食いするのを見たという。おそらくオオカミは、店主が万引き犯に対して感じるのと同じ思いをコヨーテに対して抱いているのだろう。

コヨーテの一件から数日後、ダグ・スミス、オオカミ・プロジェクトの別のスタッフ、それにわたしの三人がインスティテュートに集合し、斜面を上って東側へ向かった。そこで、コロラド州から来たリタイア生活を送るアン・ホワイトベックと合流した。彼女はその鷹揚さと、初対面の人ともすぐ打ち解ける人懐っこさで、オオカミ・ウォッチングのコミュニティの人々からとても愛されていた。わたしたちの目的は、その尾根の上のある場所を調査することだった。四月のはじめに、42がそこで巣穴を作っているらしいとわかった。42の電波信号が、その尾根の頂上にある林の中から出ていたのだ。信号は弱くなったり強くなったりを繰り返したが、それはオオカミが巣穴を出たり入ったりするときに検知されるパターンと同じだった。

四月九日に、オオカミ・プロジェクトのボランティアのデビーとジェイソンが、ドルイドのリーダーペアが林へと向かい、その後40が、42を四分間にわたって痛めつけるのを目撃した。いつもよりずっと長く、激しい攻撃だった。その後姉妹であるこの二頭のメスと21は、42が巣穴を作っていたと思われる林の中に入り、数時間姿を見せなかった。42の電波信号は、彼女が巣穴を出たり入ったりしていることを示していた。翌日、メスリーダーは再び42を激しく攻撃した。痛めつけられた42は、その後他のドルイドのオオカミが仕留めた獲物に近づきはしたが、食べなかった。ふつうは、生まれたばかりの子オオカミを育てている母オオカミは、獲物を見れば貪るように食べるものだ。何か問題が起きたのだと思われた。この数日後に、42は新たに作った巣穴を捨てて群れが本拠地とする巣穴に戻り、40の子オオカミの世話を手伝った。

この一連の出来事は、40が42の巣穴に入り込み、彼女の子どもたちを殺したのではないかという疑念をわたしたちに抱かせた。不穏な考えだが、40の日常とその暴力的な性格をよく知るわたしたちには、それは確かにあり得ることだと思えた。40は過去に実の母親を群れから追い出し、自身の姉妹の一頭も同じ目に遭わせた。さらに42に狙いを定め、繰り返し痛めつけてきた。40なら、群れが手に入れた食糧を42の子どもたちに分け与えず、すべて自分の子どもに与えたいと考えてもおかしくないだろう。

わたしはオオカミ・プロジェクトのスタッフと共に尾根に上り、林の奥に作られた42の巣穴を発見した。斜面に垂直に掘られた巣穴は、人ひとりが這って入れるほどの大きさだった。穴の奥には何もなく、子オオカミの遺骸も見つからなかったが、それは予想がついていた。おそらく、付近を縄張りとするコヨーテの群れ――ドルイドが攻撃したあの群れ――が現場に遺された子オオカミの亡骸を見つけて食べてしまったのだ。結局のところ、じっさいにそこで何が起きたかはわたしたちにははっきりと分からなかったが、42が巣穴を作っていたこと、彼女が巣穴から出たり入ったりを繰り返していたことを示す規則的な電波信号、そして40が何時間か巣穴で過ごしたあとで42がそこを手放したという事実は、40が42の子どもを殺したことを示唆する、強力な証拠だった。

この出来事は、21の心にどんなふうに響いたのだろう？　この大きなオスは二月に姉妹の両方と交配していたから、どちらに子どもが生まれても21はその父親だ。彼は、二頭のメスが42の巣穴を訪れるのについて行き、おそらくメスリーダーの40がその巣穴に入るのを見ただろう。そのときまでは、彼の目には何もかもがごくふつうのことに見えていた。母親以外のメスオオカミが、子オオカミの様子を見に巣穴に入るのはよくあることなのだ。しかし巣穴に潜り込んだ40は、おそらく42の子どもを殺した。21が、子どもを殺害する物音を聞いていたのか、あるいはその場から離れていて何が起きたのかを知らなかったのかはわからない。しかし、その日、または数日後に42が巣穴を離れたときには、さすがに21も、彼女の子オオカミが死んでしまったことに気づいたはずだ。

メスリーダーが今後も同じことをしようとしたら、果たして21は介入して彼女を止めようとするだろうか？　わたしは、21が群れのメスに怪我をさせるところを一度も見たことがなかった。彼は、たとえ相手が噛みついてきたとしてもメスは傷つけてはいけないと考え、そう心がけているように見えた。のちのある繁殖期に、21が気に入って近づいた小柄なメスから、繰り返し噛まれるのを目撃した。数えてみたところ、そのメスは21を九回噛み、脅すように噛みつくふりをしたのは九〇回、そして一度だが、21を殴り倒したことさえあった。一方、21がそのメスを噛んだのは一回で、組み敷いたのも一回だった。どうやら21は、メスが自分を噛んでくるのを受け入れ、仕返しに噛んだり、暴力を振るったりするつもりはないようだった。21を拒絶したメスは、そのあと走り去って別のオスと交配した。この年、ドルイドは非常に大きな群れになっていて、オオカミ同士の関係も複雑化していた。メスが21を拒否したのは、この二頭が近親関係にあったからなのかもしれない。

わたしは、21や他のオスオオカミたちがこうしたメスを尊重する態度をどのようにして身につけたのか考えてみた。様々な巣穴の様子を何十年も観察してきてはっきりわかったのは、オオカミの家族においては、母オオカミこそがだれもが認めるボスだということだった。子オオカミが遠くに行き過ぎたときは、母オオカミが走っていってその背中をくわえ、巣穴まで運んでくる。母オオカミは子どもが間違った行いをしたときには毅然としてそれを正すが、大人のオスがしつけに関わることはめったにない。

メスリーダーが、巣穴をどこに作るか、いつ狩りに出かけるか、どちらに進むかといった群れの方針を決める。オスの子オオカミは、成長して大人になっても、オオカミの暮らしとはそういうものだと考えているように見える。メスが決断を下し、ルールを決めるのだ、と。40は女王であり、21の仕事は、ひたすら彼女のために働くことだった。この先、40が自分以外のメスの子どもを傷つけようとしたときに、もしも21が自身の考えを曲げて、実力をもってメスリーダーを止められなければ、一体だれがその子たちを助けられるだろう。メスリーダーの40は、自分に立ち向かってくるドルイドのメンバーをだれかれなしに攻撃することだろう。母オオカミが子どもたちを守ろうとしたら、40は間違いなくその母オオカミを殺すだろう。

わたしたちはのちに、ジム・ハーフペニーの『***Yellowstone wolves in the Wild***（イエローストーンの野生のオオカミ）』という著書の中に、一九九八年の春に起きた、似たような出来事が書かれているのを見つけた。当時40は、フットブリッジ駐車場とヒッチングポスト駐車場のそばにある群れの中心的な巣穴を使い、42はインスティテュートの東にある、今述べてきたのと同じ尾根の巣穴で暮らしていた。そして一九九九年同様、メスリーダーが42の巣穴へ向かうのをオオカミ・ウォッチャーが目撃し、そのあと争う物音を聞いた。ジムは次のように書いている。「この日を境に、42は二度と自分の巣穴に戻らなかった」。このときも、オオカミ・プロジェクトのスタッフがこの場所を訪れて巣穴を見つけたが、子オオカミの亡骸はなかった。ジムの著書のこの情報とわたしたちが目撃したことを考え合わせると、40が二年続けて自身の姉妹の子どもを殺したかもしれないことを示唆している。ひょっとすると、42について、一九九八年にわたしが偽妊娠だったと考えていたのも、本当の妊娠だったのかもしれない。

第21章　オオカミの巣穴の日常

一九九九年の五月の初めには、多くのメスのバイソンが出産を迎えていたが、エルクの出産時期はまだ先だった。ドルイド・パックの二頭が、一頭のメスバイソンとその生後間もない子どもに近づいた。子どもはまだ赤茶けた色をしている。メスバイソンはオオカミを追い払った。そこへさらに二頭のドルイドがやってきて、四頭がバイソンの母子を取り囲んだ。母バイソンが一番近くのオオカミに突進して追い払う。しかし、そのオオカミはすぐに戻ってきて、四頭が順番にバイソンの子どもに突進してきたので、バイソンの子どもは母親にぴったりと身を寄せていた。オオカミが近づきすぎると、母バイソンはその大きな頭を脅すように前後に振り動かして、彼らを寄せつけないようにした。やがてメスバイソンは、子どもを連れて歩きだした。四頭のオオカミは走って追いかけたが、母バイソンが振り返って睨みつけた。母バイソンがうまく守ったおかげで、オオカミたちもバイソンの子どもを本気で襲おうとはしなかった。

エルクの群れに子どもが生まれたのは五月の終わり頃で、ある朝、ドルイドのリーダーペアが子エルクを狩る様子を見た。メスリーダーの40が一頭のメスエルクに突進していったかと思うと、そばに生まれたての子エルクが横たわっているのが見えた。リーダーペアとメスエルクは睨み合い、エルクも反撃してリーダーペアを追いかけ回した。やがて、体が大きいほうを狙ったのか、メスエルクがオスリーダーの21に突進し、前足を振り上げて21の腰のあたりを蹴りつけようとした。命中すれば致命傷になりうるほどの一撃だった。その狙いすました一撃を21はすり抜けた。メスエルクが21に気を取られている隙に、40が横たわっている子エルクに走り寄り、噛みついて、持ち上げようとしていた。そこへ母エルクが駆けつけて40を追い払った。エルクが40に構っている間に、21が突進して子エルクを口にくわえて走り去った。気づいた母エルクは猛スピードで戻って21を蹴りつけた。一撃を逃れるためには、21は子エルクを下ろして逃げるしかなかった。しかし、母エルクが21を追いかけている間に、40が走り込み、うつ伏せに倒れている子エルクに再び噛みついた。このとき母エルクは、そばにいたコヨーテに気を取られた。母エルクは21を追うのをやめてコヨーテを追いかけた。おかげで21は、邪魔されることなく子エルクのところに戻ることができた。21が子エルクに噛みつき、どうやらそれがとどめとなったようだった。

子オオカミは、成長するにつれて大量の肉を必要とするようになる。オオカミという生き物は、春にエルクなど周辺の餌動物が出産する時期に、自分の子どもが生後四、五週目の離乳期を迎えるように進化してきたのではないか、とわたしは考えた。わたしの観察日誌には、ドルイドの大人のオオカミが、三六時間の間に少なくとも四頭の子エルクを仕留めたという記録がある。

群れのだれよりも狩りの経験を積んでいるリーダーペアは、群れ一番の狩りの名手であることが多いが、その春のある日、ドルイドの若いオオカミが、リーダーペアも手に負えなかった獲物を仕留めるのを見た。あるエルクの群れが、ドルイド・パックが近づいてきたのを見て逃げだした。21が群れを率いてあとを追った。やがて21は、六頭のメスエルクの群れに追いついてその中に入り込み、一緒に走り続けた。40と別のオオカミもそこに加わった。しかし結局一頭のエルクも仕留められず、三頭は追跡をやめて、東のほうを振り返った。わたしがそちらに望遠鏡を向けてみると、ドルイドの若いオオカミの三頭が、すでに地面に倒れたメスエルクに襲いかかっているのが見えた。そこへリーダーペアが駆けつけ、とどめを刺すのに手を貸した。

五月末のある日、巣穴から出てきた21が、道路を渡って南側へ進み、死後間もないエルクの肉を半時間ほど貪ってから、子オオカミたちに食べさせるために巣穴に向かって歩きだした。肉でいっぱいの大きく突き出た腹は、今にもはちきれそうだった。腹の中の肉は少なくとも九キロはあっただろう。アメリカではちょうど戦没将兵追悼記念日に当たる週末で、イエローストーンのわたしたちが属する課にとっては、一年でもっとも忙しい週末だった。まもなく21は、巣穴から道路を隔てたすぐ南の地点まで戻ってきて、道路を渡ろうとした。レンジャーが「停車禁止」の標識をあちこちに設置していたにもかかわらず、多くのドライバーが車を停めていた。その停車中の多数の車が、子オオカミたちが待つ巣穴へと急ぐ21の帰り道を遮っていた。道路上に連なる車を見た21は、後戻りして西へ向かった。

21は道路に沿って進んでいったが、その姿は、訪問客からずっと見えていた。間もなく、付近ではたくさんの車が道路上で停車したり、ゆっくりと行ったり来たりするようになった。車はあとから、あとからやってきて、そのドライバーたちもまた、車を停めて21を眺めたり写真を撮ったりした。21が、道路の北側へ走って渡れそうな車列の切れ目を探しているのがわかったが、車はほぼ数珠つなぎの状態で、切れ目などなかった。両車線ともすでに停車している車でいっぱいで、手持ちの赤色の停車標識を使う余地もなかった。わたしは道路上を歩いて回り、車のドライバーたちに父オオカミが子どもたちに食べものを届けるために道路を渡りたがっていると説明し、車を移動させるよう頼んだ。けれども、数台の車が移動してくれても、すぐに別の車がやってきてその場所を占領してしまった。

はじめに渡ろうとしていた場所から西へ六キロ進んだ地点で、21は道路に向かって走りだしたが、車が列になって停車していたため、引き返すことになった。21は地面に穴を掘り、大量の肉をその中に吐き出すと、その上に土をかぶせて覆い隠した。きっと肉でお腹がいっぱいなうえ、なにより巣穴に戻って子どもたちに肉を与えられないことへのストレスで苦しかったのだろう。だから彼は肉の一部を土中に隠すほかなかったのだ。21はさらに西へ三キロ進んだところでようやく道路の北側へ渡ることができた。今度は道路の北側を、巣穴まで九キロ歩いて戻らなくてはならない。これは、一頭のオオカミがラマー・バレーで体験した妨害としては、わたしが見た最悪の例だった。この出来事からは、何としても子どもたちの元に戻りたい、という21の強い思いが伝わってくる。何ものも、肉を家族の元に持ち帰ろうとする21を止めることはできなかった。一八キロ余分に歩かなければならないことぐらい、もちろんどうってことなかったのだ。

六月の初めに104が再び姿を現し、カルセドニー・クリークのランデブーサイトでオスエルクの古びた死骸の周囲を嗅ぎ回っていたが、どうやらそこに残っていたドルイド・パックの臭跡を嗅ぎ取ったようだった。このとき付近にはドルイドの一歳児の唯一の生き残りである163がいた。遺伝子検査の結果、104と163がいとこ同士であることがわかっていた。163は21の子で母親はおそらく40だった。一方の104は、38と42の子どもだった。元々ドルイド・パックにいた104はいまや二歳になっており、一歳児となった163が子オオカミだった頃に、その両親の子育てを手伝った。もしもこの二頭が偶然出会ったら、彼らはどんな反応を示すのだろう？

163がかつての群れの仲間に気づいたとき、彼はその場を離れて歩きだしたが、肩越しに何度も104を振り返った。104はゆっくりとそのあとをついていった。どちらのオオカミも相手がだれかわかっていないように見えた。一歳児が突然走り出すと、年上の104が後を追いかけた。104が追い迫ると、163は頭と体を低くかがめて服従の意思を示した。尾を振っていたから、このときはもう、163は相手が親戚だとわかっていたに違いない。163が年上の104の顔を舐め、二頭は遊びはじめた。一時間半ばかり遊んだり一緒に歩き回ったりしたあと、163は104と別れて、巣穴のほうへ向かって川を泳いでいった。わたしには163は104がついてくることを期待しているのだとわかったが、あたりが暗くなり、視界が悪くなってわたしが帰らねばならなくなっても、104はまだ川の南側に留まっていた。

その翌朝、104がひとりでスルー・クリークの川べりにいて、岸に沿って生えている丈の高い草の匂いを嗅いでいるのを見た。そばでは、川面に浮かぶ一羽のメスのカモが不安げに行ったり来たりしている。見ていると、104が沼地に生える草の茂みに潜り込み、カモの卵を口にくわえて出てきた。104はその卵を食べてしまった。そのあと彼は、ローズ・クリーク・パックの獲物の残骸を見つけて日が暮れるまでそれを食べ続け、夜になるとローズ・クリークのメスリーダーの巣穴がある方向に向かった。わたしはその方向にメスリーダーと、ローズ・クリークのその他の四頭がいることを信号で確認した。

わたしは104の行動をどう説明すればいいのかわからなかった。彼は一歳のときにドルイド・パックを離れ、彼の一族との間に積年の確執があったクリスタル・クリーク・パックに、新たなオスリーダーとして迎え入れられるところまでこぎつけた。群れのメスとつがいになり子どもをもうけられる地位にまで上りつめた彼が、なぜその群れを離れたのか？　その彼は今、自身が生まれたドルイド・パックを敵と見なすもう一つの群れの縄張りに向かって、ひとりで進んでいた。もしも、ローズ・クリーク・パックが104の匂いに気づいてその居場所を突き止めたなら、彼らはきっと104を襲って殺してしまうだろう。それなのに、彼は大胆にも、まっすぐ彼らの元へ向かっていた。さらに北へと進む彼を見失ってしまったとき、わたしはこれもまた、次の谷には、あるいはこの尾根を越えた先には何があるのかを知りたがる、彼の放浪の精神の表れなのだろうか、と考えた。

六月一一日に、わたしは歩いてデッド・パピー・ヒルに上り、ドルイドの巣穴周辺を観察した。巣穴のある森から42が出てきたのが見え、その後、群れの六頭の大人のオオカミたちがあたりに寝そべっているのにも気づいた。二歳になるオスの107は、前年の秋の終わりに群れから出て行き、わたしたちは彼が今どこにいるのかまったくわからなかった。そのとき、灰色の子オオカミが起き上がって42のほうに歩いていった。一九九九年に生まれたドルイドの子オオカミを見たのは、これが初めてだった。他の子オオカミたちも姿を現し、数えてみるとその場には全部で五頭いた。黒毛が二頭に灰色が三頭だ。子オオカミたちがうろうろしはじめると、大人たちがゆっくりとした足取りでついて歩いた。

翌日は六頭の子オオカミを見た。黒毛が二頭、灰色が四頭だった。灰色の二頭が取っ組み合って遊びはじめ、その後は六頭全員が折り重なるようにして取っ組み合った。まだ生後六週間ほどなのに、まるでずいぶん前からやっているように、元気いっぱい取っ組み合いを楽しんでいた。わたしはこれ以降にも、生後たった三週間の子オオカミが取っ組み合うのを見たこともある。生後三週間といえば、子オオカミがようやく歩けるようになる時期で、つまりこうした取っ組み合いは、おそらく子オオカミが最初に楽しむ遊びなのだ。

その数日後、二歳になるメスの106が子オオカミのお守りをしていた。子オオカミたちは巣穴エリアから離れてしまい、106は長い棒を口にくわえてその後ろを歩いていた。一頭の子オオカミが106に駆け寄り、跳び上がってその棒に嚙みつこうとしたが、失敗してつまずき、転んでしまった。106はUターンして巣穴のほうに戻っていったが、先程の棒はまだ口にくわえていて、それで子オオカミたちの気を引き、安全な場所に連れて行こうとしているようだった。しかし子どもたちが関心を示さなかったので、彼女は諦めて再び子オオカミを追いかけ、口にくわえた棒を二頭の子オオカミの頭上にかかげた。すると二頭は、跳び上がって棒をひったくろうとした。

子オオカミたちの年の離れた姉にあたる106は、もう一度巣穴へ戻ろうとしたが、子オオカミは一頭もついて来なかった。106は棒を口にくわえたまま、その場に腰を下ろした。子オオカミたちが寄ってくるのを期待していたのかもしれないが、子どもたちは姉を無視して東へ歩いていった。106は棒を地面に置き、子オオカミたちのあとを追った。一歳児の163もそれに加わった。わたしはそれより前に、フリスビーのような形をした干からびたバイソンの糞を、163が口にくわえているのを見かけていた。今は一頭の子オオカミが、おもちゃには似つかわしくないその物体をくわえて、163の近くをうろついていた。

冒険に飽きた子オオカミたちは巣穴のほうに向かっていたが、先頭を行くのは大人のオオカミではなく、子オオカミのなかの一頭だった。163がうまく機会を捉えて子オオカミたちの前に進み出て、巣穴のある森へと誘導した。バイソンの糞は再び彼の口にくわえられていた。子オオカミたちが途中で立ち止まると、163は引き返して彼らの前にバイソンの糞を置いた。灰色の子オオカミが糞を拾い上げ、すると106が走ってきて子オオカミたちと跳ね回って遊んだ。バイソンの糞が再び地面に置かれたのを見た163は、糞を口にくわえ、まるでそれが生きて動いているかのように振り動かしながら歩いていった。灰色の子オオカミの一頭がその後ろをついて行き、163が地面に落とした糞を拾い上げた。

163は子オオカミたちを巣穴まで連れて帰るのを諦め、彼らと遊ぶことにした。163は、106が子どもたちを誘うために使っていたあの棒を見つけた。棒をくわえて走り回り、黒毛の子オオカミを追い越した。するとその子オオカミは163を追いかけてきた。一歳児の163が振り向いて、その子オオカミにプレイバウをして見せた。163は棒を地面に置いて、子オオカミが棒に向かって走ってくるのを見ていた。子オオカミが棒を拾おうとしたその瞬間、163がそれをくわえて走り去った。しかしすぐにまた棒を口から落として、子オオカミたちの周りをくるくる走り回った。163は遊びを心から楽しんでいるように見えた。

とはいえ、ただ遊んでいるわけではなかった。163は子オオカミたちの行動の見守り役でもあった。この少しあとに、灰色の子オオカミの一頭がつまずいて転んでしまった。すると他の二頭の子オオカミが大急ぎで走ってきて、その灰色の子オオカミに飛びかかり、手荒なまねをしているように見えた。そこへ163が駆けつけて、つまずいた子オオカミへのいじめを止めようとするかのように子オオカミたちの上に跳び乗った。ところが転んだ子オオカミは勢いよく立ち上がり、荒っぽい遊びを楽しんでいるかのように、嬉しそうに跳ね回った。

163は、ある子オオカミを追いかけたかと思えばまた別の子オオカミを追いかける、という具合に延々と遊び続けたが、そのうち、遊びにも決まったパターンがあることがわかってきた。逃げる子オオカミに163が追いつきそうになると、子オオカミがいきなり地面に倒れこんで服従的なポーズを取るのだ。一連の同じ行動が五回観察できた。敵対する群れのオオカミに追いかけられて捕まったときに、子オオカミのこの本能的な行動が彼らの命を救うために役立つかもしれなかった。何年かのちに、近隣の群れのメスリーダーに追いかけられていた一頭の子オオカミが、まったく同じことをするのを見た。地面にひれ伏し、力を抜いてぐったりしている子オオカミを、メスリーダーは数回噛んだ。しかしそのあと、メスリーダーは噛むのをやめて、子オオカミに本気で危害を加えることなく立ち去った。どうやら、子オオカミの服従的な行動が、メスリーダーに攻撃を思いとどまらせたようだった。一見ただの遊びに見えるこうしたやりとりを通して、子オオカミはオオカミの社会的行動を学んでいるのだ。

一九九九年六月末に、デッド・パピー・ヒルの見晴らしのいい観察地点から、はじめて湿地に下りてきたドルイドの五頭の子オオカミたちの様子を観察した。40と163が監視役だった。たっぷり遊び、あちこち探検した子オオカミらは、メスリーダーの後ろに一列に並んで、斜面の上の巣穴のある森に帰っていった。その姿は、保育園の園児たちが休み時間が終わって先生に連れられ、一列に並んで教室に戻るのを見ているようだった。そして、人間の幼い子どもによく見られるように、子オオカミのなかにも、列から外れて先に行ってしまう者がいた。

小さな子どもであれ子オオカミであれ、みんなと離れてしまうと危険な目に遭う可能性がある。ある日のこと、六頭の子オオカミが42を先頭にして走って巣穴のある森に向かっていたが、一頭の体の小さい黒毛の子オオカミは、なかなかみなについて行けずに遅れがちになっていた。そして42と五頭の子オオカミが森に入ってしまったところへ、二頭の子どもを連れた一頭のアメリカクロクマが現れた。森から出てきた42は、クマを見つけると、遅れていた子オオカミのところへ急いだ。42と子オオカミは、斜面を並んで歩いて巣穴のある森へと向かい、クマの一家から逃れた。歩きながら、42はときどき子オオカミを舐めてやった。何かに気を取られた子オオカミが、近くの道路のほうに走っていこうとすると、42は斜面を駆け下りて子オオカミの行く手を遮り、再び子オオカミを丘の上へと導いた。

多くの場合、若いオオカミたちは喜んで子オオカミと遊んでいたが、いつもそうとは限らなかった。この数週間後、四頭の子オオカミが集まって遊んでいた。そこにぶらりとやってきた103に、子オオカミたちはしきりに食べものをねだった。おそらく腹が空っぽだったのか、103は子どもたちから逃げだしたが、子オオカミらはさらに追ってきて食べものを欲しがった。やがてその場は、子どもたちが思いついた新しいゲームの遊び場と化した。「オオカミ・ピンボール」だ。103は、一頭の子オオカミから逃げだしても別の一頭にぶつかってそこでも食べものをねだられた。二頭目から逃れても、今度は三頭目に行く手を阻まれる。103は、子オオカミからまた別の子オオカミへと、何度もはね返された。

163は、ずっと変わらず、子オオカミたちとの遊びに多くの時間を費やしていた。棒きれを口にくわえて逃げる彼を、子オオカミたちが追いかける様子をよく見かけた。エルクの枝角を拾い上げて子オオカミたちに見せつけるようにすると、子オオカミたちは決まって追いかけてきた。163は子オオカミたちよりずっと体が大きかったので、取っ組み合いをすると、小さな子オオカミたちは、犬がよく喜んで持ち歩く小さな動物のぬいぐるみのように見えた。しかし、163は手加減して子オオカミたちにやさしく接したので、163と子オオカミたちは対等に戦っているように見えた。

わたしたちは、人や人に関わる事物を気にしない163の無頓着さが、前にも増して気になるようになっていた。園内の道路上を歩いて移動し、停車している車のほんの数メートル横を通り過ぎることもよくあった。道路脇に落ちているゴミを見つけると、拾い上げてあちこち持ち歩いたりもした。こうした習性は人馴れした動物に見られるもので、つまり彼は道路や車、人に馴れてしまい、それらに近づくことに危険を感じなくなっていたのだ。

ある日のこと、一台のワゴン車から二メートルも離れていない道路上を歩く163を目撃した。ワゴン車の中では、163を見つけた人々が興奮して騒いでいた。園内の無線通信で法執行権をもつレンジャーに応援を頼むと、すぐにマイク・ロスが駆けつけてくれた。マイクは車上のランプを点滅させたまま車から降りてくると、163に向かって大声を上げげた。さすがに少し驚いて、163は道路上から走り出て北へ逃げた。もっとはっきり思い知らせるために、マイクは走って163を追いかけ、その間ずっと両腕を振り回し、叫び声を上げ続けた。

これは国立公園局が「嫌悪条件づけ」と呼ぶ処置で、一度目はその動物の行動を変容させる効果がある。しかし個体によっては、この処置に慣れて、大声を浴びせられても、追いかけられても気にかけなくなるものもいる。その場合には、レンジャーがその動物の尻を狙ってゴム弾を撃つことがある。車や人に近い場所で痛い目に遭った体験によって、そのオオカミが人や車を避けるようになることを期待しているのだ。その後わたしが163の様子を観察し続けたところ、どうやらマイクの荒療治が功を奏した様子だった。数日後、163は群れの巣穴の南側にいた。163は、近くのハイキング・トレイルを歩く四人の人を見つけると、走って逃げだし、何度も肩越しに後ろを振り返った。

その後、巣穴の近くに戻ってきた163が、ソーダ・ビュート・クリークを歩いて渡っていた。川の中ほどで立ち止まると水底をじっと見つめ、水の中に顔を突っ込んで古びた長靴をくわえ上げた。長靴をくわえたまましばらく歩いていたが、途中で口から落として、長靴は再び川に沈んだ。あと少しで道路というところまで来たときに、163と巣穴の間を遮るように、路上に一〇台の車が停車しているのが、わたしのところから見えた。車から降りてきた二六人の人々が163の写真を撮っている。立ち止まって人々の様子をうかがっていた163は、人々を避けて迂回する道を選んだ。人間に対する彼の行動が変化したことを示す良い兆候だった。163は道路を渡り、斜面を上って巣穴のほうに向かったが、わたしは途中で見失ってしまった。それから数日後、163は川のこの前と同じ場所に戻ってきて水の中を歩き回り、あの長靴を見つけると、子オオカミたちのおもちゃにするために巣穴まで持ち帰った。

六月の半ばに、カルセドニー・クリーク周辺で104の電波信号を検知したが、彼を見つけることはできなかった。104がそこで何をしているのかわからなかったが、クリスタル・クリーク・パックを離れてからずいぶんたっていることを考えると、彼らのところへ戻ろうとしているのではないだろうと思われた。六月末に、ラマー川上流で104と163が、動物の死骸のそばにいるのを見た。他の人から聞いた話では、二頭は並んで死骸の肉を貪っていたということだった。その日ののちほど、同じ場所の周辺でこの二頭と21の電波信号を受信し、21が二頭に合流したのだろうと思われた。

21は相変わらず163とよく遊んだ。ある日、自分の息子である163に怯えるふりをする21を目撃した。21は尾を足の間に入れて163から逃げだした。まるで163が21を打ち倒してオスリーダーの地位を奪い取り、21を縄張りから追い出そうとしているかのようだった。一歳児の163は父親に追いつき、取っ組み合いの末に21を地面に押し倒した。21が跳ね起きて走り去り、しかし163がすぐに追いついて再び地面に押し倒す。大きな体をしたたくましいオオカミが、自分よりずっと小さいオスにわざと負けてやるのを見るのはとても珍しいことだった。

自分の息子とこんな風に遊ぶのを、21がこれほど楽しんでいるように見えたのはなぜなのか？　父親と息子が荒っぽい遊びに興じる際に、オキシトシンというホルモンがどのように分泌されるか、そしてそれが父子の心の絆をどのように強くするかということを前にも書いた。かつて8と21が荒っぽい遊びを楽しんだときにまさにそれが起こったのだ、とわたしは考えた。そして今また21が、過去に経験したのと同じことを今度は自分の息子と繰り返すのを、わたしは目の当たりにしていた。わたしは、この二頭の野生のオオカミの、最高に親密な瞬間を目撃できたと感じた。

この件に関しては、わたしにも思い当たるところがある。わたしの父のフランクはエンジニアで、第二次世界大戦に派兵されていた。彼は自分の気持ちや感情を口に出さない物静かな男だった。父から愛していると言われたり、抱きしめられたりした記憶はまったくない。父はわたしが一〇歳のときに亡くなったから、父の思い出はとても少ないのだ。けれども、忘れられない思い出が一つある。ある日の午後、わたしと父は居間に二人きりでいた。すると父が立ち上がり、わたしのそばにやって来て、想像もしていなかったことを言い出したのだ。レスリングをやらないか、と父は私を誘った。驚いたわたしは、うん、とだけ答えた。父が四つん這いになって構え、わたしたちは取っ組み合った。

当時わたしはまだ六歳ぐらいだったが、父が重い心臓発作を起こしたばかりで、医者から、二度目の発作が起きると命に関わるかもしれないから、激しい運動は避けるように、と言われているのを知っていた。それなのに父は、これは本気のレスリングだとわたしに思わせたいと考えた。何度か押したり引いたりを繰り返したあと、父はわたしをうまく誘導して、自分に馬乗りにさせた。そのあと、押さえ込みでお前の勝ちだ、と宣言した。それから父は立ち上がり、自分の椅子に戻ると再び新聞を読みはじめた。

今思い返してみると、父が育った時代には、息子との間に心が通い合う親密な関係を築いている父親などほとんどいなかった。それにもかかわらず、彼はその日は無理してわたしとレスリングをし、勝たせてくれたのだ。それが、わたしのことを気にかけていると伝える彼なりのやり方だったのだとわかる。父はその思いを言葉にはしなかったが、行動で示したのだ。父についてのこの鮮明な記憶はこの先もずっと消えることはなく、わたしにはそれだけで十分なのだ。21が自分の息子と楽しんだ荒っぽい遊びにわたしが心の底から共感してしまうのは、この体験があるからなのだ。

七月一四日に、子オオカミたちが湿地でネズミ狩りをはじめた。数日後には、一頭の灰色の子オオカミが、ネズミを口にくわえてうろうろしているのを見かけた。子オオカミは地面に寝そべって、ネズミを食べはじめた。そばには別の二頭の子オオカミがいて、やはりネズミを狙っていた。そこへ南の方角から帰ってきた21が近づいてきて、子オオカミたちのほうを見た。しかしネズミ狩りにすっかり夢中になっていた子オオカミたちは、21に食べものをねだることはなく、すぐそばを通り過ぎても顔も上げなかった。21が、ネズミを食べている灰色の子オオカミに近づいて匂いを嗅いだ。子オオカミは口からネズミの体をはみ出させたまま21を見上げると、再びネズミを食べはじめた。21はその場を立ち去り、わたしは、独力で獲物を捕る方法を自発的に学ぼうとしている子オオカミたちを見て、21も喜んでいるのだろうか、とその心情を思いやった。これは、この年端の行かないオオカミたちが、いつの日か、群れの一員としてエルクやその他の獲物を狩るようになるまでの、長い道のりのはじまりだった。

それから間もなく、六頭の子オオカミ全員が、湿地でネズミを狩る姿を見た。みなネズミがたてる物音に耳を澄まし、草陰をちょろちょろ動き回る姿に目を凝らした。その後21が湿地に戻ってきたが、子オオカミたちに触発されたのだろうか、間もなく口からネズミを垂らして姿を現した。163がやってくると、21は彼の前にネズミを落としてやり、163はすぐにがっついた。その後21は子オオカミたちのところへ向かい、彼らのネズミ狩りを見守った。そのあと斜面を上り、高台に寝そべって子オオカミたちの様子を見ていたが、まるで子どもたちが遊ぶのを見守っている人間の父親のようだった。

どんな生き物の父親もそうだが、21も、若い息子や娘たちからのさまざまな仕打ちに耐えなければならなかった。食べものをねだる子オオカミたちは、父親である21の唸り声や噛みつくまねが、決して本気ではないただの脅しだと気づいて、いつしかそれを無視するようになった。ある夜のこと、21が三頭の子オオカミに追いかけられているのを見た。21は振り返り、先頭の子オオカミに向かってパクリと噛みつこうとしたが、ギリギリのところで狙いを外した。そこへ二頭目の子オオカミが走ってきて父親の顔を舐めた。今見たばかりの脅しの攻撃のことはまるで気にしていない様子だった。21はこの二頭目の子オオカミにも噛みつくふりをしてわざと外した。最初の子オオカミにやったのと同じだった。その後三頭の子オオカミは、食べものをねだって21に激しくまとわりついた。21はその場に座り込んで子どもたちの狼藉に耐えた。やがて子オオカミたちは飽きてどこかへ走り去り、21はようやく開放された。

ある朝早く、リーダーペアと42、それに106が、巣穴のある森を出て斜面を駆け下り、道路を渡って南側へ向かった。一頭の黒毛の子オオカミがあとを追ってきたが、ついて行けずに遅れてしまった。大人のオオカミたちは、子オオカミに気づかぬまま速いペースで南下を続け、川を渡ってさらに前進した。子オオカミは、大人たちの臭跡をたどって道路を渡り、大人たちが川を渡った地点まで来ると、川を渡って、向こう岸にたどり着いた。この年、子オオカミが道路や川の南側にいるのを見たのは、これがはじめてだった。

大人のオオカミ四頭は、新しい死骸がある南東の方向に進み、途中で姿が見えなくなった。子オオカミも同じ方向に向かっていたが、大人たちが通ったルートから大きく外れてしまった。ラマー川を見下ろす高い土手にたどり着いた子オオカミは、周辺の匂いを嗅ぎ回って大人たちの臭跡を探した。その後、大人たちの姿を探して周囲を見回した。この幼い子オオカミは、まだ生後三か月、人間で言えば三歳児程度であるにもかかわらず、いたって冷静だった。子オオカミはここから引き返し、自身が進んできた道をそっくりそのままたどって北へ戻った。自分の臭跡をたどって進んだに違いなかった。

驚くべき迷いのなさで、子オオカミはセージの茂みを分けて進み、川を渡り、道路を横断し、斜面を上って巣穴まで戻ってきた。この小さなドルイドのオオカミは、すぐれた方向感覚をもっていて、我が家に帰る道をだれの手も借りずに見つけることができた。わたしが斜面の上を見上げると、そのてっぺんに105がいて、下を見下ろしているのが見えた。子オオカミを見つけて、壮大な冒険から戻ってくるのを見守っていたに違いなかった。105は、斜面を走り下りて子オオカミを巣穴に連れ帰ったりはせず、子オオカミが自分で巣穴への帰り道を見つけるのを待っていた。子オオカミにとって、二時間がかりの往復旅行だった。

子オオカミたちがネズミ狩りの腕を上げてくると、ネズミを捕まえては放して遊ぶ、キャッチ・アンド・リリースを楽しむ姿を見かけるようになった。灰色の子オオカミの一頭が、ネズミを捕まえて、離してやり、慌てて逃げようとするところをもう一度捕まえた。のちには、ある子オオカミがネズミを捕まえ、振り回してから空中に放り上げ、落ちたところをまたキャッチするのも見た。そのネズミをもう一度振り回して投げ上げたとき、別の子オオカミがネズミをかっさらおうと走ってきた。しかし兄弟がやってくるのに気づいた最初の子オオカミが、ネズミを急いで受け止めて走り去った。その子オオカミが立ち止まってネズミを口から落としたとき、ネズミはまだ生きていて逃げ出そうとしているのがわかった。ネズミが草原に逃げ込むと、子オオカミは大慌てでそのあとを追い、再びそれを捕まえた。

子オオカミたちは互いにタックルする方法も学んだ。黒毛の子オオカミが灰色の子オオカミを追いかけ、追いつくと身を乗り出して片方の後ろ足に噛みつき、相手の動きを制止するのを見た。その後、黒毛の子オオカミがさっきとは別の灰色の子オオカミを追いかけていたときには、黒毛は灰色の子オオカミの尻に噛みつき、引き倒すと、優位を示すようにまたがった。そのあと黒毛の子オオカミは、灰色の子オオカミの尻をもう一度噛んだ。わたしは以前から、子オオカミや一歳児の遊びのリストを作っていた。リストには、待ち伏せ、追いかけっこ、キャッチ・アンド・リリース、雪すべり、スパーリング、トス・アンド・キャッチ、綱引き、オオカミ・ピンボール、取っ組み合いが含まれていた。わたしはタックルを遊びのリストにつけ加えた。

七月の終わりになると、子オオカミたちは巣穴周辺の至るところを歩きまわるようになった。デッド・パピー・ヒルで観察中に、一頭の黒毛の子オオカミと、二頭の灰色の子オオカミが、南側の道路のほうに向かっているのを見た。灰色の一頭が、フットブリッジ駐車場に停車中の車や大勢の人々の姿を見て、急いで北へ逃げ戻った。他の二頭の子オオカミも同じようにした。彼らのこの反応は、幼い子オオカミには本能的に人を恐れる習性があることを示していた。そしてこれはよいことだ。なぜならドルイドの巣穴から北にほんの一六キロ、東に二三キロのところに、イエローストーン国立公園の境界線があったからだ。将来的に、オオカミがこの地域の絶滅危惧種のリストから外れると、公園に隣接する三つの州でオオカミ猟が合法化されることになり、人間を恐れないイエローストーンのオオカミは、いとも簡単にハンターに撃たれてしまう可能性があった。あのときマイク・ロスが行なった嫌悪条件づけが成功していなければ、163もそんな運命をたどっていたことだろう。

第22章　オオカミとハイイログマ

七月二七日の早朝、ドルイド・パックの21と105、そして163が、巣穴の南側の道路の向こうにいるのをわたしは見つけた。三頭は振り返って道路の北側を見ていた。その数分後、六頭の子オオカミ全員が、三頭の大人のオオカミに嬉しそうに駆け寄った。大人のあとを追って道路を渡ってきたに違いなかった。子オオカミたちは先に立って南へ進み、はじめての土地を探検したくてたまらない様子だった。そのとき、九頭が立ち止まって遠吠えをした。するとそれに応えて、群れの他のオオカミからの遠吠えが、さらに南の方向から届いた。21は、声がした南の方向を見るとそちらへ走りだし、他のオオカミもそれに続いた。子オオカミたちが父親のすぐ後ろを走り、105はしんがりをつとめた。おそらく子オオカミがはぐれないように見守るためだった。163は、すぐにでも遊びたい気持ちを抑えられなかった。あちこち跳ね回り、身をかがめたかと思うと、後ろから追いついて来た一頭の黒毛の子オオ

163に捕まえられた子オオカミは身をよじって逃れ出るカミの前に飛び出して不意打ちを食らわせた。と、21を走って追いかけた。

ドルイドの九頭は、大人のオオカミがこのあたりを移動する際によく使っているハイキング道を、一列になって歩いて行った。そのあと群れを見失ったわたしは、車で一・六キロほど西へ移動し、より眺望のいい丘に歩いて上った。すると、七頭の大人のオオカミと六頭の子オオカミを合わせたドルイド・パックの全員がラマー川の西側にいて、カルセドニー・クリークのランデブーサイトに向かっているのが見えた。つまり子オオカミたちは、道路を渡っただけでなく、川も見事に泳ぎきったのだ。

のちになって、子オオカミは生まれつき泳ぐ能力をもっていることを知った。しかしなかには、はじめて見た川や、少し広めの小川に怯える者もいる。42は、そんな状況をうまく切り抜ける名手だった。あるときわたしは、水に入るのを嫌がる子オオカミたちのところに42が泳いで戻り、枝を拾い上げると、それを子オオカミたちに見せてから走り去るのを見た。子オオカミたちが追いかけてくると、42は枝をくわえたまま歩いて小川に入り、すると子オオカミたちは、彼女の計略に気づかぬまま続いて川を歩きだした。川が深くなると、子オオカミたちは犬かきをはじめ、自分たちが泳いでいることに気づいたときには、すでに川幅の半分まで来ていた。42は、子どもたちに自信を与えるような形で、彼らに手を貸し、課題を乗り越えさせるのが得意なようだった。彼女は、子オオカミを一頭ずつ口にくわえて川を渡すこともできたが、そのやり方では子どもたちに泳ぎを覚えさせることはできなかっただろう。

子オオカミたちの度胸が試される次なる試練は、三六頭のバイソンの群れだった。21と106は、落ち着いた様子で群れを率いてバイソンの脇を通り過ぎようとしたが、子どもたちは巨大な動物の姿を見て立ちすくんでしまった。21が立ち止まり、42が走って子オオカミたちの元に戻った。しかしそのときには、わたしから見える限りでは、残っていた子オオカミはたったの一頭で、その一頭も川のほうへ駆け戻っていった。21も、何か問題が起きたのだと気づいて川へと急いだ。間もなく、大人のオオカミ全員が川べりの高い土手の上に集まって、水面を見下ろした。それから大人のオオカミたちはみなで一緒に遠吠えをした。この戦略が功を奏したようで、怯えた子オオカミたちが、声がするほうに走ってきた。21は子オオカミたちを出迎え、それから西へ向かって歩きだした。子オオカミたちもすぐにあとに続いた。今回は、21はあのバイソンの群れから十分な距離を置いたルートを選んだ。一頭の子オオカミが、あのバイソンの群れに気づいて立ち止まったが、再び歩きはじめた。21も立ち止まり、後ろをついてくる子オオカミたちが、バイソンの横を安心して通れるようになるまで、辛抱強く待ってやっていた。

子オオカミたちは、すでにバイソンのことは忘れてカルセドニー・クリークのランデブーサイトを探索していた。42も、子どもたちと一緒になって周囲の匂いを嗅いで回った。21はしばらくその様子を見ていたが、その後群れを率いてさらに西へ進んだ。六頭の子オオカミが21のすぐ後ろを歩き、残りの大人オオカミ六頭がその後ろをついていった。そうしておけば、子オオカミが道を逸れてしまっても、列に連れ戻せるからだ。そのとき灰色の子オオカミの一頭が21の前に出た。この小さなオスは、見知らぬ土地を探検し、群れを率いて歩くことができて大満足の様子だった。彼は生まれながらのオスリーダーであるように見えた。その後、21が再び先頭に出たが、何度も後ろを振り返って子オオカミたちの様子を確認していた。

大人のオオカミの何頭かがランデブーサイトで横になると、子オオカミたちも一緒に横になった。群れの仲間が歩き疲れたことに気づいた21は、戻ってきてみなと一緒に寝そべった。間もなく、子どもたちの人気者である163が、子オオカミと遊びはじめた。長い枝のようなものを口にくわえて見せびらかすようにすると、子オオカミたちが追ってきた。何頭かは163に追いついて、枝に嚙みついた。彼らが力を合わせて枝を同じ方向に引っ張ると、163は反対方向に引っ張った。遊んでいる様子を眺めていたとき、彼らが引っ張り合っている物は枝ではなく、積荷を固定するためのネットであることに気づいた。一九八八年に起きた公園火災の際に、ヘリコプターが地上のスタッフに物資を運ぶ際に使われたネットが、そのまま遺棄されたものに違いなかった。

子オオカミたちは、そのあと周囲の土地を探検して、ネズミ狩りができる沼地を見つけた。21は、子オオカミたちにことのほか気を配っているように見えた。21が黒毛の子オオカミの相手をしに行くのを見た。するとその子オオカミは楽しそうに走りだし、21がそれを追いかけた。子オオカミは何度も振り返って21がついてきていることを確かめては、再び走りだした。大きな体のオスリーダーが、小さな子オオカミを守るようにして、そのあとを追いかけていく姿に、心が和んだ。21は今や四歳と三か月となり、人間でいうと三七歳くらいだった。

カルセドニー・クリークのランデブーサイトは、子オオカミたちにとって絶好の遊び場であり、大人たちが狩りで留守にしているときも比較的安全な場所だった。またこのランデブーサイトからは、ほとんどの狩り場へ道路を渡らずに行けたから、大人たちは獲物を仕留めたあと、ずっと楽に子どもたちの元に食べものを持ち帰ることができた。ここでもまた、21は群れの仲間のだれよりも頻繁に、仕留めたばかりの獲物がある場所から子どもたちの元へ戻り、だれよりもたくさんの食べものを子どもたちのところへ運んだ。一九九七年に、21が自分の母親の巣穴で、子オオカミたちに惜しみなく目を配り世話をする姿を見たとき、彼なら自分の子どもをもったときも理想の父親になるに違いないと思った。まさに今、そのとおりになった姿を、わたしは目の当たりにしていたのだ。

八月の初めに、生まれたばかりの三頭の子グマを連れたメスのハイイログマがランデブーサイトにやってきた。母グマは、オオカミたちが寝そべっている場所にそうとは知らず近づいてきて、子グマたちもついてきた。メスリーダーの40と105が跳ね起きてクマの親子に向かっていったが、途中で40が立ち止まり、横になるとクマたちの様子をじっと見た。母グマは後ろ足で立ち上がり、40を睨みつけたが、やがて子グマたちを連れてそこから立ち去った。40がそのあとをつけていく。21は、いったん子オオカミたちの様子を見に行ってから、40とクマの親子のほうに向かった。その間も、21は、クマたちを見ては振り返って子どもたちを確認する、ということを繰り返した。40はまだクマの母子をつけまわしていた。

母グマと子グマたちが川に向かって走りだした。河川敷にはオオカミが仕留めた獲物があって、おそらく母グマは死骸の匂いを嗅ぎつけてやってきたのだ。クマの親子は獲物がある方向へと姿を消してしまった。21の様子を確認すると、子どもたちのところに戻るところだった。子オオカミに混じって横になり、ハイイログマが戻ってきたらいつでも彼らを守れるようにしていた。わたしはその行動を見て、21にとっては獲物のエルクを守ることよりも、子どもたちを守ることのほうが大切なのだ、と感じた。やがて、40も子どもたちの元に戻ってきた。21は、40が子どもたちのところに戻って来るのを待っていたようで、立ち上がるとクマの親子がいる方向へ向かった。40が子どもたちを見ていてくれる今、21は安心してハイイログマに対処することができたのだ。

21は獲物がある場所へ向かい、わたしは彼を見失ってしまったが、その後、別の観察者から、ハイイログマの親子がランデブーサイトから逃げていったという話を聞いた。そしてその直後に、獲物の近くにいる21をわたしは確認した。21がクマの親子に攻撃をしかけて追い払ったに違いなかった。しばらくして、21が子どもたちのところに戻ってきて、彼らのために肉を吐き戻してやった。のちほど、獲物を食べに行った別の大人のオオカミたちが戻ってきたときには、子オオカミたちはそれ以上食べられないほどお腹がいっぱいだった。その後も、21とその他の大人のオオカミたちは、時々出かけていっては残っている肉を食べてくるということを何日も続けた。あるメスのオオカミは、あとで空腹になったときに食べられるように、残った食糧を土中に埋めてカラスから守ろうとした。

しばらくして、オスのプロングホーンがランデブーサイトにやってきた。黒毛の子オオカミの一頭が、プロングホーンを見つけて跳び起き、突撃していった。プロングホーンは、時速一〇〇キロはあろうかという猛スピードで走り去った。黒毛の子オオカミがプロングホーンを追っているのを見た他の三頭の子オオカミたちも、追跡に加わった。しかしすぐに諦めた。自分たちには到底太刀打ちできない相手だとわかったのだ。

この出来事のあとで、40と42の姉妹の心温まるシーンを目撃することができた。42が、寝そべっているメスリーダーの40に近づいてその隣に横になり、40の顔を舐めた。それから、自分の右の前足を持ち上げると、40の顔の前にやさしく差し出した。わたしは、40がその前足を舐めるのを見た。40が舐めるのをやめると、42はもう一度前足を40の顔の前に掲げ、すると40は再びその足を舐めはじめた。あとになって、42がその前足を引きずって歩いているのに気づいたわたしは、自分の姉妹にねだって舐めてもらうことによって、足の傷の治りが早くなったりするのだろうか、と考えた。犬の唾液には殺菌作用があるという話を何度か耳にしたことがあったので調べてみたところ、ある研究報告書に、犬の唾液には傷口から侵入する二種類のよくみられる細菌を殺す効果があると書かれていた。その細菌とは大腸菌と犬レンサ球菌である。犬の唾液にそうした抗菌作用のある物質が含まれているのなら、オオカミの唾液にもおそらく同じものが含まれているのだろう。

ある朝、子オオカミ全員が後ろ足で立ち上がって西の方向を見ていた。スコープをそちらに向けてみると、三頭の一歳児を連れたハイイログマの母親が見えた。しばらくすると、子オオカミたちはクマの一家への興味を失ってしまったようで、地面に寝そべってしまった。このときはまだ、子オオカミたちにとってハイイログマはただのお隣さんだったのだ。彼らはまた、付近をしょっちゅう通りかかる巨大なオスバイソンにも、ほとんど注意を払わないようになっていた。一頭の大きなオスバイソンが前からやってきたときも、近くにいた子オオカミたちは、気にせず遊びに興じていた。別のある時には、草原を歩く数頭の大きなオスバイソンの後ろを、子オオカミたちがついて回ることもあった。二頭の子オオカミが、バイソンのほんの10メートルほど後ろを歩いているのも見た。ハエを追い払おうとしてバイソンが尻尾を振り動かすと、子オオカミたちは驚いて逃げていった。けれどもすぐにまたバイソンの真後ろに戻ってきて、今度はもっと近づいた。バイソンがもう一度尻尾を振り動かして、子オオカミたちは再び逃げ去った。

また別の日には、163が肉の切れ端をくわえてランデブーサイトに戻ってきたのを見た。四頭の子オオカミがその後ろを走って追いかけた。そのうちの一頭が、163の口から肉をひったくろうとしたが、163が肩で押しのけた。それから163は、長さ13センチほどの肉片を子オオカミたちの目の前の地面に置いた。取れるものなら取ってみな、と誘っているように見えた。一頭の子オオカミが、身を屈めて肉片目がけて跳びかかろうとしたが、163が突進してきたので子オオカミは後ずさりした。163は肉を拾い上げ、ほんの少し離れた場所まで歩いて、もう一度地面に置いた。子オオカミたちもついてきたが、肉を取ろうとはしなかった。163は再度肉を拾い上げて少し歩いてから、再びそれを地面に置いた。子オオカミたちもついてきた。二頭が肉をかっさらおうとしたが、163がそれを阻止した。四頭の子オオカミたちはそろって腹ばいになって163をじっと見ていた。まるで、先生からおやつを食べていいと言われるのを待っている、学校の生徒のようだった。その様子を見ながら、飼い犬の鼻の上にご褒美のおやつを置き、食べていいと言われるまでじっと待つように教える、よくある犬のしつけを思い出した。犬はきっと、あのしつけが嫌いだろう。

わたしは、この子オオカミたちがもっと幼かった頃に、163が巣穴で彼らを相手に、このときとよく似た、からかうような遊びをしているのを見たことがあった。そしてそのときも今も、子オオカミは遊びを通して所有の原理を学ぶことになるのだろう、と感じた。四分後、163は子オオカミに背を向け、肉片を置いたまま立ち去った。子オオカミたちは、163が目の前にいる間はずっと、肉片から一メートルほど離れた場所でおとなしく伏せていた。しかし163が行ってしまうと、一頭の灰色の子オオカミが走っていって肉をくわえた。163は立ち止まり、振り返ってその子オオカミを見ていたが、再び歩きだした。他の子オオカミたちも集まってきたが、最初の子オオカミから肉を奪おうとする者はいなかった。みんな、その子オオカミの所有権を尊重したのだ。

灰色の子オオカミはしばらく肉を貪っていたが、肉をくわえてその場を離れ、どこかに埋める場所はないかとあたりを見回した。地面に浅い穴を掘り、その中に肉を落とすと、仕上げに自分の鼻で土を押しやって穴を埋めた。わたしが以前見た、大人のオオカミが肉を隠し場所に蓄えるときの手順と同じだった。こんなに幼い子オオカミが食べものを土中に隠すのを見たのは、はじめてだった。オオカミが鼻を使っている点にわたしは興味をそそられた。オオカ

隠し場所に土をかけるために、

ミはなぜ、前足を使わず、わざわざ自分の鼻を汚して隠し場所に土をかけるのか？　のちにわたしは、できたばかりのオオカミの食糧の隠し場所を探そうとしたが、見つけるのは困難だった。周囲の地面とまったく同じ見え、唯一の手がかりは、表面に掘り返したばかりの土がほんの少し混じって見えることだった。しかしすぐそばにあるジリスの巣穴も掘り返したばかりの土で覆われている。オオカミは、それも子オオカミは、いったいどうやって自分が埋めた場所をあとから探し出すのだろう？　ひょっとすると、鼻で土をかけて穴を埋める際にオオカミはその場所の匂いを記憶し、だからあとから行っても簡単に見つけられるのかもしれない。

21は、メスリーダーと遊ぶときより42と遊ぶときのほうがいつも楽しそうだった。21が、まるで下位の者を演じるかのように、頭を低くして42のところに行くのを見たことがある。21は、42の前で身をかがめると、仰向けに転がった。42は、後ろ足で立ち上がって勝ち誇ったように21を見下ろし、立てた尻尾を振っていた。21が頭をもたげて42の顔を舐めたが、それは子オオカミや一歳児が上位の動物に行なうことだった。それから二頭は、一緒に走りだした。42は、21に追いつくとその背中に跳び乗り、すると21は、彼女の足元に倒れ込み、服従の姿勢をとった。まるで21が、その日は42にメスリーダーの気分を味わわせてあげようとしているかのようだった。

八月半ばに、ドルイドの一家がランデブーサイトに集まっていたときに、そこから西の方角で104の電波信号を検知した。数分後には、ドルイド・パックがいる東へ向かって歩いている104を見つけた。

風は西から吹いていて、ドルイドはすぐに104の匂いを嗅ぎつけるだろうと思われた。数分後には、21と42が104のいる方角へ向かった。メスリーダーの40も加わって先頭に立った。163と、163より若いメスの一頭、それに三頭の子オオカミがあとに続いた。104が、風向きのせいで、ドルイドがいることにまるで気づかずに彼らのほうに向かっていくのが見えた。40もまっすぐ104のほうに進んでいたが、セージの茂みが40の視界を遮っていた。わたしは、六月の末に104と163がランデブーサイトで一緒に獲物の肉をむさぼっているのを見ていたし、それ以前にも、この兄弟がランデブーサイトで一緒に遊んでいるのを見た。五月の半ばには104が105と一緒にいるのを目撃し、ドルイドの巣穴がある森からの104の電波信号も度々受信した。これらすべてが、当時は、104が自身の家族と良好な関係にあったことを示していた。しかしすでに八月の半ばとなり、わたしたちが知る限り、104が家族と最後に関わったときから六週間が過ぎていた。ドルイドは今でもまだ、彼を友好的に迎え入れるのだろうか？

104は進路を南東に変え、ドルイドを見ることとも、またドルイドから見られることもなく、昔の家族とすれ違った。ドルイドの一行はまだ西のほうを見ていた。それは104がいた方向だった。今やドルイドの東側にいる104には、風に乗ってドルイドの匂いが届いていた。104はその匂いに気づいたに違いなく、立ち止まって群れがいる方向をじっと見た。わたしは西の方角をくまなく探し、ドルイドのリーダーペアが開けた場所にいるのを見つけた。104もその姿を見たはずで、自分の家族だとわかったはずだった。ところが彼は、二頭に背を向けて東へ走った。まるで、見知らぬ群れから逃げ出すかのようだった。その後104は、立ち止まって振り返り、また東へと走るという動作をさらに四回繰り返した。

五回目に振り返ったとき、彼は、さっきのオオカミたちが自分を追いかけてくることはないとわかった。104はさらに東へと歩いていき、わたしは河川敷でその姿を見失ってしまった。しばらくして、ラマー川の東側のキャッシュ川《クリーク》沿いを上流へ向かって進む彼を見つけた。ドルイドのオオカミたちはもうはるか彼方だった。

ドルイド・パックは、21に率いられてランデブーサイトに戻ってきた。彼らは104の匂いに気づいても特に気にしていないようだったから、おそらくすんなり再会することもできただろう。あとになってわたしは、104は生まれたばかりの子オオカミの匂いに惑わされたのかもしれない、と思いついた。ドルイドの他の仲間の匂いは識別できたはずだが、六頭の子オオカミの匂いにはきっと覚えがなかったのだろう。子オオカミの匂いが104を慎重にし、近くに見知らぬオオカミがいると考えたのだろうか？ もしもそうなら、彼は大事を取ってその場を離れたということになる。

三頭の子グマを連れたハイイログマの母親は、その後もちょくちょくランデブーサイトにやって来た。ある夕方、ドルイドのオオカミたちが高く生い茂るセージの陰で横になっていると、その南側にハイイログマの親子がやってきた。母グマはオオカミの匂いに気づいたに違いなく、後ろ足で立ち上がってオオカミのいる方向をじっと見てから、走って西へ向かった。子グマたちも、やはり駆け足で、母グマを追いかけた。40が起き上がり、クマの一家に気づくと、彼らのほうへ走っていった。間もなく40は、生い茂る草の陰に身を屈め、その隠れ場所からクマたちの様子をじっと見守った。40はクマの親子からおよそ一五〇メートルほど離れた場所にいた。クマたちが丘の向こうに姿を消すと、40は丘に身を隠すようにしてクマの親子に近づいていった。わたしがいる場所からクマの母と子の姿が再び見えたとき、40と母子との距離はほんの三五メートルほどに縮まっていた。しかし40がセージの深い茂みの中にいたので、クマたちからはその姿が見えなかった。

ハイイログマの一家は西へと進み、40は追跡を続けた。頭を低くして、クマの一家の様子をうかがいながら、抜き足差し足で近づいていく。そのとき、いちばん後ろを歩いていた子グマが、後ろ足で立ち上がって、40のほうを振り向いた。40との距離は二五メートルだった。子グマはオオカミの姿を見たに違いなく、母グマに駆け寄った。母グマは子グマが何かに怯えていることはわかったが、40が自分の毛皮と同じ色をしたセージの茂みの中で身動き一つせずかがんでいたから、彼女にはオオカミが見えなかったのだ。

クマの親子はさらに西へと進み、40はそのあとをついていった。クマたちが走れば40も走り、クマたちの歩みが遅くなると、40も歩調を緩めた。母グマが後ろを振り返る度に、40は動きを止めた。やがて40は、最後尾の子グマまであと二〇メートルもないところまで迫った。次の瞬間、40は前方に跳び出して、その子グマの尻に噛みついた。そしてすぐにクマに背を向けて東へ駆け戻った。どうやら彼女にとっては、クマのどれか一頭を噛むことができるかどうかを試す、ただのゲームだったのだ。三頭の子グマたちはいそいで母グマに走り寄り、すると母グマは後ろ足で立ち上がり、彼らを怯えさせたものを探し出そうとしてあたりを見回した。しかし、40はまたもや五〇メートルほど離れたセージの茂みに隠れていて、母グマにはその姿が見えなかった。

40はさらに追跡を続け、子グマまであと一〇メートルのところまで忍び寄った。しかしそこから先は、セージの茂みが途切れている場所を進まなければならなかった。と、そのとき、子グマたちが振り向いて40がいる方向を見た。40は動きを止めた。今や40の身を隠してくれるものはなかったが、その毛色が周囲の景色にうまく溶け込んでいたため、子グマたちに彼女は見えなかった。クマの一家が再び歩きだすと、40も再びあとを追った。

40がタイミングを見計らい、見通しのいい草原を突っ切って子グマたちに突進した。それを見た子グマたちは母グマに駆け寄った。振り向いた母グマは、子どもたちに突進してくるオオカミに気づくと、急いで子どもたちの元に戻った。襲いかかってくるオオカミの姿を見た子グマたちは、先を争って母へと押し寄せた。40はクマの母子の目の前の、ほんの数メートルしか離れていない場所を行ったり来たりした。母グマは落ち着き払った様子で、オオカミへの対処法に自信があるように見えた。母グマは、三頭の子グマたちの隣に立ったまま動かなかった。もしも母グマがオオカミに向かって突進していれば、子グマたちもあとを追って走りだしたことだろう。そうしたら40は、母グマの背後に回り込み、子グマたちのだれかに噛みつくことができただろう。母グマが子どもたちの隣で動かなかったのは正解だったのだ。

睨み合いはしばらく続いたが、やがて霧が出てきて、わたしは彼らの姿を見失ってしまった。その後霧が晴れたときには、クマの一家は一列になって、歩いてどこかへ立ち去るところだった。40の姿は見えなかった。冒険に満足し、群れの仲間のところに戻ったに違いなかった。

第23章　頑固な子オオカミ

八月一二日、ドルイド・パックの七頭の大人のオオカミと六頭の子オオカミが、カルセドニー・クリークのランデブーサイトで寝そべっていた。やがて40が起き上がり、東へ向かって歩きはじめた。105と106を除く群れのメンバーがそれに続いた。ときどき、灰色の子オオカミがメスリーダーを追い越して群れの先頭に立った。群れが川のそばまで来たとき、二頭の黒毛の子オオカミのうちの大きいほう、オスの子オオカミが、踵を返してランデブーサイトに戻っていった。そして、ランデブーサイトに残っていた年上の姉妹たちと合流した。残りの五頭の子オオカミたちは、そのまま大人たちと移動を続けた。

21が、スペースメン・リッジ・トレイルがある南の方角へ群れを率いて行くのが見えた。そのトレイルは、ラマー・バレーからスペースメン・リッジの頂上へ向かうときにハイカーたちが利用する道だった。大人のオオカミたちは、その尾根の高みでよく狩りをしていた。そこはエルクの群れが夏の数か月間を過ごす場所だったからだ。やがて群れは森に入り、わたしはその姿を見失ってしまった。翌朝、ダグが追跡飛行を行なって、ドルイドのオオカミの大半がスペースメン・リッジの頂きにいるのを確認した。

その翌日の八月一四日の早朝には、ランデブーサイトに残っていた二頭のメスが、尾根を上って群れの仲間と合流した。あの黒毛の子オオカミはランデブーサイトにひとり取り残されたが、まるで気にしていない様子だった。子オオカミはネズミ狩りを楽しんでいた。その朝遅くに42がランデブーサイトに戻ってくると、子オオカミは42に駆け寄った。42は、六頭の子オオカミの一頭がいないことに気づいて、探しに戻ってきたに違いなかった。42は子オオカミのために肉を吐き戻してやった。お腹をすかせていた子オオカミがもっとほしいとねだると、42はもう一度肉を吐き戻した。

42は、その日の朝早くにランデブーサイトを出た二頭の大人のメスと同じ経路をたどって歩きだした。子オオカミもあとをついてきていたが、途中、道の南側で何かを見るか聞くかして、そちらに走って行ってしまった。子オオカミはネズミに跳びかかり、失敗すると、他のネズミを探してさらに南へ進んだ。子オオカミは、42について行く気をなくしてしまったように見えた。その瞬間、彼にとってはネズミのほうがずっと重要なことだった。42は一日中ランデブーサイトにいて、子オオカミを見守っていた。母と子は、何度も遠吠えをして、ドルイドの他のオオカミたちに連絡を取ろうとしたが、遠吠えが返ってくることはなかった。

翌朝早くにあたりをくまなく調べてみると、三頭のメスのオオカミがあの黒毛の子オオカミと一緒にいるのが見えた。42と、子オオカミの姉にあたる105と106だった。子オオカミは何度も遠吠えをしたが、大人たちがそれに加わることはなかった。105が子オオカミのために肉を吐き戻した。大人たちは子オオカミがお腹をすかせないように気をつけていた。その日は、子オオカミが自分でネズミを捕って食べるのも見た。それから数日間、大人のオオカミが入れ代わり立ち代わりランデブーサイトにやってきて、ひとりぼっちの子オオカミの様子を確認し、食べものを与えた。しかしどのオオカミがスペースメン・リッジに帰るときも、子オオカミはついて行こうとしなかった。彼はランデブーサイトが気に入っていて、たとえ兄弟たちと一緒でなくても、そこにいたいと望んでいるように見えた。

ある日のこと、その日もいつものように二頭の若いメスが子オオカミを見守っていたが、どちらも吐き戻してやれる肉をもっていなかった。見ていると、106がそばにあったジリスの巣穴を掘り返し、別の出入り口から逃げだしたリスを追いかけた。106はジリスに跳びかかって捕まえた。106は獲物の肉の大半を食べてから立ち去った。そこへ106のメスのきょうだいの105がやってきて、残っていた肉を食べ尽くすと、子オオカミのところへ行って腹の中の肉を吐き戻してやった。

子オオカミのネズミ狩りは成功続きだった。ある夕方には、ネズミを三匹捕まえてから、六月から雨ざらしになっているオスエルクの残骸のところに行って、骨をしゃぶった。子オオカミは、ある程度は自分で食糧を調達できるようになっていた。

他の子オオカミたちが大人たちに導かれてスペースメン・リッジの頂上に到着してから五日後、

リーダーペアと163が、五頭の子オオカミを置いてランデブーサイトに戻ってきたのを見た。他の子オオカミは頂上に残っていると思われた。黒毛の子オオカミはリーダーペアに走り寄り、リーダーペアも子オオカミを喜んで迎え入れた。21が歩いてその場から立ち去ったが、子オオカミはついて行かなかった。40も21と合流し、彼らは一緒に川のほうへ向かった。やがて二頭は立ち止まり、子オオカミがついてきていることを期待して振り返ったが、子オオカミはランデブーサイトに留まっていた。163が尻尾を振りながら子オオカミのところに行き、二頭は仲良く挨拶を交わしあった。その後163は、寝そべっているリーダーペアのところに行き、163と21は数分間楽しげに跳ね回った。そんな光景を見たら、たいていの子オオカミは駆けてきて遊びに加わるものだが、黒毛の子オオカミは頑としてついていこうとしなかった。

しばらくすると、21が40と163を率いてランデブーサイトから少し離れた場所へ移動した。子オオカミはついていかなかった。三頭の大人のオオカミは、カルセドニー・クリークの、木々に覆われた低地に姿を消した。そこからは獣道をたどってスペースメン・リッジの頂上まで行くことができ、頂上には群れの残りのメンバーがいるはずなのだ。子オオカミは、リーダーペアが寝そべっていた場所の匂いを嗅ぎ、彼らが姿を消した方向に目をやった。やがて彼はネズミ狩りをはじめ、一時間以上それに熱中していた。わたしは、子オオカミが何匹かのネズミやバッタを捕まえて食べるのを見た。その後彼は、エルクの古い死骸を見つけてその肋骨にかじりついた。

夕方になって、42がランデブーサイトに現れると、子オオカミは彼女に駆け寄った。しばらくすると、42は21の臭跡をたどって森へ向かったが、子オオカミはネズミやバッタを狩るのに夢中だった。42は、尾根の上の群れの仲間たちのところに戻るのはやめて、ランデブーサイトで子オオカミと一緒に過ごした。翌日の朝も、二頭はまだランデブーサイトにいた。42がその場を立ち去る素振りを見せて、子オオカミについてこさせようとしたが、子オオカミは拒否した。42は子オオカミからどんどん遠ざかっていき、その間二頭は互いに向けて遠吠えをしたが、それでも子オオカミは、42のあとをついて行こうとはしなかった。そのうち、42の信号が受信できなくなり、それは、42が電波が届かない圏外にいて、おそらくスペースメン・リッジの頂上へ向かっていることを示していた。子オオカミはまたもやひとりぼっちになったが、それは彼自身が選んだことだった。わたしは、その夜も、次の二日間も、彼がひとりでいるのを見た。

八月二〇日の追跡飛行により、ドルイド・パックがオパール・クリークの上流のランデブーサイトにいることが確認された。そこは標高が高く、カルセドニー・クリークのランデブーサイトよりも、夏期のエルクの餌場にずっと近かった。翌朝、黒毛の子オオカミがそのランデブーサイトのほうを見つめて遠吠えをすると、それに応えるかすかな遠吠えがわたしの耳にも届いた。子オオカミは、遠吠えが聞こえた方向に向かって走り出し、それは彼にも遠吠えが聞こえた証拠だった。立ち止まって遠吠えを返した子オオカミは、声の方向へとさらに走った。そしてもう一度立ち止まると、子オオカミはまた遠吠えをした。そこから三キロ近く離れた場所にいるわたしにも、その声ははっきりと聞こえた。高台にある新しいランデブーサイトにいるドルイドの残りのメンバーと子オオカミの距離は、おそらく五キロほどで、子オオカミが仲間の遠吠えを聞いて、正しい方角を知るには十分な近さだった。子オオカミは遠吠えがした方向へ走り去り、わたしはすぐにその姿を見失ってしまった。しかし、わたしは満足な気分だった。子オオカミはついに、谷でのひとりの暮らしを満喫し終えて、山の高みにいる家族の元に向かおうとしているのだ。子オオカミの単独での暮らしは七二時間に及んだ。

八月二六日に追跡飛行を行なったダグから、オパール・クリークのランデブーサイトでドルイド・パックを見たと聞いた。大人のオオカミ四頭、それに六頭の子オオカミのうちの五頭がいて、そのうちの二頭は黒毛だったという。それはつまり、あの黒毛の子オオカミが、一度も行ったことのない場所だったにもかかわらず、ひとりで山を登り、家族と再会したことを意味していた。子オオカミは、群れの仲間の臭跡をたどっていったに違いなく、こんなに幼い子オオカミがそれを成し遂げたのは目覚ましい出来事だった。ダグはその日、灰色の子オオカミを三頭見ていた。灰色は四頭いるはずで、つまり一頭がいなくなっていた。

ダグはまた、この追跡飛行中に、イエローストーン湖の南の端で104の姿を確認した。そこは、ソーダ・ビュート・パックの縄張りから一・六キロも離れていなかった。そこにたどり着くまでに、104はドルイド・パックを離れたあとに加わった群れだった。104は、クリスタル・クリーク・パックの縄張りを通り抜けてきたはずで、クリスタル・クリーク・パックは彼がドルイド・パックを離れたあとに加わった群れだった。104は、クリスタル・クリーク・パックとすれ違うか、出会うかしたあとに、さらに南へ進んできたのだ。彼が何をしようとしているのか、わたしたちは依然として理解ができなかった。

九月一日の追跡飛行で、42と黒毛の子オオカミ一頭がオパール・クリークのランデブーサイトにいるのが確認された。同じ日に、105がカルセドニーのランデブーサイトに向かい、どうやら子オオカミたちを探しているように見えた。翌日には、42と別のメスの二歳児がまた同じ場所にやってきて、子どもたちを探していた。二頭のメスはどちらも遠吠えをした。九月四日には、105が再びやってきて、遠吠えをし、いなくなった子オオカミたちの姿を求めてあたりをくまなく探した。大人のメスたちは、明らかに心配しているようだった。わたしも心配だった。大人とはぐれた子オオカミは、クマやクーガー、あるいはコヨーテの群れの格好の餌食となりがちなのだ。

九月五日には、ラマー・バレーでドルイドのオオカミの電波信号を確認することができなかった。わたしは、国立公園局の季節職員として勤務するナチュラリストのビル・ウェンゲラーと共に、オパール・クリーク周辺を一望できる観察地点を探して、スペースメン・リッジ・トレイルを上った。フットブリッジ駐車場を出てラマー川へと続くトレイルを進み、川を歩いて渡ってから、さらに山道を四～五キロ歩いた。四時間かけて、ようやくオパール・クリーク周辺を見渡せる高台にたどり着いた。そこまで来てようやく、ドルイド・パックの電波信号を検知することができた。よりよい観察場所を探してさらに一・五キロほど歩き、小山を見つけてその上にフィールドスコープを設置した。

およそ三キロ先にドルイドのランデブーサイトらしき場所を発見した。そこは、周囲を深い森に囲まれた草地だった。唯一目を引くのは、一本の針葉樹が生えた低い丘だ。その丘のすぐそばで眠る一頭の黒毛のオオカミを見つけた。他のオオカミの姿も徐々に見えてきて、あたりを歩きまわったり、寝そべったりしていた。最終的に、三頭の子オオカミと一頭の大人のオオカミをのぞく、ドルイドのすべてのオオカミを確認できた。この数年後、わたしはこの草原の丘の上の針葉樹の横に立ち、21とのそれまで経験したことがないほど感慨深い時間を過ごすことになるのだが、その話はまた別の機会にするとしよう。

ランデブーサイトの様子を三時間観察したあと、ビルとわたしは歩いて山を下りはじめた。駐車場に停めた車のところに戻ったのは三時間半後で、長時間にわたる山歩きでわたしたちは疲れ切っていた。新たなランデブーサイトでくつろぐドルイド・パックを観察できたことは満足だったが、いなくなった三頭の子オオカミのことが気がかりだった。翌朝早く、カルセドニー・クリークのランデブーサイトでくつろぐドルイド・パックを確認したが、灰色の子オオカミ二頭と、黒毛の子オオカミ一頭は依然として見当たらなかった。無事を確認できた黒毛の子オオカミは、後ろ足を上げて排尿することからオスだとわかっていた。もう一頭の黒毛の子オオカミはメスなので、この黒毛は、ラマー・バレーに長々と居座り、その後谷間から、群れの仲間たちが待つオパール・クリークの高みまで上っていったあの黒毛の子オオカミに違いなかった。

同じ日に、わたしが「盗人ゲーム」と名づけた遊びを楽しむ子オオカミたちを見た。骨を見つけた一頭の子オオカミが、寝そべって骨にかじりついていた。そこへ別の子オオカミがやってきて、座ったかと思うと、突然骨を奪って走り去った。また、骨をもっている灰色の子オオカミの尻尾を、黒毛の子オオカミが引っ張ることもあった。攻撃を避けようとして骨を落とさせる作戦だったのだろうが、灰色の子オオカミは尻尾のことなど気にもとめず、決して骨を離さなかった。子オオカミたちは、大岩に登って「お山の大将ごっこ」をすることもあった。最初に岩の上に立ったものは、他の子オオカミたちがてっぺんに登って来るのを阻止しようとする。だれかが岩のてっぺんから子オオカミを叩き落とせたら、今度はその子オオカミが岩の支配者となって、他の子オオカミにその地位を奪われないようにする。わたしは、この二つの遊びをリストにつけ加えた。

二日後、わたしたちはドルイド・パックの大半がリトル・アメリカの道路の南側にいるのを見つけた。三頭の子オオカミの姿はやはりなかった。21が先頭に立って群れを西へと導いていた。やがて彼は、自身の母親が昔子育てをしていた巣穴のそばの草原を通りかかった。果たして21は、一九九七年の春に8とそこで過ごした数週間のことを、彼ら二頭が、その年に生まれた子オオカミたちを守り、食べさせるために懸命に努力したあのときのことを、一瞬でも思い出したのだろうか？　群れはスペースメン・リッジのはるか西の端を上って行き、わたしはその姿を見失ってしまった。もしも彼らが、そこから東へさらに一八キロ進めば、ドルイド・パックはオパール・クリークのランデブーサイトに戻ることになる。

わたしは、九日間イエローストーンを離れなくてはならなかった。留守中は、ビルが代わってオオカミ観察を行なった。ビルは九月一一日にカルセドニー・クリークでドルイド・パックを確認した。その後、群れはスペースメン・リッジ・トレイルを上って行き、姿が見えなくなった。そのトレイルは、ビルとわたしがオパール・クリークのランデブーサイトを観察するために上った道だった。九月一九日には、ドルイド・パックはスペースメン・リッジの、クリスタル・クリークを見下ろす場所にいた。あの三頭の子オオカミの姿はどこにもなく、大人のオオカミたちのこの旅は、すべていなくなった子オオカミたちを探すためだったのだろうか、とわたしたちは考えた。

わたしはこの夏、ドルイド・パックの頭上に垂れ込める暗雲について度々思いを巡らせた。前年の一二月、わたしがビッグベンド国立公園にいたとき、ドルイドはローズ・クリークのメスの一歳児、ナンバー85を殺害していた。この一歳児は、一九九七年の春に21のメスのきょうだいの18が産んだ子どもだった。わたしは、21がドルイド・パックの新たなオスリーダーとなったことで、この二つの群れの間にある敵意も消え去るかもしれないと考えていたが、それは間違いだった。七月の半ばに、オオカミ・プロジェクトの生物学者で、一歳児の殺害を目撃していたシェイニー・エバンズと仕事で一緒になった。彼女は、ローズ・クリークのメスを殺したのはドルイドのメスオオカミたちだ、と教えてくれた。そして、一歳児を追っていた七頭の中には21と163も含まれていたが、彼らは五頭のメスによる一歳児殺しには加担していなかった、と言った。本書を執筆するにあたり、シェイニーに連絡を取ったところ、彼女はその日見たことを文章にまとめて送ってくれた。

彼女の話によると、ローズ・クリーク・パックはドルイド・パックの縄張りの西の端に迷い込み、その後、西側の自分たちの縄張りへ戻った。ところがそのメスの一歳児は群れから遅れてしまった。そこへドルイドの七頭がやってきて、自分たちの縄張りにいる一頭のメスを見つけると、追いかけて襲いかかった。シェイニーの文書にはこうつけ加えられていた。「85を見つけたときには、ドルイドの七頭は群れをなして走っていました。しかしメスたちが85を殺したときには、21はただ傍らに立っていただけでした」

ダグはその日追跡飛行を行ない、ドルイドによる追跡と攻撃が行なわれている間、現場の上空を旋回していた。彼がいた上空からは、ドルイドのメスたちが先頭に立って一歳児を追い立て、殺害する様子が見えた。ダグは、85が引き倒されたとき、21が85に噛みついていた可能性はあるが、メスたちによる子オオカミ殺しには加わっていなかったと思う、と言った。このときダグが撮影し、のちにジム・ハーフペニーの『***Yellowstone Wolves in the Wild***（イエローストーンの野生のオオカミ）』に掲載された写真には、40に間違いない灰色のオオカミと、一頭の黒毛のメスオオカミが、うつ伏せに倒れているローズ・クリークの一歳児に襲いかかり、その光景から目をそむけるようにして少し離れた場所に立つ21が写っている。のちにわたしは、その日ダグが撮影した他の写真も調べたが、そのほぼすべてにおいて、85を噛んでいるのは40だけだった。どの写真でも、21は攻撃の現場から離れた場所にいて、別の方向を見ていた。

わたしはずっと、一九九六年春のクリスタル・クリークとローズ・クリーク・パックへの攻撃を引き起こしたのは、当時この群れのオスリーダーであった38だと思い込んでいたが、このときようやく、攻撃の主犯はほぼ間違いなく40だったのだとわかった。40が自身のメスのきょうだいの子どもを殺したかもしれないことが、その確信をさらに強くした。40は非常に攻撃的な気質のオオカミで、一方の

21と42はずっと温和な性格だった。そしてこの二頭のオオカミは、この状況をどうすればいいかわからずにいた。21にとっては、体の大きさや腕力を使ってメスを押さえ込むことは、彼がずっと守ってきた心がけに反する行為だったし、メスリーダーの暴力で萎縮しきった42は、彼女に立ち向かうことができなかった。

ローズ・クリークの一歳児への襲撃によって、今やドルイドが殺害したローズ・クリークの大人のオオカミは三頭となった。8は自分の娘の死をどう思うだろう、とわたしは考えた。21がドルイド・パックに加わってからの出来事だから、8はきっと21も殺戮に加担したと思うだろう。ローズ・クリーク・パックがラマー・バレーに戻ってきたときには、隣接するこの二つの群れの二度目の戦いの可能性がかつてないほど高まりそうだった。

第24章　ドルイドの一歳児の旅立ち

九月の末にドルイド・パックを五回見かけたが、行方不明になっている三頭の子オオカミの姿は一度も見なかった。彼らはもう生きていないと認めざるをえず、いなくなった理由は知りようもなかった。個人的にもがっかりしたが、オオカミは野生動物であり、生まれた子どものすべてが一歳まで生き延びるわけではない、と自分に言い聞かせた。

九月三〇日に、クリスタル・クリークの囲い地付近でドルイド・パックを見た。この日以前にドルイド・パックがこの場所で遠吠えをし、それに応えて北側のスルー・クリークから別のオオカミの群れが遠吠えを返してきた、という報告も聞いた。それから間もなく、わたしはスルー・クリークでローズ・クリーク・パックを見つけた。この二つの群れはほんの二〜三キロしか離れていなかったが、その間に公園内を走る道路が横たわっていた。

ローズ・クリーク・パックは、その夏を北側の高地で過ごしていたため、わたしが彼らの姿を見たのはほぼ四か月ぶりだった。群れのメスリーダーだった9はすでに群れを離れていた。自身の娘であるナンバー18に群れを追われたのだ。ドルイドの40が自分の母親を群れから追い出したのと同じだった。二〇一九年現在、わたしが知る限りでは、イエローストーンで、息子が父親を群れから追い出した例はない。ローズ・クリーク・パックの初代メスリーダーである9を長年観察してきたわたしは、彼女が幾多の困難や悲劇を耐え忍んできたことを、なかでも彼女が元のパートナーを失ったことを知っていたから、その9が大人になった娘によって群れを追い出され、リーダーの地位を奪われたと知ったときは落胆した。

しかし9は、逆風にさらされ、そのまま落ちぶれていくようなオオカミではなかった。9は公園を出て東へ向かい、ショショーニ国立森林公園に棲みついてベアトゥース・パックと呼ばれる群れを形成した。彼女の孫の一頭、シープ・マウンテン・パックに生まれたナンバー164が、彼女の新たな群れに加わった。ローズ・クリーク・パックのメスたちも、一頭、また一頭とやってきた。ローズ・クリークのオオカミたちが、彼らの縄張りから遠く離れた場所にいる元のメスリーダーを探し当てられたことに、わたしはとても驚いた。しかし後になって、オオカミは相当遠くからでも互いを見つけ出すのが非常に得意だと知った。ローズ・クリーク・パックを離れたメスたちは、実の母親に取って代わった18ではなく、これまで自分たちのリーダーだった9に忠誠を誓おうと決めたようだった。新たな群れのオオカミはみんな黒毛だった。そして二〇一八年の初頭までのところ、ベアトゥース・パックのオオカミは、大人も子どももすべて黒毛だ。わたしたちが知る限りでは、ベアトゥース・パックの現在のメンバーはすべて9の子孫なのだ。

一〇月に入ると、8がローズ・クリークの仲間と共にスルー・クリークにいるのを度々見かけるようになり、彼らはたいていそこで狩りをしていた。8はすでに五歳半になっていた。8をオスリーダーとするローズ・クリーク・パックは、イエローストーン最大の群れとなっていた。8は一九九五年に養子に迎えた八頭の子オオカミを育て上げただけでなく、その生涯に五四頭の子オオカミをもうけたと考えられている。

ときおり、新たなメスリーダーとなった18が8にじゃれつくことがあったが、8はいつも、それを無視してどこかへ行ってしまった。18がマーキングをすれば、8もその上に匂いをつけて、群れのオスリーダーとしての義務を果たしたが、18との間に心のつながりはほとんどないように見えた。わたしは非科学的な考えを抑えることができず、「8は、9が血を分けた娘に追い出されたことを今でも残念に思っているのだろうか？」と考えた。

同じ頃、ドルイド・パックでは、8に養子として育てられた21が、40ではなく42と親密であることがはっきり見て取れるようになっていた。21が42とじゃれ合う回数は、彼が40とじゃれ合う回数よりずっと多かった。わたしは、21と42が交互に顔を舐めあっているのを見た。21はしょっちゅう42の前でプレイバウをし、その周りを跳ね回った。21のお気に入りの遊びの一つは、42を誘って自分を追いかけさせることだった。21が群れの先頭を歩いているときは、何度も後ろを振り返って42の様子を確かめた。茶目っ気たっぷりにじゃれ合う42との関係と比べると、21は、40に対してはずっと遠慮がちで、彼らの関係はいわば仕事上の付き合いに見えた。問題は、40がメスリーダーであり、つまり群れのボスだということだった。わたしは、40にもしものことがあれば、21と42はずっと気楽に暮らせるだろう、とさえ考えてしまった。

一〇月一六日、163が片足を上げて排尿するのをはじめて見たが、そこはリーダーペアがマーキングをしたばかりの場所だった。163は今や生後一八か月で、人間でいうと一六歳ぐらいだった。二月にはメスと交配することも可能で、そうなればその二か月後には父親にもなれる。マーキング行動は彼の成熟の証だった。この日は、移動の際もそのほとんどを163が率いた。

一〇月二一日の追跡飛行によってビッグニュースが飛び込んできた。かつてドルイドにいたオスで、二歳半になる104が、イエローストーン湖の南のソーダ・ビュート・パックの縄張りに、彼らと一緒にいるのが確認されたのだ。ソーダ・ビュート・パックは、一九九五年にカナダのアルバータ州から連れてこられた最初の三つの群れの一つだった。そして今、わたしたちが知りたいのは、「果たして彼はオスリーダーの地位を引き継いだのか?」ということだった。

その翌日、163が先導するドルイド・パックがスルー・クリークの西側にやってきた。わたしがその場所でドルイドを見るのは、一九九六年六月に、8がドルイドのかつてのオスリーダー38を倒して以来だった。その後163は、群れを率いてさらに西へ進み、敵対するローズ・クリーク・パックの縄張りに深く入っていった。この移動は危険だった。なぜならローズ・クリーク・パックは、ドルイドよりもずっと頭数が多かったからだ。しかし、163には危険を冒す十分な理由があったのかもしれない。敵対する群れには若い大人のメスがたくさんいて、全員が彼にとってパートナー候補者だったのだから。163は、ローズ・クリーク・パックが長年使ってきた主要な移動経路を進んでいて、そこに残っていたローズ・クリークのメスたちの匂いを嗅ぎつけたのだと思われた。

翌日、ドルイド・パックはラマー・バレーに戻っていた。リーダーペアはオスエルクの横を素通りしたが、おそらく頑強そうで獲物には不向きだと判断したのだろう。しかし三頭の子オオカミと三頭の若い大人のメスオオカミが、協力してそのエルクに近づいた。エルクは振り返り、オオカミたちを平然と見下ろしてから、一番前にいた灰色の子オオカミ目がけて突進してきた。オスエルクが途中で立ち止まり、走り去ると、子オオカミとメスはみなでそのあとを追った。間もなく、六頭のうちの五頭は追跡を断念したが、先頭にいたあの灰色の子オオカミはさらに一〇〇メートルほど走り、ようやく無理だと悟った。

一〇月の末になると、40は42に対してさらに攻撃的に振る舞うようになり、おそらくそれは繁殖期が近づいているせいだと思われた。わたしは、42が身を屈め、ひどくへりくだった様子で自身の姉妹である40に近づいていくのを目撃した。その後42はメスリーダーの40の正面に座ってその顔を舐めた。42が立ち上がり、歩いてその場を立ち去ると、40は急いで42を追いかけて襲いかかった。

同じ頃、21と163はいつものように延々と遊びを楽しんでいた。大柄なオスリーダーの21は、息子と取っ組み合いをしてわざと負けてやった。その後21は尾を足の間に入れ、怯えているふりをして走り去り、すると一歳児の163は尻尾を高々と立てて21を追いかけた。父親に追いついた163は、もう一度父親を地面に押し倒した。163はその後もさらに二回父親を追いかけ、どちらも21が負けたふりをして押さえつけられて終わった。次に21が起き上がって走り去ったときには、163がその場でじっとしていたので、21が走って戻ってきてわざと息子に捕まった。群れじゅうのオオカミたちが寄ってきて、自分たちのオスリーダーが、群れで一番地位の低いオオカミのように振る舞う、ありえない光景を見守った。21は跳ね起きて、子オオカミたちとしばらく遊んでから再び163のところへ戻った。二頭のオスオオカミは、行ったり来たりしながら、お互いを順番に追いかけあった。21はその後もまだ楽しそうにしていて、若いオオカミたちの周りをぐるぐる駆け回った。途中で105と取っ組み合いをし、強敵を相手に戦っているふりをした。

この年の秋、163は度々先頭に立って群れを導くようになり、マーキングもさらに頻繁に見られるようになった。163が先頭を歩いていたため、リーダーペアはいつも、163が匂いをつけた上に、さらに匂いをつけた。結果的にはこれが群れのためになった。もしも敵対する群れのオオカミがドルイドの縄張りに侵入してきたら、彼らは見つけたすべての臭跡を嗅いでみるだろう。一歳児の163は、今やマーキングができるほど成熟していたから、よその群れのオオカミたちは、この土地の群れには二頭の大きなオスがいるという事実を察知し、そのオスたちに出くわすことを恐れて、縄張りから立ち去ろうとするかもしれないからだ。

この数年後、オオカミ・プロジェクトの生物学者のキラ・キャシディが、オオカミの群れ同士の衝突に関する過去の記録を分析した。どちらが勝つかを決定する重要な要因は三つあり、それは、それぞれの群れのオオカミの総頭数、大人のオスオオカミの数、そして群れの六歳以上のオオカミの数だった。群れにマーキングをする大人のオスが二頭いれば、一頭しかいない場合に比べて相当有利だった。キラの調査から、大人のオスの数が、敵対する群れより一頭多ければ、その群れが敵対する群れを打ち負かす可能性は六五パーセントも高くなることがわかった。

一〇月末に、ドルイド・パックがスルー・クリークの西側に戻ってきた。163が草むらに片足を上げて排尿し、その後リーダーペアが同じ場所に重ねてマーキングした。ローズ・クリーク・パックは間違いなくこの臭跡を見つけ、ドルイドがこの場所を訪れたというメッセージを受け取るだろう。8が21の匂いを嗅ぎ取ったら、どう思うだろう？　とわたしは考えた。よその群れのオスリーダーが自分の家族の縄張りに入り込み、わざわざ訪問の証拠を残していったことに、8は腹を立てるだろうか？　ローズ・クリークの縄張りで五時間を過ごし、あちこちにマーキングをしてから、ドルイドは自分たちの縄張りに帰っていった。

二月の繁殖時期が近づくにつれて、ドルイドのメスたちは、群れ内の自分たちの地位を守るために、お互いに対してより攻撃的になっていった。40は自身の姉妹である42を組み敷き、42は三頭の若いメスのうちもっとも高位の105を組み敷いた。すると105は、メスの中で一番小柄な103を地面に押さえつけ、その小柄なメスは、その後メスの中でもっとも地位が低い106を押さえつけた。

これより以前の一九九九年のはじめに、モンタナ州立大学のスコット・クリール教授を指導教官とする大学院生のジェニファー・サンズが、イエローストーンのオオカミのストレスホルモンを調べる研究をはじめていた。ジェニファーは、群れ内の地位が低い個体は、その従属的な地位のせいで高いストレスを感じているのではないか、という仮説を立てて検証し、他のオオカミよりも大きなストレスが彼らにどのような影響を与えるかを明らかにしたいと考えていた。わたしは彼女の研究論文を読んで、動物の体内では、ストレスレベルが高まると副腎糖質コルチコイドと呼ばれるホルモンが分泌されることを知った。それによって、別の生理的活動に割いていたエネルギーをストレスの原因に対処するために使えるようになる。しかしその結果、生殖行動が抑制されたり、疾病や感染症への抵抗力を低下させる可能性がある。

ジェニファーは、ドルイド、ローズ・クリーク、レオポルドの三つの群れの首輪がつけられているオオカミの糞を収集しなくてはならなかった。他の研究者たち、オオカミ・ウォッチャー、そしてわたしは、彼女の研究を手助けするために、オオカミが排泄する現場を見つけてその場所を記憶し、オオカミがいなくなってからジェニファーをその場所へ案内した。採集された糞の標本は研究所で分析され、その結果がジェニファーに届けられた。結果は彼女の予想を裏切り、ストレスレベルがもっとも高いのは、リーダーの地位にあるオオカミだとわかった。つまり、地位の低いオオカミよりも、8や21のほうが日々の暮らしにより大きなストレスを感じているということだった。この研究結果についてわたしなりによく考えたが、なるほどと思えた。彼らはどちらも、オスリーダーとして家族を守り、食べさせる責任を負っていた。二頭は、群れについての全責任を一身に背負っていたが、下位のオスたちはもっとのんきに暮らしていたのだ。メスリーダーについても、結果は同じだった。ドルイドのメスリーダー40の攻撃的な性格も、ある程度それで説明がつくかもしれない。彼女はストレスでいっぱいいっぱいだったのだ。

一一月一二日を最後に、163がドルイドの他のメンバーと一緒にいるのを見ることはなくなり、彼の信号も検知できなくなった。163は群れを離れ、おそらくパートナーを探しに出かけたのだと思われた。

第25章　イエローストーンで過ごすはじめての冬

一九九九年の一一月半ばになると、早朝の気温は零度を下回り、地表には雪が積もるようになった。わたしは、イエローストーンではじめて体験することになる、一九七四年から一九七五年にかけてバーモント州で暮らしていた時以来の極寒の冬に備えて、ずっしり重い冬用ブーツと厚手のジャケット、それに手袋を買いこんだ。バーモントにいた当時はずっと屋外の仕事だったし、ニューイングランドの長い冬は何度も経験していたから、氷点下の気温には慣れていた。しかし直近の二五年間は、ほぼすべての冬をデスバレーやビッグベンドなどの砂漠地帯の国立公園で過ごしてきたから、寒さへの耐性を失ってしまったのではないかと心配だった。このときはまだ知らなかったが、その冬は、摂氏マイナス四七度の戸外で働いた日もあった。わたしは、ありったけの防寒具をかき集めねばならなかった。

わたしが暮らすシルバー・ゲートの小屋は、標高二二五二メートルの高地に建っていたので、寒さは格別で雪も多そうだった。冬の間、この町に滞在する人が七人しかいない年もあった。マンモスにある公園の本部と、シルバー・ゲートから東へ五キロほど離れたクック・シティを結ぶ道路は、毎日除雪されていたが、南へ向かう園内の道路はどれも通行できる状態になかった。わたしにとっては何の問題もなかった。なぜなら、わたしが見たかったのは、ドルイドやローズ・クリーク、そしてレオポルドのオオカミたちの冬の数か月間の様子だったから。デナリでもイエローストーンでも、それまでわたしが観察したのは五月から一一月にかけてのオオカミの様子だけだったので、彼らが冬の寒さや深い雪にどのように対処しているのかをどうしても見たかったのだ。以前ダグ・スミスから、オオカミにとって冬は一年のうちでもっとも好ましい季節であり、その寒い季節を彼らは逞しく生きる、と聞いたことがあった。

わたしにとって、冬の利点の一つは日の短さだった。朝は五時半までゆっくり眠って一時間後に小屋を出ても、七時ちょっと過ぎにはラマー・バレーに到着し、それでも夜明けに十分間に合った。六月、七月は午前三時一五分には起きていたから、この余分に眠れる時間をわたしは存分に楽しんだ。夕方五時頃には暗くなりはじめるから、夏場の通常の帰宅時間よりもずっと早く家に帰ることができた。夏はたいてい帰宅は午後九時半を過ぎていた。

一一月一五日に、オオカミ・プロジェクト冬季調査がはじまった。一九九五年の秋にダグ・スミスが開始したこの調査は、それよりずっと以前の一九五八年から、彼がアイル・ロイヤル国立公園で実施してきた類似の調査に基づいていた。調査期間は、それぞれ三〇日間の二つの期間に分けられており、第一期が一一月半ばから一二月半ばまで、第二期は三月だった。

ダグは冬季調査のために臨時のスタッフを雇い入れたが、ほとんどがフィールド調査の経験をもつ野生生物学専攻の大学院生だった。スタッフは二人ずつ、三つの班に分けられ、それぞれ別々に、ドルイド、ローズ・クリーク、レオポルドの三つの群れを観察した。観察スタッフは夜明けから日暮れまで観察を行ない、オオカミの行動のすべてを分刻みで記録した。この調査では特に狩猟行動に着目し、すべての狩りの様子が、失敗したものも成功したものも含めて記録された。群れが獲物を仕留めた場合は、スタッフがあとからその場所を訪れて死骸の剖検《ぼうけん》〔遺体を解剖して調べること〕を行ない、獲物となった動物の年齢と健康状態を調べた。

天候が許せば、調査期間中は毎日、追跡飛行による群れの観察も行なわれた。オオカミが仕留めた獲物で、地上のスタッフには見つけられそうにないものを、上空から探すのだ。追跡飛行によって見つかった獲物の数は、各調査期間終了時に地上での獲物確認数と合算されて、それにより狩りの成功率を年ごとに比較したり、餌動物の種類とそれぞれの年齢や健康状態を一覧表にまとめたりすることが可能になる。長年にわたるデータ収集の結果、冬場に大人のオオカミが健康を維持するためには、一か月あたり、一・四〜二・二頭分の大人のエルクの死骸が必要だとわかった。死骸は、オオカミが仕留めたものに限らず、自然死したものでもよかった。また大人のバイソン一頭分の肉は、おそらくエルク三頭分に相当する食糧となった。

ドルイドの観察を担当したのはトム・ジーバーとロブ・バックワルドで、ローズ・クリークの観察チームはシェイニー・エヴァンズとダン・スターラーだった。ある日のこと、わたしは、シェイニーとダンの二人と一緒に、スルー・クリークでローズ・クリーク・パックを観察していた。8と、その場にいた五頭のオオカミが遠吠えをした。すると南東の方角から、ドルイド・パックが遠吠えを返してきたのが聞こえた。しばらくすると、スルー・クリークの南側にドルイドのオオカミが姿を現した。ローズ・クリーク・パックの遠吠えに誘われてやってきたのだ。しかしやってきたのはリーダーペアだけだった。ドルイドの他のオオカミは、そこから一六キロ東の、獲物が横たわる場所に留まっていた。ドルイドのリーダーペアは、進路を変えて南へ向かう斜面を上り、ローズ・クリークの遠吠えが聞こえた方角から離れていった。オオカミは、敵対する群れの遠吠えを聞いただけでそこに何頭いるかわかる、と考えられている。21と40だけでは、六対一二と数で負けていたから、彼らがローズ・クリーク・パックを避けたのは賢明な判断だったのだ。南へ進む21を見ながら、わたしは、彼が立ち去ったのは、8と対決したくなかったからではないか、とも考えた。

一一月の末には、零度を下回っていた気温がさらに低下した。そんなある日、ドルイド・パックが凍った池を歩いて渡っているのを見かけた。一頭の子オオカミが氷のかけらをくわえて跳ね回った。子オオカミは氷のかけらを投げ上げると、別のかけらを拾ってまた放り投げた。

この日、ドルイドの八頭はラマー川の南側、タワー・ジャンクションのすぐ東にいた。同じ頃、8と一二頭のローズ・クリーク・パックは、ラマー川のすぐ北側にいた。近隣のこの二つの群れが、危うく鉢合わせしそうになることが増えていた。ローズ・クリーク・パックがすぐ近くにいることを21が知っているのかどうか、わたしたちにはわからなかった。この二つの群れが遠吠えを交わし合う事態にはまだ至っていなかったが、風向きによっては、21が敵対する群れの匂いを嗅ぎ取っていてもおかしくなかった。理由はどうあれ、21は群れを南へと、ローズ・クリーク・パックとは反対の方向へと導いていて、おかげでこの二つの群れはなんとか衝突を免れていた。

ある朝、21と一頭の子オオカミが、およそ五〇頭からなるエルクの群れを追いかけているのを見た。子オオカミは先頭を切って全速力で走っていた。21が子オオカミの後ろを走っているのには理由があって、どうやら彼は、エルクが振り向いて、小さなオオカミを踏み潰してしまうことを心配しているようだった。エルクの群れがいくつかに分かれて、別々の方向に走りだした。どの群れを追いかけるべきかわからなくなった子オオカミは、ひしめき合うエルクたちの真ん中で立ち止まり、21も同じように立ち止まった。やがて子オオカミは、ある小さな群れ目がけて走り出し、すると21も再びそのあとを走りだした。一分後には、子オオカミは一頭のメスエルクの背後に迫っていた。エルクは立ち止まり、振り向いて子オオカミをじっと見た。子オオカミは足を止めてその場にただ立ち尽くした。次にどうすべきかわからなかったからだ。21は、このメスエルクは獲物として適切ではないと判断して急ぎ足でその場を離れ、すると子オオカミもそのあとに続いた。

子オオカミはすぐに他のことに気を取られ、21の姿が見えなくなるほど遅れてしまった。しかし、臭跡を追う方法はすでに学習済みだったので、父親が歩いて行った道を上手にたどっていくことができた。その子オオカミが東へと向かって見えなくなると、わたしは数キロ離れた観察場所まで車で先回りして、子オオカミが再び姿を現すのを待った。わたしが再び子オオカミの姿を見たとき、彼は七五頭のエルクの群れを追いかけていた。他にオオカミの姿はなかった。子オオカミはすぐにエルクの群れに追いつき、その中に入り込んだ。エルクの群れはまたもやいくつかの集団に分かれて走り出し、子オオカミは一番近くの群れに狙いを定めて追いかけた。群れはさらにいくつかに分かれた。たった一頭で狩りをする子オオカミは、今は一頭のメスエルクとその子どもを追っていた。子オオカミは、子エルクに狙いを定めた。体重二〇〇キロはありそうな母エルクに比べれば、ずっと身の丈にあった獲物だったからだ。全速力で走る子オオカミは、子エルクにぐんぐん迫っていた。やがて狙った獲物までわずか三〇メートルというところまできた。とそのとき、子エルクは一気に速度を上げて、子オオカミを遥か後方に置き去りにしてしまった。

子エルクは群れに追いつき、エルクの大群の中に走り込んだ。一頭のメスエルクが子オオカミに向かってきたので、子オオカミはエルクに背を向けて逃げるほかなかった。群れの他のエルクは、オオカミの匂いに怖気《おぞけ》をふるい、相手はただの子オオカミだとも知らずに逃げだした。子オオカミは、再び方向転換して追跡を再開した。そのとき、二頭のオスエルクが立ち止まって、子オオカミを睨みつけた。しかしそれを物ともせずに、小さな子オオカミは彼らに跳びかかっていった。しかし、片方のオスエルクが子オオカミに向かってくると、子オオカミはエルク狩りを諦めた。早足で彼らから離れ、ドルイドの仲間を探してあたりを見回し、ドルイドの臭跡を見つけると、それをたどって東へ向かった。わたしはのちに、この子オオカミが新しい遊びを発明したのを見た。ネズミを捕まえた彼は、ネズミを何度も空中に投げ上げていたが、その後後ろ足で立ち上がり、落ちてくるネズミを片方の前足で叩こうとした。わたしは、子オオカミの遊びリストに「野球」をつけ加えた。

トムとロブから、彼らが目撃したばかりのドルイド・パックとクリスタル・クリーク・パックの対決の話を聞いた。それは、スペースメン・リッジから南へ数キロ離れた、クリスタル・クリーク・パックが自分たちの縄張りだと考えていただろう場所で起きた。ドルイド・パックは、敵対するクリスタル・クリーク・パックの一頭のオオカミを見つけて、そのあとを追った。追われたオオカミは、群れの仲間がいる南へ戻った。クリスタル・クリークのオオカミたちは、追ってきたドルイドを見て攻撃を仕掛けた。敵の仲間が現れたことに驚き、頭数ではとてもかなわなかったドルイドは、自分たちの縄張りがある北へと逃げ帰った。

クリスタル・クリーク・パックに追われて逃げるうちに、40と黒毛の子オオカミが群れから遅れてしまった。ドルイド・パックを先導していたのは21で、二頭の灰色の子オオカミを守るように彼らに寄り添っていた。21は群れをイエローストーン川沿いの小道へと誘導し、他のメンバーもそれに続いた。クリスタル・クリーク・パックも、ドルイドを追って同じ場所に走り込んだ。その三日後、ドルイド・パックを見かけたがあの黒毛の子オオカミはいなかった。その後も彼の姿を見ることはなく、わたしたちは、おそらくあのときクリスタル・クリークのオオカミに捕まって殺されたのだろう、と考えた。

21がドルイド・パックに加わったとき、彼が二つの宿怨《しゅくえん》を引き継いだと前に述べた。一つはクリスタル・クリーク・パックとの、もう一つはローズ・クリーク・パックとの宿怨だ。ドルイドは、一九九六年の春にクリスタル・クリークのオスリーダーを殺害した。おそらく、そのとき彼のパートナーだったメスリーダーのナンバー5が、他のクリスタル・クリークの仲間と共に、今回ドルイドの子オオカミを捕らえて殺したのではないかと思われた。わたしたち人間から見れば、21も彼の息子も、過去のクリスタル・クリークのオスリーダー殺害には何の関係もなかった。しかし、今は21がドルイドのリーダーであるという理由で、敵対する群れによる報復が21の子どもにふりかかった。一年が終わろうとするこの時点で、六頭生まれたドルイドの子オオカミのうち、生き残っているのは二頭だけで、生存率にすると三三パーセントだった。オオカミ・プロジェクトでは四月に生まれた子オオカミがその年の終わりまで生き延びる生存率の記録を取り続けていて、一九九五年から二〇一七年までの平均生存率は、七三パーセントだった。しかしドルイドに関しては、この前年の一九九八年も、二頭生まれた子オオカミのうち、生き残ったのは一頭だけだった。ドルイド・パックは、子オオカミを育てることについてはあまりうまくやれていなかった。

第26章　イエローストーンの一二月

一九九九年一二月八日、8を含む一二頭のローズ・クリーク・パックがスルー・クリークにいるのをわたしは見た。すぐそばの川のまだ結氷《けっぴょう》していない一画に、子エルクが立っていた。子エルクは大人のエルクの半分ほどの大きさで、おそらく体重は一一四キロほど、8の二倍以上はありそうだった。どうやら子エルクは、水を飲みに川に入ったようだった。子エルクは、水の周囲を取り囲む硬く凍った川の上に何度も這い上がろうとしたが、うまくいかなかった。オオカミたちは、子エルクが水から上がろうとして何度も失敗する様子を、三時間ずっと見ていた。長く待てば待つほど、エルクは弱っていった。

やがてオオカミの群れは立ち上がり、早足で獲物に近づいていった。8と若い黒毛のオオカミが最初に川岸にたどり着き、その後8が、凍った川の上に足を踏み出して、子エルクのほうに進んだ。子エルクは気丈に8を睨みつけ、8は前足で注意深く氷の硬さを確かめた。自分の体重を十分支えられる厚さがあると判断した彼は、氷の上を水の縁まで歩いていくと、場所によっては深さが胸まである水の中に滑り込んだ。8よりずっと上背がある子エルクが、水をかき分けながら8のほうに向かってきて、前足の蹄で8を踏みつけようとした。8は身をかわして一撃を逃れた。子エルクは二度目の攻撃を試みたがまたもや失敗に終わった。しかし三度目に攻撃されたとき、8は逃げ遅れて頭に蹄の直撃を受けた。その一撃は8の意識を朦朧《もうろう》とさせたに違いなく、もしかすると脳震盪を引き起こしたかもしれなかった。

しかしこの最後の蹴りで、子エルクはバランスを崩して冷たい水の中に倒れ込んだ。頭部に強烈な一撃を浴びていたにもかかわらず、8は突進した。子エルクも急いで立ち上がって逃げだした。無我夢中で氷の上に這い上がったが、たちまち滑って転んでしまった。水中から氷上へ跳び出した8がそちらへ走ったが、あと一歩のところで子エルクは立ち上がり、再び川に飛び込んだ。8もあとに続き、水をかき分けてエルクを追いかけた。

黒毛の若いオオカミは、水面を取り囲む氷の、反対側の縁に立ってその様子を見ていたが、助けに入ろうとはしなかった。わたしが彼だったとしても、凍りつきそうに冷たい水に入るのはためらわれたことだろう。この日の気温は、おそらく摂氏マイナス九度くらいだろうと思われた。極寒の一二月に二度も冷たい川に飛び込み、頭に強烈な一撃を受けたあとも、なおもエルクの追跡をやめない8の勇気に、わたしはつくづく感服した。頭を蹴られ、凍るように冷たい水に入ることは、家族に食べさせるために彼が耐え忍ばねばならないことだった。それもまた、彼の仕事の一つだったのだ。

群れの他の仲間たちも集まってきたが、みな氷の上にいて、最初の黒毛のオオカミ同様、8がひとりで子エルクと戦っているのを見ているだけだった。彼らは、水の中を走って8を追ってきたエルクが、8目がけて勢いよく前足を蹴り上げるのを見た。8はかろうじて身をかわし、今度は逆にエルクを追いかけた。子エルクはひとまず逃げたが、その後立ち止まると、8と睨み合って一歩も引かず、両方の前足で8に蹴りかかった。

後ろ足で立ち上がったエルクの両方の前足の蹄が8の背中に落ちてくる光景を、わたしはありありと覚えている。その重みで、8は水中に沈んでしまった。もう少し長く押さえ続ければ、8は溺れ死んだだろうが、8は身をよじってエルクの下から這い出し、再び水面に顔を出した。8がかなりの痛手を負っていることがわかって、わたしは顔をしかめた。もしもこれが総合格闘技の試合なら、レフェリーは、8の負傷がひどく防御不能だと判断し、試合を止めていたことだろう。

父親の8がもっとも助けを必要としていたまさにそのとき、8と一緒に最初にこの場に着いたあの黒毛の若いオオカミが水に飛び込んだ。黒毛のオオカミは8と協力して、川の中を逃げ惑う子エルクを追った。他の五頭の黒毛のオオカミもすぐ近くの氷の上にいたが、手を貸すことはなかった。子エルクが黒毛のオオカミを蹴り倒した。しかし若いオオカミはすぐに立ち上がり、再び8と共に子エルクを追いかけた。子エルクはすっかり疲れ切って、動きが鈍くなっていた。8はこのときを待っていたのだ。頭部を蹴られ、背中を踏みつけられ、そしてたぶん低体温となっていたにもかかわらず、8

は水の中を走り、跳び上がって子エルクの喉にかぶりついた。喉に食らいついたままの8に加勢しようと、黒毛の若オオカミがエルクの後ろ足に嚙みついて離さなかった。エルクのもう片方の足で頭を蹴られて、黒毛は嚙みついた後ろ足を放してしまったが、すぐに戻ってもう一度子エルクの後ろ足を嚙んだ。若い黒毛のオオカミも、8同様、どんな犠牲を払ってでも、仕事を最後までやり遂げたいという強い思いにかられていた。

他の五頭の黒毛のオオカミは、それでも水に飛び込んで手を貸そうとはしなかった。このときはじめて、五頭はみな子オオカミであることがわかった。メスリーダーの18もやってきて、五頭と一緒に見ていたが、彼女もまた、8と黒毛の若オオカミの手助けはしなかった。氷上の六頭は、古代ローマのコロセウムで、死闘を繰り広げる剣闘士たちを見守る観客のようだった。

子エルクがもがいたので、黒毛のオオカミは嚙みついていたエルクの後ろ足をまたもや放してしまったが、8はエルクの喉に嚙みついたままだった。8がその位置にいる限り、エルクは前足の蹄で8を蹴りつけることができなかった。黒毛の若いオオカミは、水の中を走って8のそばまで行き、子エルクの頭に嚙みついた。その後二頭は、暴れるエルクを協力して水から引き上げ、氷の上に横たえた。そのときようやく、8はエルクの喉に嚙みついていた力を緩めた。

五頭の黒毛の子オオカミたちが、氷上に横たわる子エルクに走り寄った。8は、獲物にとどめを刺す経験を子どもたちにさせるために、わざと子エルクを放したのだろうか、とわたしは考えた。けれども、滑りやすい氷の上で死にものぐるいで立ち上がろうとする子エルクの姿に怯えて、子オオカミたちは後ずさりした。少しためらったあと、子オオカミたちは駆け戻ってきて、父オオカミと黒毛の若いオオカミが子エルクにとどめを刺すのを手伝った。

8は見るからに具合が悪そうだった。あと数か月で8は六歳になり、人間で言えば四〇代の後半ぐらいで、そろそろ体のあちこちにガタがきていた。のちにわたしたちは、こうしたエルクとの戦いを長年続けてきたせいで、8の体の状態が思っていたよりずっと悪かったことを知ることになる。

本書を執筆中、わたしは8の頭蓋骨のことでジム・ハーフペニーに連絡を取った。ジムは、8の死後、デンバー自然科学博物館のスー・ウェアとジムが、その頭蓋骨を剖検していた。8の犬歯は二本が失われ、残っている二本のうち一本は折れていて、もう一本も摩耗していたと教えてくれた。オオカミの四本の犬歯は、長くて鋭い前歯で、獲物に嚙みつき、とどめを刺すために使われるのだ。8の歯は、他にも何本か失くなったり折れていたものがあった。口部には多数の膿瘍《のうよう》、つまり感染症が見られた。膿瘍からは悪臭が漂っていたはずだ、とジムは言った。8は匂いによって、病気や感染症をもつ餌動物を見分ける方法を知っていたはずで、自分がそんな匂いを放っていることにも気づいていたことだろう。

ジムから借りた、8の頭蓋骨のレントゲン写真二枚を見ると、膿瘍のせいで顎骨に無数の大きな穴が開いているのがわかった。下顎の前の部分は、骨というよりスポンジのようだった。8は、これらの膿瘍がもたらす想像を絶する痛みに耐えていたに違いなかった。

右側の折れた二本の歯、つまり上の犬歯と上の小臼歯が作る空間の幅は、エルクの蹄の幅とほぼ同じだった。この事実から、8の口の右側にエルクの蹴りが直撃した可能性が高いとジムは考えていた。傷には治癒の痕が認められ、8がその傷を負ったのは、彼が死亡するずっと前であることを示唆していた。ジムから聞いた話についてじっくり考えた結果、あのスルー・クリークでの子エルクとの死闘のさなかに目撃した頭部への一撃が、まさにそれだったのかもしれない、とわたしは気づいた。

それから何年もたったあるとき、NFLの選手の多くが、頭部を繰り返し強打したことによる脳損傷を患っているという記事を読んで、8も同じ症状だったのではないかと考えた。亡くなったプロのフットボール選手一一一名の脳を調べたところ、一一〇名の脳に変性脳疾患（慢性外傷性脳症）が認められ、それらは過去の頭部への強打が原因だった。フットボール選手である彼らは全員ヘルメットを被っていた。しかし8には脳を守るものは何もなかったのだ。

8は、オスリーダーとして群れを率いたその五六か月間に、いったい何度狩りを成功させたのだろう？　軽く数百回は超えていそうだった。ちょっと考えてみてほしい。モハメド・アリがプロボクサーとしての六一回の試合で受けた数々のパンチの衝撃は、どれほどのものだったのだろう？　しかし8が生涯に戦った回数はアリよりもはるかに多く、その大部分は、自分よりずっと大きくて強い相手との、命がけの戦いだった。アリがそうだったように、8が受けたすべての強打が、8の寿命を縮め、老け込ませた。アリは引退したが、8にその選択肢はなかった。どんなに怪我をしても、8はそれに耐えて狩りに出かけ、さらなる強打を浴び続けた。8は意志の力だけを頼りに、戦い続けたのだ。しかしじっさいのところは、それはそう長くは続かなかった。

アリが自身の人生を的確に言い表したある言葉が思い浮かんだ。それは8の生涯にも当てはまる言葉だった。「肉体的な苦痛に耐えたからこそ、わたしの今がある。危険を冒す勇気をもたないものは、何も成し遂げることができない」

一二月半ばに、イエローストーン・インスティテュートの裏で二日続けてドルイド・パックの信号を検知した。クーガー研究者のトニ・ルースがやってきて、クーガーの群れにも発信機付きの首輪を装着済みで、彼らの電波信号を同じ方角で確認したと教えてくれた。それは、母クーガーと生後半年の幼い子ども四頭から成る群れだった。オオカミとクーガーは、犬と猫と同じように天敵同士なので、わたしたちは、そこで何が起きているのか心配になった。

二日後、ドルイドはそこから離れて東へ向かった。同日、わたしはインスティテュートに行ってクーガーの電波信号をチェックした。クーガーの二頭の子どもの発信機は、死亡モードになっていた。その他の三つの発信機からは通常の信号を受け取った。トニに連絡すると、彼女は調査スタッフと一緒にやってきた。わたしたちは、深い雪をかき分けて二・四キロ歩いた。道中、トニから、このあたりで最初に母クーガーの信号を確認したのは一二月八日で、クーガーはその日獲物を、おそらくはエルクを仕留めたのではないかと思う、と聞いた。わたしが同じ方角からのドルイドの信号を検知したのは一二月一三日で、信号はその後も二日間同じ方角から届いた。

信号の発信場所にたどり着くと、大人のメスエルクの死骸が散らばっていた。すぐそばには、子クーガーの死骸が雪に五センチほど埋もれた状態で横たわっていた。トニが、エルクの死骸の一番近くの木を調べたところ、幹にクーガーの鉤爪で引っ掻いた跡があるのがわかった。近くの木の何本かにも、クーガーの爪跡が残っていた。これはつまり、ドルイド・パックがやってきたとき、クーガーの親子がこの木に登ったということを示唆していた。さらに周囲を探してみると、トニが二頭目のクーガーの死骸を発見した。最初に見つかった子クーガーの兄弟だった。雪の上に残された足跡から、このクーガーの子どもはオオカミの群れに追われて殺されたとわかった。もう一頭のクーガーも同じ目に遭ったに違いなかった。どちらも、エルクの死骸のところに戻っても、オオカミは何もしないと呑気に思い込んで、木から飛び下りたのだ。殺されたクーガーの体重はどちらも一八キロほどで、大きめのコヨーテぐらいだった。

二頭の子クーガーの死骸を見つけてから五日後、仕留めたばかりのエルクのそばにいるドルイド・パックを見つけた。トニもやってきて、同じ場所で母クーガーの電波信号を確認したが、四頭のうち生き残っていた二頭の子クーガーの信号は死亡モードとなっていた。どうやら、エルクの死骸をめぐってクーガーとオオカミの争いとなり、ドルイドが戦いを制したようだった。

この翌月、オオカミ・プロジェクトの追跡飛行が、公園の東側で163の死亡モードの信号を検知した。少し前にドルイド・パックを離れた163は、おそらくパートナー探しの旅をしていた。数日後、ヘリコプターが現場に入り、一九九八年の三月にオオカミ・プロジェクトに加わった野生生物学者のケリー・マーフィーがその付近を探索した。ケリーは、六〇センチも積もった雪の下から163を掘り起こさねばならなかった。すぐそばには、オオツノヒツジのメスの遺骸も雪に埋もれていた。このメスの遺骸は、一頭またはそれ以上の捕食者によって貪り食われていた。近くにはクーガーの足跡と糞が残っていた。トニの話では、その地域には体重六〇キロ近いオスのクーガーが生息していたということだった。

死後の経過時間の長さと遺骸の状態の悪さのせいで、ケリーは163の死因を特定することができなかったが、現場に残された形跡から、クーガーの仕業である可能性が高いと思われた。のちになって、モンタナ州西部で狩りをしていたある男性の話を聞いた。彼は木の下にオオカミがいるのを見つけて、立ち止まって見ていた。すると突然、大きなクーガーがその木から飛び下りてきてオオカミの頭に噛みつき、頭蓋骨を砕いて、一瞬にして殺してしまったのだという。ひょっとすると、163の身にも、それと似たようなことが降りかかったのかもしれない。

それから数年後、わたしは21の孫娘にあたるオオカミの死骸の一部を、道路沿いの、オスエルクの死骸のそばで見つけた。頭部と三本の足、肋骨数本、それに体を覆っていた毛が無数の塊となって、あたりに散らばっていた。それ以外の部分は残っておらず、食べられてしまったようだった。この件について調査したところ、エルクの死骸のほうに歩いていく一頭のオオカミが、三日前に目撃されていたことがわかった。同じ夜、オオカミ・プロジェクトのボランティアが、道路を走って横切り死骸のほうへ向かう一頭の大きなクーガーを見ていた。オオカミの死骸を見つけた場所にもう一度戻ってみたところ、クーガーの足跡が見つかった。このことから、クーガーは、死骸のそばにいるオオカミを見つけて殺し、食べてしまったのだろうと、わたしたちは考えた。この出来事のおかげで、ドルイドがクーガーの四頭の子どもたちを殺した理由が前より理解できるようになった。21は、クーガーの親子のことを、自分たち家族を脅かす存在だと見なしたのだ。のちに起きた孫娘の死によって、彼の判断の正しさが証明された。

一二月の末になると、深い雪がドルイドの移動を困難にした。群れの先頭を行くのはたいてい21で、その桁外れに強い力を生かして、降り積もる雪の上に道をつくっていった。エネルギーを温存するために、可能であればバイソンやエルクによってすでに作られた道も利用した。

ドルイドとローズ・クリーク・パック間の緊張が高まっていた。ドルイドはラマー・バレーから、ローズ・クリークはスルー・クリークから、どちらも相手に向かって頻繁に遠吠えをするようになった。遅かれ早かれ、隣接するこの二つの群れは対決することになるだろうと思われた。

クリスマスの朝、わたしはローズ・クリーク・パックがスルー・クリークの西側で、仕留めたばかりのエルクのそばにいるのを見つけた。群れはすでに食事を終えて、獲物から少し離れて寝そべっていた。そのとき、数頭のコヨーテがエルクの死骸にしのびより、肉を奪って逃げ出そうとした。8と二頭の黒毛のオオカミが、跳ね起きて駆けていった。獲物が横たわる場所は、一メートルほど降り積もった雪の上だった。オオカミたちは、獲物の周囲の雪を踏み固めて深いくぼみを作っていたので、肉をかすめにきたコヨーテからは、近づいてきたオオカミが見えなかった。

ローズ・クリークの三頭のオオカミが、このくぼみに跳び込んだ。おそらく子どもと思われる一頭の若いコヨーテがオオカミに噛みつき、するとオオカミたちがこのコヨーテに襲いかかるのがかすかに見えた。しかしすぐに、コヨーテの姿はわたしからは見えなくなった。くぼみの底でオオカミたちが何かに噛みついているのがわかった。8が攻撃をやめ、すると他の二頭も8に従った。盗人のコヨーテは死んだに違いない、とわたしは思った。そのときカラスが、コヨーテの肉のごちそうにありつけると期待して舞い下りてきた。三頭のオオカミは仕事を終えてその場を立ち去った。

三頭が早足でねぐらへと向かうのを見送ってから、望遠鏡を再びエルクの死骸の方向へ向けた。すると数分後、雪のくぼみからあのコヨーテが顔をのぞかせた。コヨーテはあたりを見回し、オオカミたちが遠くに行ってしまったのを確かめると、オオカミとは逆方向に走り去った。目に見える、重大な傷はなかった。エルクを仕留めたのは8とその家族なので、所有権は彼らにあった。コヨーテは、8の群れのものである肉をかすめとろうとした。8にはコヨーテを殺す正当な理由があった。しかし8は、コヨーテを痛めつけただけで逃がしてやった。その行動を見て、三年半前にこの同じ場所で、8が体格のいいドルイドのオスリーダーの38を打ち負かし、そのまま立ち去らせたことを思い出した。

クリスマスの日の午後、わたしはラマー・バレーでドルイド・パックを観察していた。群れは、仕留めたばかりの獲物の近くで寝そべっていた。一頭の若いメスが西に向かって歩き出し、21がすぐそのあとを追った。ドルイドの他のメンバーたちもみな、一列になって21に続いた。やがて群れが立ち止まり、それぞれ交流をはじめると、21は42のところに向かった。21は楽しげに42の足元で仰向けになり、まるで42より下位のオオカミのように振る舞った。別の若いメスと生き残った二頭の灰色の子オオカミの一頭が、地面に転がる21を見つけて駆けてきた。この群れについて、何の予備知識もなしにこの場面を見た人はみな、この三頭のオオカミのことを、仰向けになっているオオカミよりも上位の個体だと考えたことだろう。21はまたもや「負けたふりをする遊び」を楽しんでいた。二頭の大人のメスがその場を立ち去ったあとも、子オオカミは、レスリングごっこでたった今父親を打ち負かした人間の子どものように、得意そうに自分の父親の上に立っていた。

その後21はすばやく立ち上がり、跳ねるような足取りで、楽しそうにその場から立ち去った。尻尾を後ろ足の間に巻き込むようにして、追ってくる子オオカミから逃げた。そのまま42のところまで走っていくと、まるで母オオカミを見つけて喜ぶ子オオカミのように、尾を振りながら彼女の周りを跳ね回った。とそのとき、21が横向けに倒れた。笑いを取るためにわざと尻もちをつくコメディアンのようだった。クリスマスの日に、家族とふざけて遊ぶこの父オオカミのおどけた仕草を形容するのにぴったりの言葉は一つしかなかった。それは、「お茶目」だ。

今日までわたしは、アラスカ州、モンタナ州、ワイオミング州の三つの州で四〇年間オオカミの観察と研究を続けてきたが、21のように振る舞うオスリーダーを他に見たことがない。しかし、ふざけていた21が立ち上がると、だれもが、彼が本当はどんなオオカミであるのかを理解する。それは、イエローストーンでもっとも逞しく、屈強なオオカミだということだ。もしも、マーベル・コミックの作家が『アベンジャーズ』の新メンバーとして、理想のオオカミのスーパーヒーローを描くとしたら、その姿はこの瞬間の21と似通ったものになることだろう。

この翌日、8とローズ・クリーク・パックはラマー・バレーの南側にいた。ドルイド・パックは道路の北側の、東へ一・五キロから三キロほど離れた場所にいた。二つの群れは遠吠えを交わしあっており、双方のオスリーダーは、その声からすでにお互いを認識していたに違いなかった。

8の、ボサボサでくすんだ灰色をした、コヨーテのような毛並みは、21の滑らかでツヤのある黒毛の、人目を引く美しさには及びもつかなかったし、体格的にも見劣りがした。8をスーパーヒーローのモデルにする作家はいなさそうだった。けれどもわたしは、8のこれまでの物語を知っていた。さまざまな困難を耐え忍んできた8は、今も変わらず、家族のために立派に責務を果たしていた。老いてなお戦地で従軍する老兵のように、8は過去の負傷や脳震盪の痕を、自身の勇気や献身的な仕事ぶりを示す記章として身にまとっていた。8はイエローストーンでもっとも見栄えのいいオオカミではなかったが、わたしにとっては、もっとも尊敬すべきオオカミだった。

第27章　スペースメン・リッジの戦い

二〇〇〇年一月一二日、イエローストーンへのオオカミ再導入五周年の記念日に、わたしはドルイドとローズ・クリークの二つの群れを目撃した。二つの群れのメンバーのなかで、一九九五年のこの日に公園にやってきたオオカミは8だけだった。最初にイエローストーンに到着した一四頭のうち、生き残っている8以外の五頭は、それぞれの群れのリーダーとなっていた。ナンバー2と7はレオポルド・パックのリーダーペア、5はクリスタル・クリーク・パックのオスリーダー、9は元の群れ（ローズ・クリーク・パック）を離れてベアトゥース・パックのメスリーダーとなり、14はソーダ・ビュート・パックのメスリーダーだった。この五年という年月は、オオカミたちを含めて、わたしたち全員にとって、心に残る劇的な出来事や経験に満ちた時間だった。

その一〇日後、スペースメン・リッジの頂上の、ドルイドの縄張り内で、ローズ・クリーク・パックの電波信号を確認した。このときドルイド・パックは、そこより東の、フットブリッジ駐車場やヒッチングポストの駐車場に近い巣穴付近にいて、わたしの観察場所にも彼らの遠吠えが届いていた。ドルイドの遠吠えを聞いてローズ・クリーク・パックが撤退すればよかったのだが、翌日も彼らはまだスペースメン・リッジの頂上にいた。一月二四日、40がドルイドの七頭を率いてスペースメン・リッジの麓《ふもと》までやってきた。その行動は、彼女がローズ・クリーク・パックがどこにいるか知っていることを示していた。敵対する群れは、すでに三日間もドルイドの縄張りに留まっており、積年の宿怨を晴らすための重大な対決が、いよいよはじまろうとしているのだとわかった。

その日の午前一一時五五分に、ドルイドは声を合わせて遠吠えをして、縄張りを主張した。それに応えるように、スペースメン・リッジの頂上からかすかに聞こえてきた遠吠えは、ローズ・クリーク・パックのものに違いなかった。ドルイドはすぐに遠吠えをやめて、その挑戦的な遠吠えが聞こえてきた方角に向かって走りだした。わたしがいた場所からは、森を抜け、草原を走って山を駆け上るドルイドの姿が、見えたり隠れたりしていた。遠吠えの主であるローズ・クリーク・パックの元にたどり着くためには、ドルイドはスペースメン・リッジの坂を三〇〇メートル以上上らねばならなかった。上り坂をそれほど長く走れば疲れ切ってしまい、いざ相手の群れと戦うときに不利になることだろう。

21がドルイドを率いていた。わたしは、彼と40がひと月前に、子どもたちを危険な目に遭わせないためにクリスタル・クリーク・パックから逃げだしたこと、しかしその作戦があえなく失敗して、黒毛の子オオカミを失ってしまったことを思い出していた。あの日、ドルイドは自分たちの縄張りではない場所にいた。ひょっとすると、勝手がわからない土地で、リーダーペアには戸惑いがあったのかもしれない。しかし今回は、彼らは自分の縄張りを守ろうとしているのであり、21を見れば、彼が真剣そのものであることがわかった。このとき彼の肉体は、どんな敵でも倒すことができるほど最高の状態にあった。

遥か彼方からの遠吠えはまだ続いていた。と、そのとき、ローズ・クリーク・パックの二頭の黒毛のオオカミが、スペースメン・リッジの尾根の頂上に立ち、ドルイドが最初に遠吠えを上げた方角をじっと見つめているのが見えた。その二頭がふいに向きを変え、尾根に沿って後方に走り出した。おそらく敵の群れが向かって来るのが見えたのだろう。二頭は立ち止まり、後ろを振り返った。望遠鏡をドルイドがいる方向に向け直すと、ドルイドが、黒毛の二頭が最後に遠吠えをした場所を目指して走っていくのが見えた。七頭のドルイドは、すぐにローズ・クリーク・パックの臭跡をたどりはじめた。黒毛の二頭を見つけるとあとを追い、その後引き返して、縄張りに侵略した群れの本体の居場所を探しにかかった。

それからしばらくして、わたしはローズ・クリークの他のオオカミたちの姿を見つけた。8と残りの七頭は、ドルイドの後方にいて、彼らの臭跡をたどって尾根を上っていた。ドルイドのオオカミたちは、敵が背後にいて、急速に迫ってきているとは知らなかった。ローズ・クリーク・パックを率いるのは8で、尾を高く上げていた。21同様、群れのオスリーダーである彼の仕事は、家族を守ることだった。もはや何者も8がその務めを果たすのを止められず、たとえそのために21と戦わねばならないとしても、それは変わらなかった。しかし、8の二本の犬歯はすでになく、三本目も折れていたから、敵に嚙みついても効果はなかっただろう。身体的な衰え、唯一の武器がほとんど使い物にならないこと、そして敵の体の大きさや強靭な体力、戦闘能力の高さを考えると、21に戦いを挑む8の決意は、見たことがないほど勇気あるものに思えた。

そしてそう考えたとき、わたしはこれから何が起ころうとしているかを理解した。21は間もなく敵対する群れを見つけて攻撃を仕掛けるだろう。21は敵のオスリーダーに狙いを定めて対決を挑むだろう。家族を守るための戦いから、8が逃げだしたり引き下がったりするとは考えられなかったから、二頭のオス——父と息子——は、どちらも自分は正しいことをしていると考えながら戦うことになる。8から見れば、これは自分の家族を三頭も殺した群れへの復讐だった。一方の21にしてみれば、彼は前年に生まれた六頭の子オオカミのうちの四頭をすでに失っていて、敵対する群れによって残りの二頭が殺されるのを防がなければならなかった。これは21にとっては負けられない戦いであり、8にとっては勝ち目のない戦いとなりそうだった。

8が、他の七頭のオオカミと共にドルイド目がけて走りだした。ドルイドの七頭が、振り返ってまっすぐローズ・クリーク・パックのほうに走っていくのが見えた。ドルイドの先頭を行くのは21で、8も群れを率いていた。二頭のリーダーがまっすぐお互いを目がけて走る姿は、馬に乗った中世の二人の騎士が、互いの心臓に狙いをつけた槍を手にして一騎打ちをする姿を思わせた。はたして21は、相手のオオカミが8であると、自分を養子として引き取ってくれた育ての親だと知っていたのだろうか？　敵の群れの先頭に立つ灰色の毛色のオオカミをよく見れば、それが8だと気づくはずだ。そのとき彼は、ほんの一瞬のうちにどうすべきかを決めなくてはならない。それはつまりこういうことだ。21にとってどちらがより大切なのか。家族を守ることか、それとも父親に忠義を尽くすことか？

そのとき、わたしの頭にある考えがひらめいた。21が、父親を殺さずにこの衝突に対処する方法が一つあった。21は8と戦い、父親をしのぐその力を使って父を組み敷き、そのあと解放すればいい。何年か前に、21が見ている前で、8が38に対してそうしたように。しかしわたしはすぐに、この戦略には重大な欠陥があることに気づいた。21のすぐ後ろには40がいるのだ。もしも21が8を組み敷けば、40がすぐさま駆けつけて、21が8を逃がす前に8に襲いかかるだろう。一年前に、彼女がローズ・クリークのメスを殺したときのように。そして、メスリーダーの桁外れな攻撃性は、駆けつけたドルイドの他のオオカミにも波及して、8への徹底的な攻撃を引き起こすことだろう。そのような強撃を受けて8が生き延びることはないように思えた。しかしこれはわたしの考えだった。21の心の中でそのとき何が起きていたかは、わたしにはわからなかった。なにしろ彼は、自分の家族の安全が脅かされていると感じていたはずだから。21が群れを守りながら、一方で8にも生き延びるチャンスを与えられる、だれもが認める方法などなかった。

今や二頭のオスリーダーは、ほんの数メートルの距離を置いて向かい合い、そのまま互いに向かって突進していった。真っ向勝負の対決がはじまろうとしていた。わたしは緊張し、最悪の結果を予想した。

一瞬ののちに、21は8には触れもしないで、その脇を走り抜けていた。21ほど俊敏ではない8はしばらく走り続けたあと、何が起きたかに気がつくと、振り向いて21を追った。ドルイドのリーダーが、戦わずに逃げたと思ったようだった。ドルイドの他のオオカミたちは、自分たちのオスリーダーが何をしているかわからず、彼に倣ってローズ・クリーク・パックの脇を走り過ぎた。どちらの群れのオオカミも、混乱した動きを見せていた。数頭で追いかけあっては他のことに気を取られ、また別の数頭を追いかけたりしたが、攻撃し合う様子は見られなかった。ローズ・クリーク・パックの四頭が21を追いかけているのを見た。21はスピードを上げて、四頭を他のドルイドのオオカミから引き離した。

混乱の中で数分間走り回ったあと、ローズ・クリーク・パックは21がいる場所の東側に集まった。ローズ・クリークのオオカミたちは再び集結し、興奮してお互いの上に跳び乗り合った。21が遠吠えをしてローズ・クリーク・パックの注意を引いた。それに応える遠吠えが、21の西側にいるドルイド・パックから返ってきた。21は自分の群れとローズ・クリーク・パックの間に立っていた。そのとき、21が前方の敵対する群れのほうに走り出した。しかし21の目的は攻撃ではなかった。彼が向かったのは、わたしがその直前にドルイドの一頭の子オオカミを見かけた場所だった。その子はその年に生まれた子オオカミの二頭の生き残りのうちの一頭で、群れの大人たちとはぐれてしまったのだと思われた。21は家族を再会させたい一心だったのだ。

ローズ・クリークの六頭は、今は切り立った雪庇《せっぴ》の上にいて、そこは、わたしが直前にドルイドの子オオカミがいるのを見た場所の上方だった。8と一頭の黒毛は雪庇の下にいた。8もまた、衝突の混乱でばらばらになった群れを一つにまとめたいと考えていて、頭にあるのはどうやって雪庇の上の仲間のところへ行くかということだけで、21やドルイドの子オオカミの追跡は二の次だった。子オオカミの遠吠えが聞こえたのでわたしがそちらに目をやると、ローズ・クリーク・パックの居場所から山を下ったところに子オオカミがいるのがわかった。21はそちらに向かい、そのまま姿が見えなくなった。

再結集したローズ・クリーク・パックは、あちこち走り回ったがドルイド・パックを見つけることはできなかった。21が8の脇を走り抜けてからおよそ一時間後、わたしは8と群れの仲間たちが疲れ切って横になっているのを見た。同じ頃、ドルイドのオオカミで所在が確認できたのは40だけだった。40はラマー川の下流近くにいて東に向かっており、ドルイドの仲間を呼び寄せようとして、何度も遠吠えをした。

翌朝、ドルイド・パックからの信号を、彼らの巣穴のある森で確認した。そのあとには、ローズ・クリーク・パックがそこから何キロも離れた自分たちの縄張りにいるのを見た。全部で一〇頭。前日に見たときと変わりはなかった。群れの本体である八頭と、屋根の頂上にいた二頭の黒毛だ。ラマー・バレーに戻ったわたしは、二頭の子オオカミを含む、ドルイドの八頭すべてを見つけた。いなくなったものや、傷を負っているように見えるものは、どちらの群れにもいなかった。殺されたり、怪我をしたりしたオオカミがいるかどうかわからずにずっと気をもんでいたので、わたしはようやくほっとすることができた。

二〇〇〇年の六月の末に、ローズ・クリーク・パックの新たなメスリーダーとなった18がひと腹の子オオカミを産んだあと、父親である8はスルー・クリーク上流に狩りに出かけた。その後、付近の上空で行なわれた追跡飛行により、8の発信機からの死亡モードの信号が確認された。ダグ・スミスとケリー・マーフィーがボートでスルー・クリークを遡り、流れの遅い浅瀬で、流木の下に引っかかっている8の亡骸を見つけた。その場のさまざまな状況からみて、彼がそこで死んだとは考えにくかった。二人とも、8の鼻からの出血を認めており、それは怪我を負ったことを示していた。

ダグは、おそらく8はそこより上流でエルクを追って水に飛び込み、戦いの最中に頭を蹴られたのだろうと推測した。頭部への一撃による即死だったのかもしれないし、蹴られた衝撃で気を失い溺れ死んだ可能性はさらに高かった。いずれにせよ、彼の死の原因はエルクだった。その後8の亡骸は、川の流れによって下流の発見場所へと押し流されたのだ。ダグのこの考えは、剖検を担当したジム・ハーフペニーの、8の口部に見られる過去の損傷の痕は、エルクに顔面を蹴られたことによるものだろう、という見立てとも矛盾しなかった。前年の十二月に、あの川で受けた子エルクの一撃からはなんとか回復した8も、最後の一撃を生き延びることはできなかったのだ。

多くのオオカミが、群れ同士の争いや、人間による銃撃や罠によって死ぬことを考えると、8はよい死に方ができたと思う。戦って死ぬことは、彼にとって名誉ある生涯の閉じ方だった。死ぬ間際まで、8は家族のために尽くしたのだ。

ここまで書いたところで、川の中で8が過ごした最後の短い時間はいったいどんなものだったのだろう、とわたしは考えた。もうだめだとわかったとき、おそらく8はもがくのをやめて死を受け入れようとしたことだろう。犬がしばしば命の最後の瞬間に緊張を解くように。恐ろしくつらい苦しみのすべてが薄れゆくとき、彼の心に最後に浮かんだのは、与えられた命への感謝のようなものだった、とわたしは信じたい。


スペースメン・リッジでの二頭のオスリーダーの間に起きたあの出来事からすでに一九年が過ぎた。以来、あのときのことについて何度となく考えてきたが、今はこんなふうに考えている。ローズ・クリーク・パックを離れる日まで、21はずっと8のことを尊敬し、育ての親の8にならば従っても構わないと思っていた。そしてそれは、21の実父であるナンバー10が銃で撃たれて殺されていなければ、21が10に対して感じただろう思いと何ら変わらなかった。一九年前の一月のあの日、21は8から逃げるふりをすることによって、二つの群れの衝突を避けようとしたのだとわたしは思う。ローズ・クリークのオオカミがそろって21を追いかけたおかげで、二頭の子オオカミを含むドルイドの若いオオカミたちは、安全な場所に避難することができた。

21はどんどん逃げた。一歳になる息子の163と遊んでいたときに、息子から逃げるふりをしたときのように。テーブルの周りを追いかけっこしたときに、キントラがわたしから逃げるふりをしたように。

ずっと昔のレスリングごっこで、父がわたしに負けたふりをしたように。21は、血で血を洗う父と息子の戦いになりかねなかったものを、追いかけっこに変えた。どんなオオカミも自分に追いつくことはできないと知っていたからだ。

ローズ・クリークの若いオオカミたちは、敵対する群れの巨大なオスリーダーが自分たちに向かってきたのを、そして自分たちのオスリーダーが、犬歯は折れ、長い年月に負った傷で体はボロボロだったにもかかわらず、相手に真っ向から果敢に立ち向かって行くのを見た。若いオオカミたちの目には、敵のオスリーダーが8を見て怖気づき、逃げていったように見えたことだろう。さらに彼らは、自分たちの父親が敵のオスリーダーを遠くまで追いかけていくのを見た。ローズ・クリークの若いオオカミたちにとっては、何が起きたかは明らかだった。8が戦いに勝ったのだ。

21の行為は、父親である8が自分のためにしてくれたことに対する敬意から生まれたものだとわたしは思う。例えるなら、意見の相違で主君と袂を分かった日本の侍が、主君に対する敬意や感謝の思いから、たとえ周囲の者から臆病者呼ばわりされても、主君と戦うことを拒むようなものだ。

21は、その立派な体格や強壮さを実の父親から受け継いだが、彼を育て、教育し、よき指導者としたのは育ての親の8だった。8は、養子として引き取った息子に、オスリーダーであり父親であるものは、どう振る舞うべきかを教えた。専門家によると、犬は他の犬の行動を見て、真似ることによって、もっともよく学ぶという。それはまさに21がやったことだ。21は、彼にとって唯一の父親である8の行動を見て、それを真似たのだ。

その後もずっと、21は他のオスとの本気の戦いで負けることはなかった。彼は、まごうことなき不敗のヘビー級チャンピオンだった。わたしは、彼が敵対する群れの六頭を相手に単独で戦い、勝ったのを見たこともある。こうした事実のすべてが、21が戦いを恐れていなかったことの証拠であり、あの日彼がなぜ8の横を素通りしたかについてのわたしの考えをより強固なものにした。21は、父親である8が、ドルイドの初代オスリーダーの38を打ち負かし、その後解放するのを見て戦いの流儀を学び、それを継承したのだ。わたしが知る限り、21が打ち負かした敵を殺したことはなかった。

このあと21は、その生涯の残り半分を生き続けることになる。21はイエローストーンで、いやひょっとすると世界で、もっとも有名なオスオオカミとなった。PBSの「ネイチャー」シリーズで放送された、イエローストーンのオオカミを扱ったボブ・ランディスによる多数のドキュメンタリーや、その他のテレビ番組のおかげで、21は生ける伝説となった。21のことを、この世でもっとも偉大なオオカミだと言う人々もいる。わたしもそれに異存はない。しかし、もしも何らかの方法で21がその称賛の言葉を知ったなら、彼はきっとその称号を辞退したことだろう。彼の心の中には、自分よりも偉大なオオカミがいた。それは彼が尊敬し、つき従いたいと思える唯一のオスオオカミだった。それは彼を引き取り、育ててくれたオオカミだった。21にとって、もっとも偉大なオオカミは8だったのだ。

エピローグ　強敵

その後の数か月間に、ドルイド・パックでは暴力的な反乱が起きて、21はその悲惨な結末に対処しなくてはならなかった。さらにはラマー・バレーに若いオスオオカミがやってきて、21とその家族に果てしない混乱をもたらすことになる。その若いオスは21の甥で、21とは正反対の性格の持ち主だった。やがてこの甥は、21の強敵となっていく。21とその親族、そして21の子孫についての物語の続きは、次のイエローストーンのオオカミシリーズでお話ししよう。

謝辞

最初に、本書の担当編集者のジェーン・ビリングハーストに感謝する。彼女が編集者に求められる以上の仕事をしてくれたおかげで、わたしの原稿は磨きをかけられ、はるかに読みやすいものになった。彼女がいなければ成し遂げられないことだった。本書およびイエローストーンのオオカミシリーズの他の二冊の企画を受け入れてくれた、グレイストーン・ブックスのロブ・サンダースにも感謝申し上げる。グレイストーンのその他のスタッフの方々にも励ましと支援をいただいた。みなさんにありがとうと伝えたい。

友人のローリー・ライマンとウェンディ・ブッシュは、本書の初稿を読んで、どこを改善すべきかについて、非常に有益な意見や提案をしてくれた。

また、国立公園局の数多くの職員や野生生物研究者、そしてイエローストーンでビデオ映画を制作している方々からも、オオカミに関わる彼らの仕事や経験に基づくアドバイスをいただいた。彼らの多くが、本書の中の、自身の研究分野に関係する部分について貴重な助言をしてくれた。次の方々には特にお世話になった。ノーム・ビショップ、リジー・ケイトリー、シェイニー・エヴァンズ、アン・フォスター、ジム・ハーフペニー、マーク・ジョンソン、ボブ・ランディス、デビー・ラインウィーバー、ケリー・マーフィー、カーター・ニーマイヤー、レイ・パウノヴィッチ、ジム・ピーコ、ロルフ・ピーターソン、ジャック・レビー、トニ・ルース、ダン・スターラー、エリン・スターラー、ジェレミー・サンダーレジ、リンダ・サーストン、クリス・ウィルマーズ、ジェイソン・ウィルソンのみなさんだ。本書のために、公園の地図のイラストを描いてくれたキラ・キャシディには特に感謝を述べたい。オオカミ・プロジェクトで長年ボランティアとして働く大勢の方々にも、とても助けられた。そして、国立公園局の要職にある三人のリーダーたちがいなければ、オオカミ再導入は実現しなかっただろう。国立公園局局長のウィリアム・ペン・モット、イエローストーン国立公園の園長を務めるボブ・バービーとマイク・フィンリーである。

イエローストーン国立公園の主席生物学者であるダグ・スミスにはこの上なく感謝している。ダグは、研究を通してオオカミや自然界について知ったことを、一般の人々に、ただの知識としてではなく、人々を啓発するような、より意義深い形で伝えることができる、類まれな博士号をもつ研究者だ。たくさんの仕事を抱え、家族のことでも忙しくしているにもかかわらず、ダグは時間をつくってわたしの原稿を読み込み、変えるべき点やつけ加えるべき点について、貴重な助言をしてくれた。わたしはその助言をすべて取り入れ、本書はよりよいものになった。ダグが惜しみなく力を貸してくれたおかげである。また、彼があとがきに寄せてくれた思いやりに満ちた言葉にも、特別な感謝を伝えたい。

数え切れないほど多くのオオカミ・ウォッチャーのみなさんにも、ずっと助けられてきた。彼らのほうが先にオオカミを見つけて、親切にそのことを教えてくれたことが何度もあった。イエローストーン国立公園でわたしが観察を続けていた長い年月の間に、思いやりをもって好意的に接してくれた大勢の訪問客のみなさんにもありがとうと伝えたい。イエローストーンには、そこを訪れる人を前向きな気持ちにし、人と何かを分かち合えるようにする力がある。これまでに出会ったすべての人に感謝したい。みなさんがいなければ、本書を完成させることはできなかった。この本はみんなで協力して作り上げたものなのだ。

あとがき

リック・マッキンタイアほど多くの時間を、野生オオカミの野外観察に費やしてきた人間はいない。一人もいない。ちょっと考えてみてほしい。あなたが今手にしている本の著者は、この世の他のだれよりも多くの時間を、日々を、年月を、オオカミの生活を記録することに捧げてきた。それだけでも驚くべき功績である。その上リックには、自身が見たものから、人の心を惹きつける物語を紡ぎ出す能力がある。観察力が彼の大きな強みだとすれば、物語を語る力もまた別の大きな魅力なのだ。

彼の業績の素晴らしさを読者により実感してもらうために、具体的な数字をいくつか挙げておきたい。リックはアメリカの国立公園でのオオカミ観察に、その人生の四〇年間を費やしてきた。イエローストーンでの二五年間のうちの、二〇〇〇年六月から二〇一五年八月までの期間には、六一七五日連続で野外観察に出ていた。これはつまり一五年間以上、毎日オオカミ観察に出かけていたということだ。しかしながら、大きな病気をしてこの記録は途絶えてしまった（今は回復し、「連続記録」の重圧からも解放された）。リックはよく、自分の記録は、メジャーリーグのカル・リプケン〔歴代最多となる二六三二試合連続出場記録をもつ、元プロ野球選手〕の記録を上回ると自慢する（リックはリプケンの二倍の記録を打ち立て、しかもリプケンにはオフシーズンがあってその間に体力を回復できた）。また、特に成果が上がったある時期には、リックは八九二日連続でオオカミを観察した。わたしがこのあとがきを書いている現時点で、彼がオオカミを観察した回数は累計*九万九九三七回で、一〇万回を超えるまで続けるつもりだと彼は言っている。毎日つけている観察日誌のページ数は一万二千ページに達した。リックは詳細な観察力とそれを記録する高い能力をもっている。彼ほどオオカミ観察に熱心な人や、細部まで正確な記録をつけられる人は、他にいないだろう。

　わたしはオオカミについての科学的研究をライフワークとしてきた。わたしの研究は、一九九〇年半ばのイエローストーンでのオオカミ・プロジェクトの始動につながった。オオカミ・プロジェクトの科学的研究に、リックが行なってきた観察結果や洞察を足し合わせることによって、イエローストーンのオオカミ研究は、おそらく過去のどんな研究にもまさる重要なものとなった。オオカミ・プロジェクトの科学的研究は、そのほとんどがごく標準的な手法を用いて行なわれているが、そこにリックがオオカミを観察した九万九九三七回と、何千時間にも及ぶ観察時間を付け加えることによって、その研究結果が何を意味するかがわかってくる。「これはどういうことだと思う？」とか「こんな状況を、今までにも何度か見たことがある？」とわたしがリックに尋ねた回数は数え切れない。そして何よりも重要なのは、科学と徹底的な観察の二つを組み合わせたこのアプローチによって、オオカミの生活をより深く知ることができ、オオカミが考えていることをよりよく理解できるようになったということだ。これは、動物学において、成し遂げるのが困難だとされ、なかには不可能だとする人々もいるほどの唯一最大の課題である。人がもし、動物が何を考えているかを理解できれば、その動物を理解することができる。しかし、わたしたちはいつもそれに失敗する。オオカミ・プロジェクトが行なう科学的研究と協力し合うことによって、リックは、この驚くべき偉業に、つまりオオカミの思考を理解することに、だれよりも近づいた。

さらに、リックという存在そのものが、イエローストーンとオオカミたちに計り知れない貢献をしている。長い年月をかけて、リックは単なる貴重な情報の宝庫に留まらない存在となった。その頭の回転の速さと個性豊かな性格のおかげで、彼は引く手あまたの、オオカミの物語の語り手となった。だれもがリックに会って、彼の話を聞きたがっている。リックは、自分が知っていることを、人には真似のできないやり方で語ることができる。それは本書でも証明済みだ。また彼は、どんなときでも他者に対して辛抱強く振る舞ってきたし、またどんなときでも、オオカミの話を彼から聞いたり、その姿を見たりするために遅れてやってくる人を、たとえそれが一人でも喜んで待っていた。この寛容さのおかげで、リックはオオカミのことを世界中の人々に伝える大使となった。彼は特に若い人たちにオオカミを知ってもらう手助けをすることに積極的で、フィールドに出ているときに若い人を見かけると、また時にはわざわざ探し出して、手助けしたり、話しかけたり、勇気づけたりした。思い返してみても、彼を慕って付き従ったり、一緒に研究したいと言ってくる学生を、彼が拒絶したことは一度もないのではないかと思う。彼はメディアの取材もすべて受ける――だれもが彼を取材したがる。しかし、リックがオオカミの次にその情熱を傾けているのは、若い人々を支援することなのだ。

この本に収められているのは、リックの人となりと彼が語る物語、そしてオオカミの生活についての彼の洞察のほんの一部である。どうか、じっくり味わってほしい。あなたが今読み終えたのは、オオカミについてのいまだかつてないほど個人的で深淵な洞察の一つなのだ。リックの情熱がどこから来ているのかは、おそらくだれにもわからないだろう。しかし、その情熱を目の当たりにし、その恩恵に与れたわたしたちは、それだけで幸運なのだ。なかでも幸運なのはオオカミたちだ。イエローストーンの野生のオオカミが素晴らしいのは、彼らがわたしたち人間とは別の、異なる存在だからだ。彼らは人間の言葉で感謝を表わすことができず、おそらくそんなこと望んでもいないだろうが、オオカミにもしもそんな力があって、それを望むなら、彼らはきっとリックに感謝を伝えることだろう。

ダグラス・W・スミス

＊　本書の出版準備を進めていた二〇一九年一月二七日に、リックは目標であったオオカミ観察一〇万回を達成した。几帳面なリックの好みに合わせて厳密に言うと、彼はこの日の終わりに一〇万一回目のオオカミ観察を行なった。現在彼は、職務上はオオカミ観察から引退しているが、観察のペースが落ちる気配はない。

訳者あとがき

本書の著者リック・マッキンタイアは、アメリカの国立公園で四〇年以上にわたって野生オオカミの行動観察を続けてきた人物である。国立公園の季節職のナチュラリストとしてアメリカ各地の国立公園で勤務していた彼は、動物たちのなかでも特にオオカミに魅せられ、一九九四年にイエローストーン国立公園のオオカミ解説者となった。そしてそれからおよそ二五年間、イエローストーンのオオカミたちを人並みはずれた熱心さで見守ってきた。

この本に描かれているのは、カナダから移送されてきた最初の一四頭がイエローストーンに再導入された一九九五年から二〇〇〇年までの、およそ五年間の公園内のオオカミたちの様子である。

著者が特に注目したのは、最初に連れてこられた一四頭のうち、もっとも身体が小さくもっとも見劣りがする灰色のオスの子オオカミ、ナンバー8で、その彼が周囲の人々の予想を裏切り、イエローストーンでもっとも偉大なオスリーダーに成長していく様子が綴られている。また、8がのちに養父となって育てたナンバー21をはじめとして、本書にはたくさんの個性豊かなオオカミたちが登場する。オオカミの狩りや愛情表現、子育て、遊び、小競り合いなどの日常の様子、群れ同士の争いなどが、じつに丁寧に生き生きと描かれているので、ぜひそれを楽しんでいただきたいと思う。

また、個々のオオカミについての詳細な行動記録からは、思いやりや愛情、やさしさ、冒険心、支配欲、嫉妬、嫌がらせ等々の心の動きを感じ取ることができる。ときには、人間より立派ではないかと感心してしまうほどの思いやりや気配りが感じられる場面もあって、やはり動物に心はあるのだと改めて実感した。ただし、著者は安易にオオカミを擬人化して描いているのではない。綿密な行動観察と詳細な記録に裏打ちされているところに、説得力が感じられる。


ここでイエローストーンへのオオカミ再導入の経緯について簡単にまとめておきたい。イエローストーン国立公園では、一九二六年にオオカミの最後の一頭がパークレンジャーによって射殺された。当時アメリカでは、草食動物を殺すオオカミは害獣だとして、国による駆除作戦が行なわれていたのだ。しかしその後オオカミの個体数は減少し続け、一九七〇年代にオオカミは絶滅危惧種に指定される。オオカミ保護運動が高まり再導入に対する社会の理解が進んだ結果、一九九五年から一九九六年にかけて、合計三一頭のオオカミが公園に再導入された。

再導入前のイエローストーンでは、頂点捕食者であるオオカミがいなくなったことにより、公園内にエルクが増えすぎていた。エルクは岸辺のヤナギなどの植物に被害を与え、こうした植生の変化により川にダムを作って棲むビーバーが減少するなど、連鎖的な影響が生態系全体に広がっていた。オオカミの復帰には、エルクの増えすぎを防ぐことによって生態系を守る効果もある、と考えられている。

これについては、研究者の中にはオオカミ再導入にそこまでの効果はないと考える人々もいるようだ。また、オオカミが公園外に出てきた場合に被害を被る周辺の農業従事者の間には、払拭しがたい不安がある。生態系を守ることと周辺の人々の利益を守ること。米国では、この二つの利益をめぐる議論が今も続いているようで、本書には、再導入に対する社会の理解を促す啓蒙的な意味もある。

では日本ではどうか。ニホンオオカミは、一九〇五年に奈良県で捕獲されたのを最後に生息情報がなく、絶滅したとされている。日本でも、オオカミの不在によって増えすぎたシカによる環境破壊が問題視されていて、「日本オオカミ協会」が、オオカミの復活とそれによる自然生態系の再生保護などを目指して啓蒙活動を行なっている。しかし、日本人の間にはオオカミは人を襲う恐ろしい動物であるというイメージが定着しているため、オオカミ再導入には根強い反対意見があるという。オオカミに対する誤解を解くための粘り強い努力が続けられている。

最後になりましたが、本書を翻訳するにあたり、白揚社の萩原修平さんにたいへんお世話になりました。心より感謝申し上げます。

二〇二三年六月末
大沢章子

参考文献と読書案内

本文で引用した文章の出典（翻訳は訳者によるもの）

P54　「困難が人をいっそう強くする」Friedrich Nietzsche. 1977. *Twilight of the Idols.* Translated by R.J. Hollingdale. Harmondsworth, UK: Penguin. Originally published in German in 1889.［フリードリヒ・ニーチェ『偶像の黄昏』村井則夫訳、河出書房新社ほか］

P63　「ヒーローとは、だれも見ていなくても正しい行ないをする者のことだ」Dwayne Johnson. 2013. *The Hero* reality show, TNT.

P78　「だれより小さくても、未来を変えられるのよ」J.R.R. Tolkien. 1954. *The Fellowship of the Ring.* London: George Allen and Unwin.［J・R・R・トールキン『指輪物語　旅の仲間』瀬田貞二、田中明子訳、評論社］

P122　「今日は死ぬには最高の日だ！」Attributed to Low Dog, Oglala Sioux Chief who fought with Sitting Bull at Little Bighorn.

P123　「男の子は父親のようになりたいと思うものです。（…）」Kevin Von Erich. 2014. Interview, *Snap Judgment* podcast, January 24, 2014.

P201　「イエローストーンはハイイログマやオオカミ、（…）」Yellowstone Mission Statement, *Yellowstone Resources and Issues Handbook*, 2017, page 22.

P248　「わたしたちは、今後10年間のうちに月に行くことを決意した。（…）」President John F. Kennedy. 1962. Speech, September 12, 1962, Houston.

P334　「肉体的な苦痛に耐えたからこそ、わたしの今がある。（…）」Muhammad Ali. 1984. News conference, October 28, 1984, Houston.

参考文献

Cassidy, Kira, Daniel MacNulty, Daniel Stahler, Douglas Smith, and L. David Mech. 2015. "Group composition effects on aggressive interpack interactions of gray wolves in Yellowstone National Park." *Behavioral Ecology* 26: 1352–1360.

Cooper, H.W. 1963. *Range and site condition survey, northern Yellowstone elk range, Yellowstone*

National Park. Bozeman, MT: USDA Soil Conservation Service.
Duffield, J., C. Neher, and D. Patterson. 2006. "Wolves and people in Yellowstone: Impacts on the regional economy." Missoula, MT: University of Montana.
Halfpenny, James. 2003. *Yellowstone Wolves in the Wild.* Helena, MT: Riverbend Publishing.
Hart, B.L., and K.L. Powell. 1990. "Antibacterial properties of saliva: Role in maternal periparturient grooming and in licking wounds." *Physiology and Behavior* 48(3): 383–386.
Lukas, Dieter, and Tim Clutton-Brock. 2017. "Climate and the distribution of cooperative breeding in mammals." *Royal Society Open Science.* doi.org/10.1098/rsos.160897.
Sands, Jennifer, and Scott Creel. 2004. "Social dominance, aggression and faecal glucocorticoid levels in a wild population of wolves, Canis lupus." *Animal Behaviour* 67: 387–396.
Stahler, Daniel R., Douglas W. Smith, and Robert Landis. 2002. "The acceptance of a new breeding male into a wild wolf pack." *Canadian Journal of Zoology* 80: 360–365.
Thurston, Linda. 2002. "Homesite attendance as a measure of alloparental and parental care by gray wolves (*Canis lupus*) in northern Yellowstone National Park." Master's thesis, Texas A&M University.
Wilmers, Christopher C., Robert L. Crabtree, Douglas W. Smith, Kerry M. Murphy, and Wayne M. Getz. 2003. "Tropic facilitation by introduced top predators: Grey wolf subsidies to scavengers in Yellowstone National Park." *Journal of Animal Ecology* 72: 900–916.
Wilmers, Christopher C., Daniel R. Stahler, Robert L. Crabtree, Douglas W. Smith, and Wayne M. Getz. 2003. "Resource dispersion and consumer dominance: Scavenging at wolf- and hunter-killed carcasses in Greater Yellowstone, USA." *Ecology Letters* 6: 996–1003.
Yellowstone National Park. 2017. *Yellowstone Resources and Issues Handbook*, 2017. U.S. Department of the Interior, National Park Service, Yellowstone National Park.

図書案内

Ferguson, Gary. 1996. *The Yellowstone Wolves*: The First Year. Helena, MT: Falcon Press.
Fischer, Hank. 1995. *Wolf Wars: The Remarkable Inside Story of the Restoration of Wolves to Yellowstone*. Helena, MT: Falcon Press. [ハンク・フィッシャー『ウルフ・ウォーズ オオカミはこうしてイエローストーンに復活した』朝倉裕、南部成美訳、白水社]
Haber, Gordon, and Marybeth Holleman. 2013. *Among Wolves: Gordon Haber's Insights into Alaska's Most Misunderstood Animal.* Fairbanks, AK: Snowy Owl Books.

Halfpenny, James. 2012. *Charting Yellowstone Wolves: A Record of Wolf Restoration.* Gardiner, MT: A Naturalist's World.

Lopez, Barry Holstun. 1978. *Of Wolves and Men.* New York: Charles Scribner's Sons.

McIntyre, Rick. 1993. *A Society of Wolves: National Parks and the Battle Over the Wolf.* Stillwater, MN: Voyageur Press.

McIntyre, Rick. 1995. *War Against the Wolf: America's Campaign to Exterminate the Wolf.* Stillwater, MN: Voyageur Press.

McNamee, Thomas. 1997. *The Return of the Wolf to Yellowstone. New York: Henry Holt.*

McNamee, Thomas. 2014. *The Killing of Wolf Number Ten: The True Story.* Westport, CT: Prospecta Press.

Mech, L. David. 1981. *The Wolf: The Ecology and Behavior of an Endangered Species.* Minneapolis: University of Minnesota Press.

Mech, L. David, and Luigi Boitani, eds. 2003. *Wolves: Behavior, Ecology, and Conservation.* Chicago: University of Chicago Press.

Mech, L. David, Douglas W. Smith, and Daniel R. MacNulty. 2015. *Wolves on the Hunt: The Behavior of Wolves Hunting Wild Prey.* Chicago: University of Chicago Press.

Murie, Adolph. 1944. *The Wolves of Mount McKinley.* Washington, DC: United States Government Printing Office.

Phillips, Michael K., and Douglas W. Smith. 1996. *The Wolves of Yellowstone.* Stillwater, MN: Voyageur Press.

Phillips, Michael K., and Douglas W. Smith. 1997. *Yellowstone Wolf Project: Biennial Report 1995 and 1996.* National Park Service, Yellowstone Center for Resources, Yellowstone National Park.

Schullery, Paul. 1996. *The Yellowstone Wolf: A Guide and Sourcebook.* Worland, WY: High Plains Publishing.

Smith, Douglas W. 1998. *Yellowstone Wolf Project: Annual Report, 1997.* National Park Service, Yellowstone Center for Resources, Yellowstone National Park.

Smith, Douglas W., Kerry M. Murphy, and Debra S. Guernsey. 1999. *Yellowstone Wolf Project: Annual Report, 1998.* National Park Service, Yellowstone Center for Resources, Yellowstone National Park.

Smith, Douglas W., Kerry M. Murphy, and Debra S. Guernsey. 2000. *Yellowstone Wolf Project: Annual Report, 1999.* National Park Service, Yellowstone Center for Resources, Yellowstone National Park.

Smith, Douglas W., Kerry M. Murphy, and Debra S. Guernsey. 2001. *Yellowstone Wolf Project: Annual Report, 2000.* National Park Service, Yellowstone Center for Resources, Yellowstone National Park.

Smith, Douglas W., and Gary Ferguson. 2005. *Decade of the Wolf: Returning the Wild to*

Yellowstone. Guilford, CT: Lyons Press.
Smith, Douglas W., ed. 2016. *Yellowstone Science: Celebrating 20 Years of Wolves* 24(1). National Park Service, Yellowstone Center for Resources, Yellowstone National Park.
Yellowstone National Park. 1997. *Yellowstone's Northern Range: Complexity and Change in a Wildland Ecosystem*, National Park Service, Mammoth Hot Springs, Wyoming.

DVD案内

Catch Me If You Can II. 2016. Trailwood Films.
Wolf Pack. 2002. Trailwood Films.
Wolves: A Legend Returns to Yellowstone. 2000. National Geographic.

イエローストーンのオオカミについてのサイト

www.nps.gov/yell/learn/nature/wolves.htm
www.nps.gov/yell/learn/nature/wolf-reports.htm

付録　読者のみなさんへ

オオカミの群れの仲間が必要なときに互いを支え合う様子に、また長年にわたり親身になってわたしを支援してくださったすべての方々に触発されて、著者は本書の印税を、イエローストーン国立公園、ならびに難病の子どもの夢の実現を手助けするボランティア団体「メイク・ア・ウィッシュ」やアメリカ赤十字社等の非営利団体に寄付することにした。イエローストーンでのオオカミ研究や教育活動への支援に興味をお持ちで、寄付を希望される方は、イエローストーン・フォーエバーのウェブサイト、www.yellowstone.org//wolf-projectを参照いただきたい。イエローストーン・フォーエバーは、イエローストーン国立公園の非営利パートナーで、わたしが長年従事してきた国立公園局の事業、オオカミ・プロジェクトへの資金調達の支援を行なっている。

リック・マッキンタイア（Rick McIntyre）
40年以上にわたり国立公園局に勤務し、オオカミの行動観察研究を行なう。そのかたわら、オオカミに関する講演会や、公園を訪れた観光客への解説を行ない、一般の人々を啓蒙してきた。2018年に公園局を退職し、「イエローストーンのオオカミ」シリーズの執筆に専念しているが、雨の日も晴れの日も、日々イエローストーンでオオカミの観察を続けている。モンタナ州シルバー・ゲート在住。

訳者　大沢章子（おおさわ・あきこ）
翻訳家。訳書に、R・M・サポルスキー『サルなりに思い出す事など』（みすず書房）、パトリック・スヴェンソン『ウナギが故郷に帰るとき』（新潮社）、ロジャー・パルバース『ぼくがアメリカ人をやめたワケ』（集英社インターナショナル）、スティーブン・レ『食と健康の一億年史』（亜紀書房）などがある。

The Rise of Wolf 8:
Witnessing the Triumph of Yellowstone's Underdog

First Published by Greystone Books Ltd.
343 Railway Street, Suite 302, Vancouver, B.C. V6A 1A4, Canada
Japanese translation rights arranged with
GREYSTONE BOOKS LTD
through Japan UNI Agency, Inc., Tokyo

ISBN 978-4-8269-0249-6

イエローストーンのオオカミ
放たれた14頭の奇跡の物語

二〇二三年九月十八日　第一版第一刷発行

著　者　リック・マッキンタイア
訳　者　大《おお》沢《さわ》章《あき》子《こ》
発行者　中村幸慈
発行所　株式会社　白揚社　©2023 in Japan by Hakuyosha
〒101-0062　東京都千代田区神田駿河台1-7
電話03-5281-9772　振替00130-1-25400
装　幀　西垂水敦・市川さつき（krran）
印刷・製本　中央精版印刷株式会社

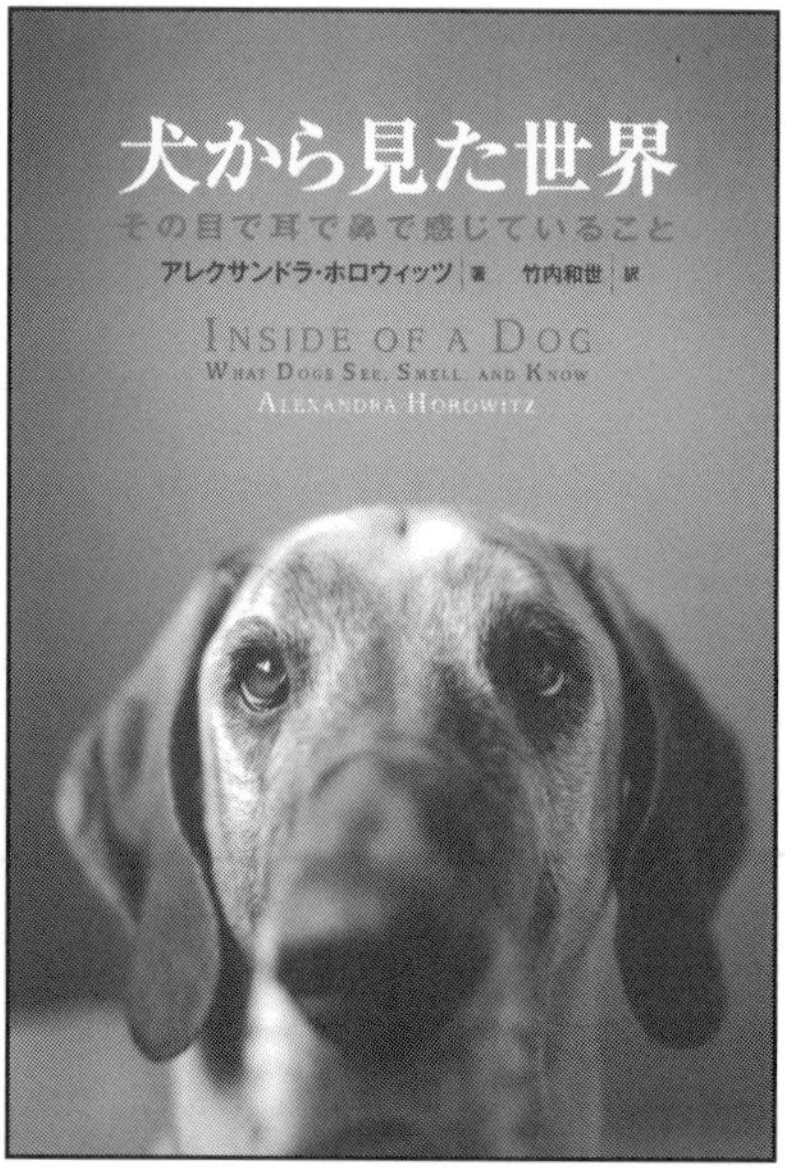

犬から見た世界 その目で耳で鼻で感じていること

アレクサンドラ・ホロウィッツ 著　竹内和世 訳

心理学者で動物行動学者、そして大の愛犬家である著者が、認知科学を駆使して犬の感覚を探り、思いがけない豊かな犬の世界を解き明かす。話題沸騰の全米ベストセラー。犬を愛するすべての人へ。

四六判　376 ページ　本体価格 2500 円

経済情勢により、価格に多少の変更があることもありますのでご了承ください。
表示の価格に別途消費税がかかります。

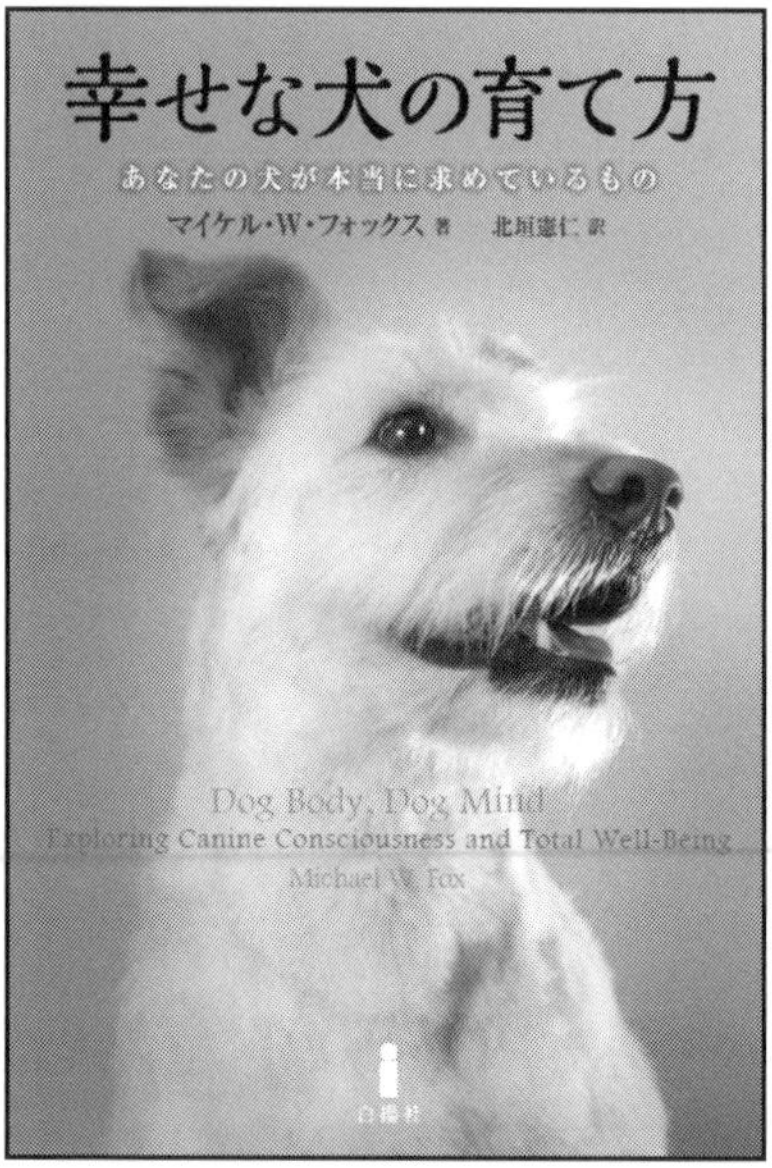
幸せな犬の育て方
あなたの犬が本当に求めているもの
マイケル・W・フォックス 著 北垣憲仁 訳
Dog Body, Dog Mind
Exploring Canine Consciousness and Total Well-Being
Michael W. Fox
白揚社